职业教育建筑类专业"互联网+"创新教材

建 筑 CAD

第 2 版

主 编 陈 超
副主编 黄真会
参 编 许 玲 何 艺

机械工业出版社

本书以 AutoCAD 2020 为基础，精心选择适合职业院校教学的项目案例为编写逻辑主线，通过任务描述→任务实施→评价反馈→能力拓展的"项目—任务"编写模式，详细讲解了 AutoCAD 2020 和天正建筑 TArch 2020 的基本操作。本书共八个项目：AutoCAD 2020 基础知识，绘制建筑基本图形，标注，绘制建筑施工图，绘制楼梯、墙身详图，图纸的打印输出，运用天正建筑 TArch 2020 绘制建筑施工图，综合绘图。此外，本书还附有 CAD 常用命令和上机绘图专用周任务书。

为方便教学，本书配有 PPT 电子课件和二维码视频，凡选用本书作为授课教材的老师均可登录 www.cmpedu.com，以教师身份免费注册下载。编辑咨询电话：010-88379375，机械工业出版社职教建筑 QQ 群：221010660。

本书可作为职业院校土木建筑类专业教材，也可作为企业的相关专业初级培训用书或 CAD 初学者的参考资料。

图书在版编目（CIP）数据

建筑 CAD / 陈超主编. -- 2 版. -- 北京：机械工业出版社，2024.11（2025.2 重印）. --（职业教育建筑类专业"互联网+"创新教材）. -- ISBN 978-7-111-76918-7

Ⅰ．TU201.4

中国国家版本馆 CIP 数据核字第 2024XA5512 号

机械工业出版社（北京市百万庄大街 22 号　邮政编码 100037）
策划编辑：陈紫青　　　　　责任编辑：陈紫青　陈将浪
责任校对：郑　婕　王　延　　封面设计：马精明
责任印制：李　昂
北京捷迅佳彩印刷有限公司印刷
2025 年 2 月第 2 版第 2 次印刷
210mm×285mm・11.5 印张・337 千字
标准书号：ISBN 978-7-111-76918-7
定价：42.00 元

电话服务	网络服务
客服电话：010-88361066	机 工 官 网：www.cmpbook.com
010-88379833	机 工 官 博：weibo.com/cmp1952
010-68326294	金　书　网：www.golden-book.com
封底无防伪标均为盗版	机工教育服务网：www.cmpedu.com

前 言

《建筑 CAD》出版以来，建筑产业不断转型升级，国家颁布了新的职业教育专业目录，专业教学标准等也进行了修订，职业教育改革不断深入，人才培养的适应性和针对性不断加强。基于以上各种情况以及长期的教学实践，编者在第 1 版的基础上进行了修订，以进一步提升本书的内容质量，落实立德树人根本任务，培养德智体美劳全面发展的社会主义建设者和接班人。

本次修订主要体现了以下几点：

1. 本书在编写过程中坚决贯彻落实党的二十大精神，以党的二十大精神为指引，全面贯彻党的教育方针，依据课程标准进行了教材思政系统设计，将爱岗敬业、严谨科学、精益求精、勇于探索等职业精神有机融入教材知识体系，助力培养自信自强、守正创新、踔厉奋发、勇毅前行的时代新人。

2. 本书采用项目教学法进行设计，以任务驱动的方式安排编写内容，从绘制施工图的实际需要出发，使学生能够尽快掌握 AutoCAD 2020 和天正建筑 TArch 2020 的基本绘图命令及常用绘图技巧，以符合职业教育"以就业为导向、以能力为本位"的教学定位，为的是满足建筑类专业人才培养目标和职业能力的要求。

3. 本书用实际工程案例编写，按照知识的应用方法及建筑行业规范要求将完整的建筑施工项目融合在任务中，同时指出绘图的基本原则、常用技巧和难点，总结出应用规律，内容由浅入深，符合职业院校学生的认知过程和学习要求。通过完成项目和任务，学生可以完整地将绘图基础知识和建筑制图技巧进行有机结合，以达到尽快掌握计算机制图方法和技巧的目标。

4. 本书共八个项目。每一个项目包括若干个任务，每个任务按【任务描述】、【任务实施】、【评价反馈】三个模块进行安排，根据需要，有些任务还会有【能力拓展】模块。附录 A 为 CAD 常用命令，方便学生掌握 CAD 快速绘图技巧；附录 B 为上机绘图专用周任务书，方便教师安排 CAD 课程实训周。

5. 书中精心安排了二维码教学视频，只要扫描二维码，即可观看教学视频，实现随时随地学习的目的，也方便学生对不明白、没掌握的知识点和绘图技巧进行反复学习。

6. 本书配套 PPT 电子课件，凡是选用本书作为教材的教师均可登录 www.cmpedu.com，以教师身份免费注册下载，也可拨打编辑咨询电话 010-88379375 进行索取。

本书由陈超统稿并任主编。具体分工为：滇西应用技术大学陈超编写项目三、项目八和附录，滇西应用技术大学许玲编写项目六、项目七，德阳安装技师学院何艺编写项目一、项目二，攀枝花市建筑工程学校黄真会编写项目四和项目五。

由于编者水平有限，书中难免存在疏漏和不妥之处，恳请读者批评指正。

编 者

微课视频列表

适用章节	二维码	适用章节	二维码	适用章节	二维码
项目二任务 1	绘制图 2-1	项目二任务 5	绘制图 2-37	项目七任务 2	天正绘制住宅建筑平面图
项目二任务 1	绘制图 2-7	项目二任务 6	绘制图 2-43	项目七任务 3	天正绘制住宅建筑立面图 1
项目二任务 2	绘制图 2-8	项目二任务 7	绘制图 2-52	项目七任务 3	天正绘制住宅建筑立面图 2
项目二任务 2	绘制图 2-16	项目二任务 8	绘制图 2-63	项目七任务 3	天正绘制住宅建筑立面图 3
项目二任务 3	绘制图 2-17	项目二任务 9	绘制图 2-71		
项目二任务 4	绘制图 2-27	项目二任务 10	绘制图 2-84		

目　录

前言
微课视频列表
项目一　AutoCAD 2020 基础知识 …………… 1
　　任务1　认识 AutoCAD 2020 ……………… 1
　　任务2　设置绘图环境 ……………………… 7
项目二　绘制建筑基本图形 …………………… 14
　　任务1　绘制圆桌椅平面图 ………………… 14
　　任务2　绘制五角星 ………………………… 17
　　任务3　绘制 A3 图框 ……………………… 20
　　任务4　绘制洗手池平面图 ………………… 24
　　任务5　绘制沙发平面图 …………………… 28
　　任务6　绘制坐便器平面图 ………………… 30
　　任务7　绘制基础大样图 …………………… 33
　　任务8　绘制门平面图 ……………………… 37
　　任务9　绘制建筑平面墙体、窗 …………… 40
　　任务10　绘制楼梯平面图 ………………… 44
项目三　标注 …………………………………… 50
　　任务1　文字标注 …………………………… 50
　　任务2　尺寸标注 …………………………… 54
项目四　绘制建筑施工图 ……………………… 61
　　任务1　绘制样板图（模板）……………… 61
　　任务2　绘制实验楼底层平面图 …………… 66
　　任务3　绘制实验楼立面图 ………………… 75
　　任务4　绘制实验楼剖面图 ………………… 84
项目五　绘制楼梯、墙身详图 ………………… 97
　　任务1　绘制实验楼楼梯详图 ……………… 97
　　任务2　绘制实验楼外墙身详图 …………… 107
项目六　图纸的打印输出 ……………………… 112
　　任务1　图纸布局 …………………………… 112
　　任务2　图形的输出 ………………………… 116
**项目七　运用天正建筑 TArch 2020 绘制
　　　　　建筑施工图** ………………………… 123
　　任务1　认识天正建筑 TArch 2020 ……… 123
　　任务2　运用天正建筑 TArch 2020 绘制住宅
　　　　　　建筑平面图 ……………………… 126
　　任务3　运用天正建筑 TArch 2020 绘制住宅
　　　　　　建筑立面图 ……………………… 138
　　任务4　运用天正建筑 TArch 2020 绘制住宅
　　　　　　建筑剖面图 ……………………… 145
项目八　综合绘图 ……………………………… 154
　　任务　绘制某住宅建筑施工图 …………… 154
附录 ……………………………………………… 170
　　附录A　CAD 常用命令 …………………… 170
　　附录B　上机绘图专用周任务书 ………… 173
参考文献 ………………………………………… 175

项目一
AutoCAD 2020基础知识

【项目概述】

随着计算机技术的不断发展，计算机正广泛应用于各个领域。AutoCAD 2020中文版是Autodesk公司推出的专门用于计算机辅助设计的软件，因其功能强大、简便易学、使用方便以及体系结构开放等特点，在计算机辅助设计界受到欢迎，主要应用于建筑、水利水电、机械、电子、服装、气象、地理等领域，是工程技术人员必须掌握的绘图和设计工具。

任务1　认识AutoCAD 2020

【任务描述】

通过上机实践操作，了解AutoCAD 2020的主要功能。

【任务实施】

AutoCAD自问世以来，经历了多次升级，发展到AutoCAD 2020，其计算、绘图和设计功能得到了显著改善，成为工程设计的强大助手。

AutoCAD 2020新增了许多特性功能：一是新的深色主题，优化了背景颜色以提供更好的对比度，从而强化了用户对绘图区域的注意力，让用户的焦点保持在绘图区域；二是性能增强，支持的文件包括与图案填充、工具选项板、字体、线型、样板文件、标准文件等相关联的文件，改进的程度具体取决于图形文件的大小和内容，以及网络性能；三是实景地图，可在现实场景中建模，可以将DWG图形与现实的实景地图结合在一起，利用GPS等定位方式直接定位到指定位置。

1. 启动与退出AutoCAD 2020

（1）启动AutoCAD 2020　启动AutoCAD 2020应用软件的方法有两种：

1）双击桌面上的AutoCAD 2020快捷图标 **A**。

2）打开"开始"菜单，将光标移至"所有应用"，在"所有应用"子菜单中找到"AutoCAD 2020"，其子菜单显示AutoCAD 2020快捷图标，单击即可打开，如图1-1所示。

（2）退出AutoCAD 2020　退出AutoCAD 2020的方法有三种：

1）单击AutoCAD 2020界面右上角的"退出"按钮 **x**。

2）单击"文件"菜单→"退出Autodesk AutoCAD 2020"按钮。

3）双击标题栏中的AutoCAD 2020图标。

在关闭 AutoCAD 2020 之前，应保存用户绘制的图形；如用户未保存图形，则在关闭程序后，屏幕上会出现一个如图 1-2 所示的对话框，用于确认用户是否保存所绘制的图形。如保存图形，输入图形的文件名后单击"保存"按钮，退出 AutoCAD 2020。

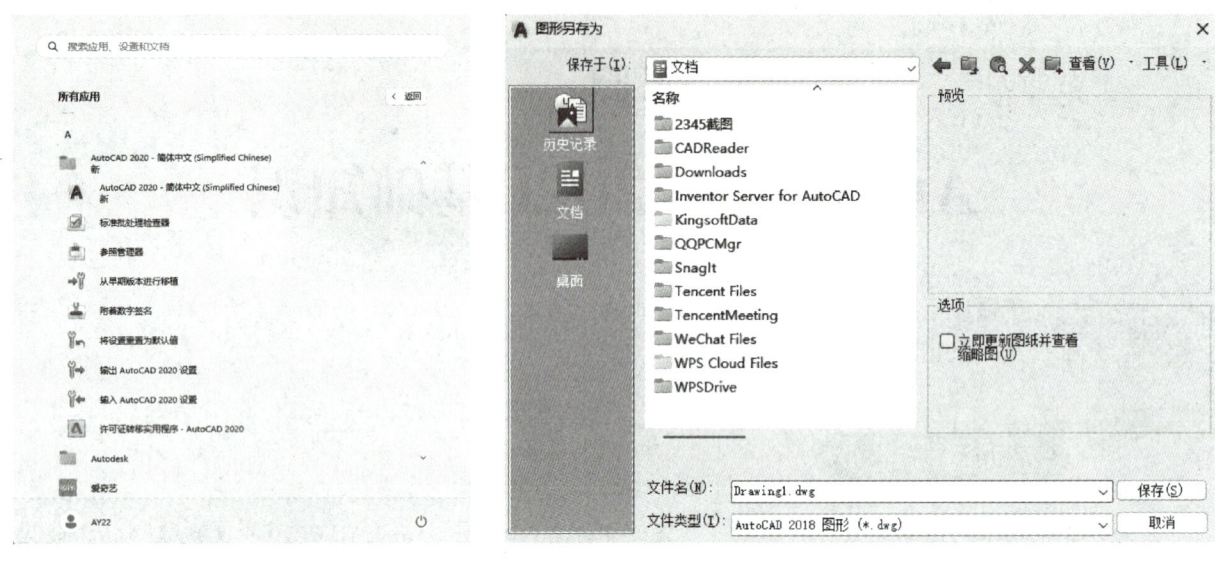

图 1-1 　　　　　　　　　　　　　　　图 1-2

2. AutoCAD 2020 的界面组成

双击桌面的 AutoCAD 2020 快捷图标，启动 AutoCAD 2020，屏幕上显示 AutoCAD 2020 的界面，如图 1-3 所示。AutoCAD 2020 的经典绘图界面由标题栏、菜单栏、工具栏、绘图区、命令窗口、状态栏等组成。

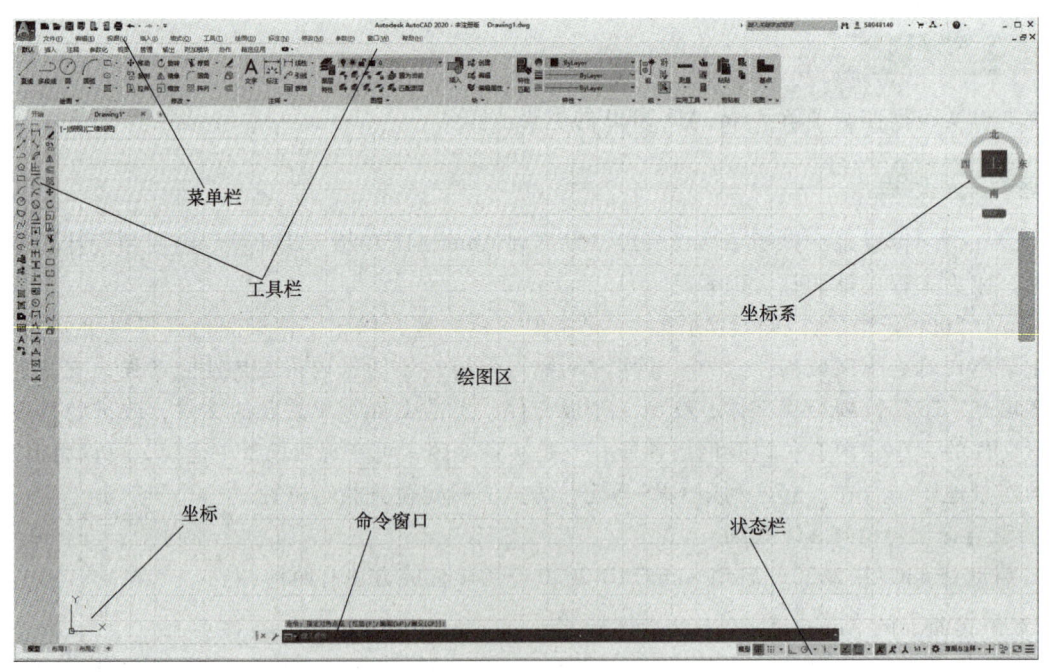

图 1-3

（1）标题栏　标题栏位于 AutoCAD 2020 绘图界面的最上方，由软件名称和当前文件名称组成。单击软件名称前面的图标，在图标下方出现菜单，该菜单可以控制 AutoCAD 2020 绘图界面的大小，也可选择退出 AutoCAD 2020。在菜单栏上方出现的是当前文件的文件名，默认文件名为"Drawing1"，扩展名为".dwg"，如图 1-4 所示，此为 AutoCAD 2020 打开后的窗口标题。

图 1-4

(2) 菜单栏　菜单栏位于标题栏下面，由 12 个菜单组成，每个菜单下都有相应的下拉菜单。使用时，单击菜单名称，打开下拉菜单，选择用户执行的命令，再单击命令执行。

(3) 工具栏　工具栏又称工具行，它是一组图标型工具的集合，工具栏中的工具为用户提供了调用命令的快捷执行方式，建议优先采用此方式调用命令。

AutoCAD 2020 的大部分工具栏在默认设置中是关闭的，可根据需要调出或关闭所需的工具栏。用户可对工具栏进行以下几种操作：

1) 将工具栏固定：AutoCAD 2020 允许用户设置固定工具栏（即将工具栏固定在绘图区的顶部、底部或左右两边），绘图区的四周边界是固定工具栏的位置，在此位置的工具栏不显示名称。

2) 浮动工具栏：将工具栏放置在绘图区内，使其能自由移动。操作方法：将光标指向固定工具栏左端的两条竖线处，按住鼠标左键，将其拖拽到绘图区中，松开鼠标左键即可，浮动工具栏上部左侧显示工具栏名称。如图 1-5 所示为两个工具栏，可见每一个工具栏的左边有两条竖线（光标可移动到此位置，然后按住鼠标左键不放，可移动此工具栏）。

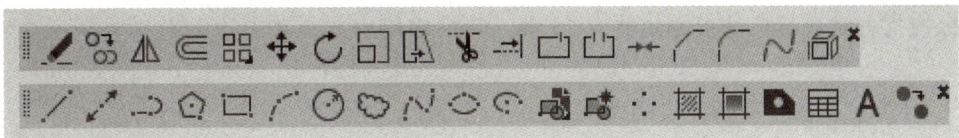

图 1-5

3) 打开或关闭工具栏：将光标放在屏幕上已有的任意工具栏上，单击鼠标右键，即弹出右键快捷菜单，该快捷菜单列出了所有工具栏的名称。工具栏名称前面有"√"符号，表示已打开，如图 1-6 所示；单击该工具栏名称即可打开或关闭相应的工具栏；单击浮动工具栏右上角的"关闭"按钮 ❌ 即可关闭浮动工具栏。如图 1-6 所示，工具栏右上角显示有 ❌ 。

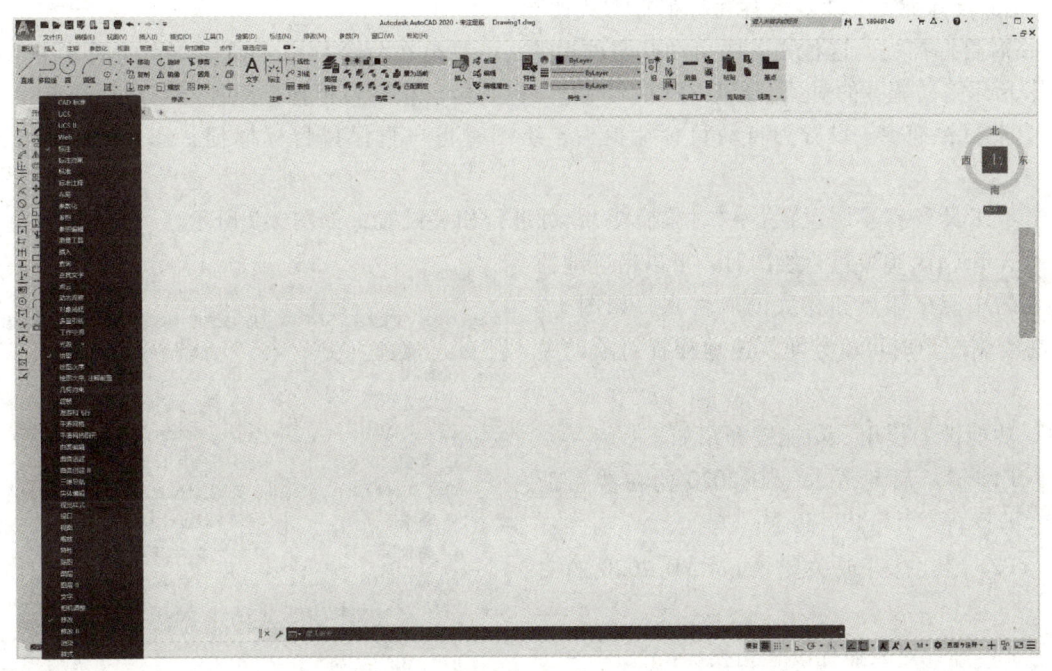

图 1-6

(4) 绘图区　屏幕中央的黑色区域就是绘图区，绘图区是 AutoCAD 2020 绘制、编辑图形的长方形区域，它相当于一张无穷大的虚拟图纸，其大小可根据需要利用图形显示功能随时调整。

启动 AutoCAD 2020 后，在绘图区内显示十字光标，十字线的交点为光标的当前位置，十字线的方向与当前用户坐标系的 X 轴、Y 轴方向一致。当光标移出绘图区，指向工具栏、菜单栏时，光标显示为箭头形式。

（5）命令窗口　在绘图区的下面是命令窗口，它是用户和 AutoCAD 2020 系统进行交互对话的窗口，默认为 3 行。它由底部的命令行和历史命令行组成。命令行的行数可由用户设定，方法是将光标移至该窗口的上边边框处，光标变为上下箭头时，进行上下拖拽。

用户可以通过<Ctrl+9>组合键快速实现隐藏或显示命令窗口的操作。

（6）状态栏　状态栏又称状态行，位于屏幕底部。默认情况下，有两个区域：左侧是坐标显示区，实时显示绘图窗口中光标位置的 X、Y、Z 轴坐标值；右侧依次是"模型或图纸空间""显示图形栅格""捕捉到图形栅格""正交限制光标""按指定角度限制光标""等轴测草图""显示捕捉参照线""将光标捕捉到二维参照点""显示注释对象及注释比例""切换工作空间""注释监视器""隔离对象""全屏显示""自定义" 14 个辅助绘图工具开关按钮，单击任意一个按钮即可打开或关闭相应的辅助绘图工具。

（7）目标捕捉　目标捕捉是一个十分有用的工具，其作用是将十字光标强制性地准确定位在已存在的实体特定点或特定位置上。

1）目标捕捉方式。目标捕捉方式共有 13 种，其中常用的有 7 种，下面分别介绍这 7 种目标捕捉方式：

① 端点（END）：捕捉一条线段的两个端点。

② 中点（MID）：捕捉对象的中间点。

③ 圆心点（CEN）：捕捉一个圆、弧或圆环的圆心。

④ 节点（NOD）：捕捉对象分成多段后的节点。

⑤ 象限点（QUA）：捕捉圆、弧或圆环在整个圆周上的四分点。

⑥ 平行点（PAR）：捕捉一点，使已知点与该点的连线与一条已知直线平行。

⑦ 延伸线捕捉（APP）：捕捉一已知直线延长线上的点，即在该延长线选择合适的点。

2）设置目标捕捉功能。两种目标捕捉方式如下：

① 临时目标捕捉。这种方式的启动有两种途径：一种是在命令行输入捕捉类别的前 3 个字母；另一种是用光标移动选择的对象，然后按<Ctrl>键+鼠标右击。临时目标捕捉只能对当前选择方式有效。

② 自动目标捕捉。设置为自动目标捕捉后，绘图时将一直保持目标捕捉状态，直到取消该功能为止。

单击"工具"→"草图设置"→"对象捕捉"，可进行相关设置，如图 1-7 所示。

在用 AutoCAD 2020 进行绘图时，可以精确地捕捉到对象的中点、端点和相关的属性点，如图 1-8 所示，在绘制图形时可以方便快速地捕捉对象的关键点。

（8）功能键的使用　功能键介绍如下：

1）<F1>键：启动 AutoCAD 2020 的在线帮助对话框，即执行"HELP"命令。

2）<F2>键：打开或关闭 AutoCAD 2020 的文本窗口。

3）<F3>键：对象捕捉设置切换。

4）<F4>键：开关数字化仪。

5）<F5>键：设置当前的等轴平面。

6）<F6>键：坐标显示方式转换。

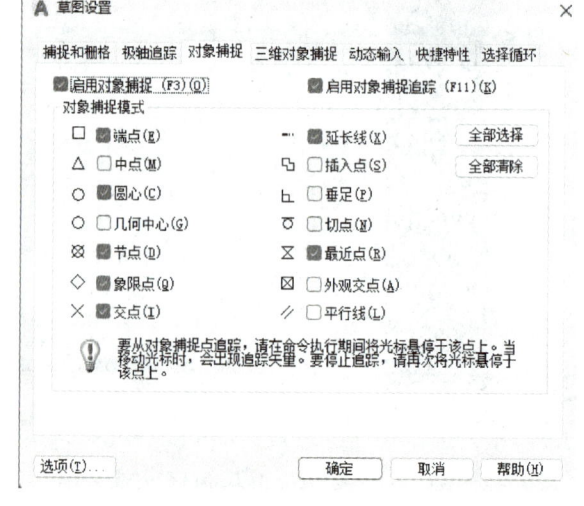

图 1-7

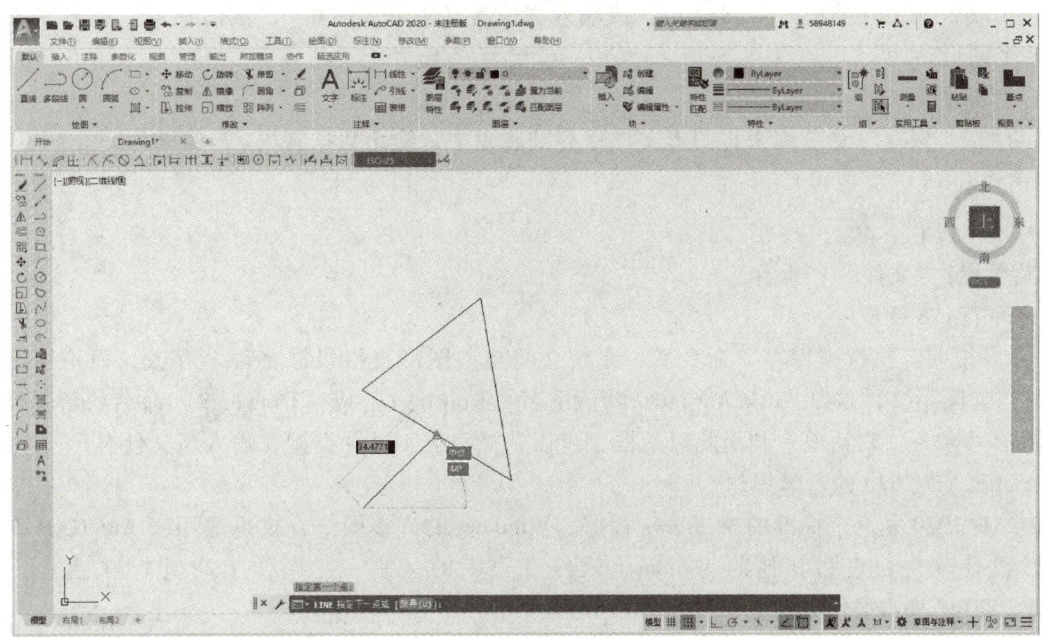

图 1-8

7）<F7>键：打开或关闭栅格。

8）<F8>键：打开或关闭正交方式。

9）<F9>键：打开或关闭捕捉方式。

10）<F10>键：打开或关闭极轴捕捉方式。

11）<F11>键：打开或关闭对象捕捉跟踪。

3. 文件管理

启动 AutoCAD 2020 后，是绘制新图形，还是打开已有的图形文件、保存图形文件，以及打开或保存图形的路径是什么，这都要求用户能够根据自己的需要正确、有效地对图形文件进行操作与管理。下面介绍图形文件的管理，即对图形文件进行新建、打开、存储等操作。

（1）新建图形文件

1）功能："新建"命令用于建立一个新的图形文件，以便开始一个新的绘图作业。

2）命令：

① 标准工具栏：。

② 菜单栏："文件"→"新建"。

③ 命令行：NEW。

3）命令说明。执行"新建"命令后，AutoCAD 2020 会打开"选择样板"对话框，在文件类型下拉列表框中有 3 种格式的图形样板，分别是后缀名为".dwt"".dwg"".dws"的图形样板。"*.dwt"文件是标准的样板文件，"*.dwg"文件是普通的样板文件，"*.dws"文件是包含标准图层、标注样式、线型、文字样式的样板文件。

（2）打开图形文件

1）功能："打开"命令用于打开一个已存在的图形文件，以便查看或编辑处理。

2）命令：

① 标准工具栏：。

② 菜单栏："文件"→"打开"。

③ 命令行：OPEN。

3）命令说明。执行"打开"命令后，AutoCAD 2020 会打开"文件类型"下拉列表框，双击文件列表中的文件名（文件类型为".dwg"），或输入文件名（不需要后缀），然后单击"打开"按钮，即可打开一个图形。

(3) 存储图形文件

1) 功能："保存"命令用来将图形文件保存到磁盘中，防止数据丢失。

2) 命令：

① 标准工具栏： 。

② 菜单栏："文件"→"保存"。

③ 命令行：SAVE。

3) 命令说明。执行"保存"命令后，系统会将当前图形直接以原文件名存盘，而不给出任何提示；如果当前图形文件是以 AutoCAD 2020 默认图名"Drawing1"或"Drawing2"命名的新文件，则会弹出"图形另存为"对话框，利用此对话框，可以选择路径、文件类型和输入新文件名。

4. AutoCAD 2020 的基本操作

AutoCAD 2020 是一个标准的 Windows 程序，Windows 的许多操作方式也适用于 AutoCAD 2020。但作为图形设计软件，它和其他的 Windows 软件有很大的区别，在操作上有其特殊性。下面介绍 AutoCAD 2020 的基本操作方法。

(1) 命令输入方式　AutoCAD 2020 绘图需要输入必要的命令和参数。常用的命令输入方式包括菜单输入、工具栏按钮输入和在命令窗口直接输入命令 3 种。

一个命令有多种输入方法，菜单输入不需要记住命令名称，但操作烦琐，适合输入不熟悉的命令；工具栏按钮输入操作起来直观迅速，但受显示屏幕的限制，不能将所有的工具栏都排列到屏幕上，适用于输入常用的命令；在命令窗口直接输入命令操作起来迅速快捷，但要求熟记命令名称，适用于输入常用的命令和菜单中不易选取的命令。在实际操作中，往往是将 3 种方式结合起来使用。

(2) 命令的重复、中断、撤销与重做

1) 重复调用命令。AutoCAD 2020 可以重复调用刚使用过的命令，而无须重新选择该命令。重复调用命令的方法有：按<Enter>键或空格键；在绘图区右击，在右键菜单中选择"重复××命令"。

2) 命令的中断。在命令执行过程中，要中断当前命令的运行，可以按<Esc>键。

3) 命令的撤销。AutoCAD 2020 可以记录所有执行过的命令和所作的修改。如果要改变修改，可以撤销上一个或前几个操作，返回图形打开时的状态。要撤销最近执行过的命令有以下几种方法：

命令行：UNDO。

菜单栏："编辑（E）"→"放弃（U）"。

按钮：标准工具栏中的 。

快捷键：<Ctrl+Z>。

4) 命令的重做。要恢复上一步撤销的操作，可以使用以下几种方法：

命令行：REDO。

菜单栏："编辑（E）"→"重做（R）"。

按钮：标准工具栏中的 。

快捷键：<Ctrl+Y>。

注意："REDO"命令只能恢复最后一次执行"UNDO"命令所撤销的操作。要恢复某一操作，必须在执行"UNDO"命令后立即执行"REDO"命令才能恢复。同时，要慎重使用"UNDO"命令，否则会带来无可挽回的后果。

(3) 坐标系统及点坐标的输入

1) 坐标系统。坐标系统的作用是在绘图时确定图形对象的位置和方向。AutoCAD 2020 有一个固定的世界坐标系（WCS）和一个活动的用户坐标系（UCS）。在默认情况下，绘图区左下角有一个用户坐标系（UCS）图标。要取消坐标系图标的显示，可以用以下两种方法关闭该图标：

① 在命令行输入"UCSICON",按<Enter>键;再输入"OFF",按<Enter>键。

② 选择下拉菜单"视图(V)"→"显示(L)"→"UCS 图标(U)"→"开(O)"。

2)点坐标。点坐标的常用表示方法有以下几种:

① 绝对直角坐标。绝对直角坐标是相对于世界坐标系原点的直角坐标。输入点的 X 轴、Y 轴坐标值,分别为该点从原点开始计算的沿 X 轴和 Y 轴方向的位移,沿 X 轴向右或沿 Y 轴向上的位移为正值,反之则为负值,表示为"x,y",x 坐标和 y 坐标之间用半角英文状态的逗号","隔开。

② 绝对极坐标。绝对极坐标是相对于世界坐标系原点的极坐标。通过输入点到当前坐标系原点的长度及该点与原点的连线和 X 轴之间的夹角来指定点的位置,距离与角度之间用"<"符号分隔,表示为"距离<角度"。

③ 相对直角坐标。相对直角坐标是相对于上一个输入点的直角坐标,是指用输入点和上一个输入点之间的水平距离与垂直距离来表示这个输入点相对于上一个输入点的直角坐标,表示为"@x,y"。

④ 相对极坐标。相对极坐标是相对于上一个输入点的极坐标,是指用输入点和上一个输入点之间的距离和两点之间连线与水平方向的夹角来表示这个输入点相对于上一个输入点的极坐标,表示为"@距离<角度"。

【评价反馈】

对"认识 AutoCAD 2020"的评价见表 1-1。

表 1-1 对"认识 AutoCAD 2020"的评价

序号	检测项目	评价任务及权重	自评	小组互评	教师评价
1	AutoCAD 2020 的基本操作	文件操作及软件认识(15 分)			
2	AutoCAD 2020 的界面认知	界面认知和工具栏功能认知(30 分)			
3	坐标认知和应用	坐标系认知和坐标应用(40 分)			
4	工作纪律和态度	团队协作能力差、不爱护仪器设备和环境,酌情扣 10~15 分(15 分)			
	任务总评	优□ 良□ 中□ 合格□ 不合格□			

任务 2 设置绘图环境

【任务描述】

通过上机实践操作,设置图形界限、单位、图线、颜色及线宽和图层。

【任务实施】

在 AutoCAD 2020 中可根据要求,自由设置图形的界限大小、单位、图线、颜色、线宽和图层,用户可以简便、快速地绘制出完整的工程图,不但提高了所绘图形的可识读性,同时还可管理和控制好绘图资源,避免重复的绘制工作,节省了绘图时间,提高了绘图效率。

1. 绘图单位与图形界限设置

利用 AutoCAD 2020 绘制工程图时,一般要根据所画图形的实际情况来确定长度、角度的类型与精度,设置图形界限。

(1)绘图单位与精度设置

1)功能:确定长度、角度的类型与精度。

2)命令:

① 菜单栏:"格式"→"单位(U)"。

② 命令行：UNITS。

3）命令说明。执行命令后，弹出"图形单位"对话框，如图1-9a所示，对于大多数用户来说，"长度类型"选择默认的"小数"形式（即十进制单位），其精度根据需要确定，一般小数点后取3位；"角度类型"选择"十进制度数"，小数点后取2位；单击"方向"按钮，弹出"方向控制"对话框，如图1-9b所示，一般默认图中所示的参数状态，"角度"默认设置为"0"，即X轴正方向为正东，逆时针为正。

（2）设置图形界限

1）功能：确定绘图界限，相当于选择图幅。

2）命令：

① 菜单栏："格式"→"图形界限"。

② 命令行：LIMITS

3）命令说明。以选择60m×50m的绘图界限为例说明如下：

输入并执行命令：

指定左下角点或[打开(ON)关闭(OFF)]<0.0000,0.0000>:0,0（接受默认值）

指定右上角点或[打开(ON)关闭(OFF)]:60000,50000（输入右上角坐标）

AutoCAD 2020默认的图形界限为420mm×297mm，即A3幅面。

在"指定左下角点或[打开（ON）关闭（OFF)]<0，0>:"信息提示行中，"打开（ON）关闭（OFF）"是指将绘图界限检查功能打开与关闭，当输入"ON"时，AutoCAD 2020把用户的绘图范围限制在图形界限内，用户在此图形界限外画图时，系统会在命令行给出"＊＊超出图形界限"提示，用户将不能在图形界限外画图。AutoCAD 2020默认选项为"关闭（OFF）"，一般情况下，不要打开图形界限开关，如图1-10所示。

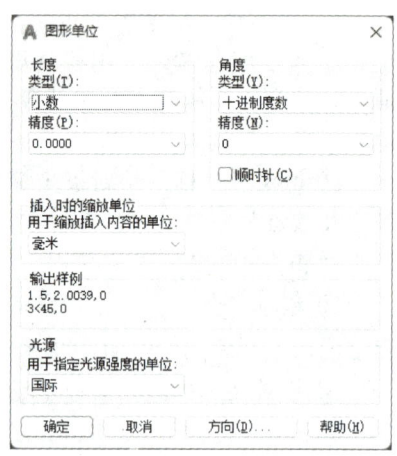
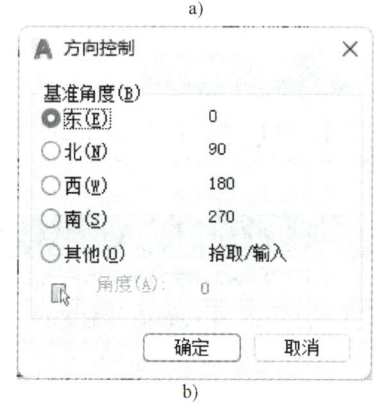

图 1-9

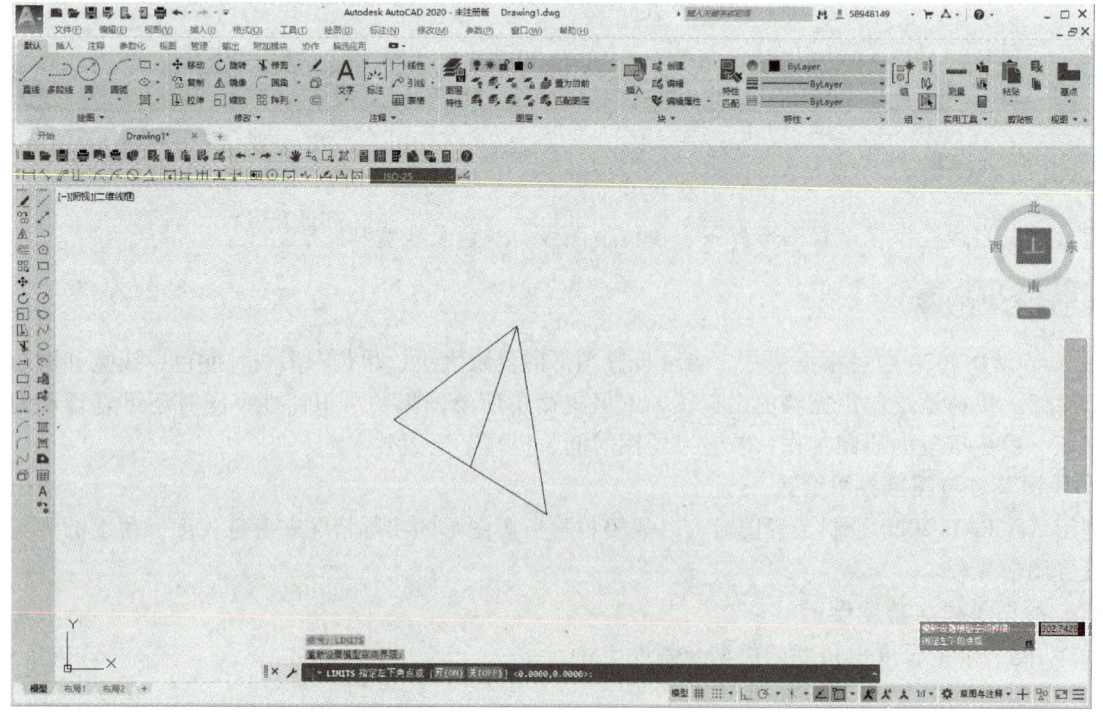

图 1-10

2. 对象特性设置

每个图形对象都是由一组数据来定义的，定义图形对象的数据称为对象特性，对象特性可以分为两类：一类是对象的几何特性，用于确定对象的几何形状，如直线的端点和中点、圆的圆心和半径等；另一类是对象的显示特性，如颜色、线型、线宽、线型比例，以及对象所在的图层等。下面主要介绍图层、线型、线型比例、线宽、颜色等显示特性的设置方法。

（1）图层设置、管理与图层状态控制　"图层"是一个比较抽象的概念，因为在传统的手工绘图中，每幅图只有一张图纸，各种图线、文字和标注都在这张纸上，但在 AutoCAD 2020 绘图中，为了管理和控制复杂的图形、提高绘图效率，引入了"图层"的概念。利用图层，可以将不同种类和用途的对象分别置于不同的层上，从而实现对同类对象的有效管理。

"图层"就像一张没有厚度的透明图纸，可以在每个图层上分别绘制不同的对象，最后再将这些透明的图纸叠加起来，就得到了最终的复杂图形。在图形中，用户可以对每一个"图层"进行单独控制，以提高设计和绘图的质量与效率。

1）图层的设置与管理。在 AutoCAD 2020 中，图层的设置与管理包括创建和删除图层，更改图层名称，设置图层的颜色、线型和线宽，更换当前图层，控制图层的打开/关闭、解冻/冻结、解锁/锁定以及是否输出等。

① 功能：对图层进行设置和管理。

② 命令：

"对象特性"工具栏：▇。

菜单栏："格式"→"图层"。

命令行：LAYER（LA）。

③ 命令说明。执行命令后，会弹出如图 1-11 所示的"图层特性管理器"对话框。在图层信息窗口中有一个名称为"0"的图层，它是 AutoCAD 2020 提供的一个默认图层，该图层的名称不能修改。

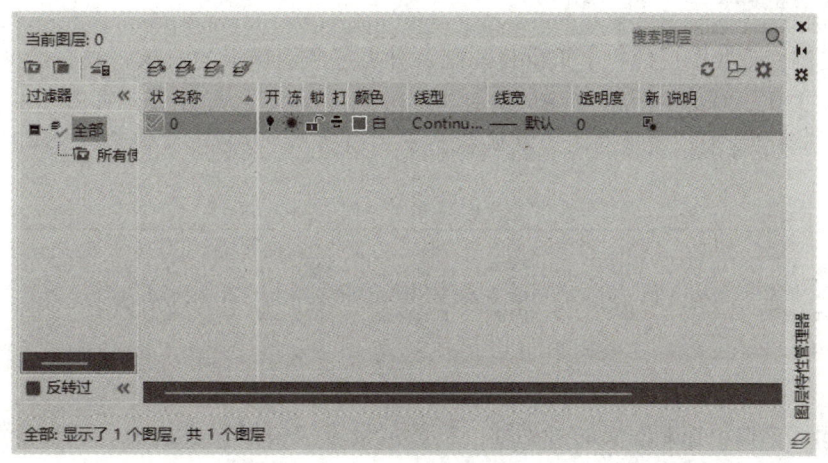

图　1-11

a. 创建一个新图层。在 AutoCAD 2020 中，用户可以根据需要建立无限个图层。

单击"图层特性管理器"对话框中的"新建"按钮，在列表中出现一个名称为"图层1"的新图层，再单击"新建"按钮，则又增加一个新图层，名称为"图层2"，可依次增加下去。新图层的默认特性为：白色（7号颜色）、Continuous（连续）线型、默认线宽；如果在创建新图层时，图层显示窗口中存在一个选定图层，则新图层将沿用选定图层的特性。用户可接受这些默认值，也可以设置为其他值，并可随时对这些特性进行修改。

b. 修改图层名称。在增加新图层后，用户可紧接着输入新图层名，或者按<Enter>键接受默认名称。图层创建后也可以随时修改图层的名称。图层名称最长可有 255 个字母或 127 个汉字，图层名称中不能有"*""!"等符号和空格,也不能重名。用户在为图层命名时,最好能体现图层的特色,图层名一般宜根据图层的功能或内容来命名。

c. 修改图层的颜色。单击图层的颜色标识,调出"选择颜色"对话框,选择一种颜色作为该图层的颜色,完成图层颜色的修改。

d. 修改图层的线型。单击图层的线型标识"Continuous",调出如图 1-12 所示的"选择线型"对话框。

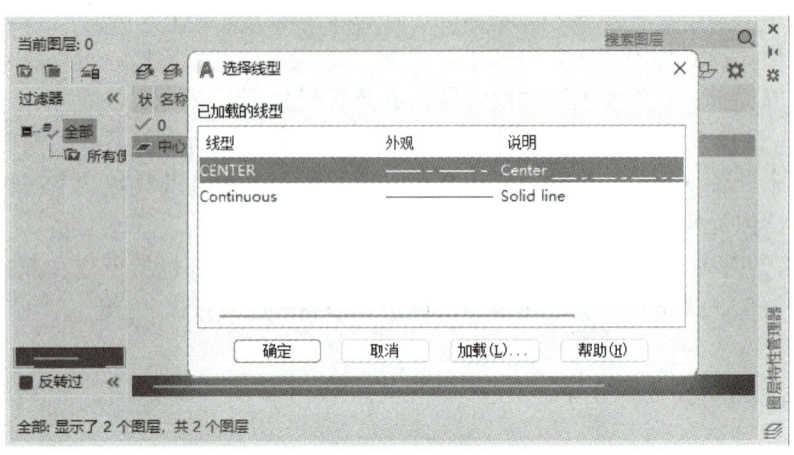

图 1-12

e. 修改图层的线宽。线宽的设置将影响该图层上图线的显示和打印宽度。单击图层的默认线宽标识,调出"线宽"对话框。选择某一线宽,然后单击"确定"按钮,线宽设置结束。

f. 更换"当前图层"。在一幅图的若干图层中,用户每次只能在其中一个图层上进行绘制或编辑等操作,此图层称为当前图层(又称为"当前层")。根据绘图的需要,要在哪个图层上绘图,就必须将其设置为"当前层"。

2)图层的控制。设置图层的一个重要目的就是分类控制图层上的对象,提高绘图效率。AutoCAD 2020 提供了打开/关闭、解冻/冻结、解锁/锁定、打印/不打印等状态开关,每个开关由功能相反的两个状态组成,用于图层管理。新建的图层默认状态是"打开""解冻""解锁""可打印",如图 1-13 所示。

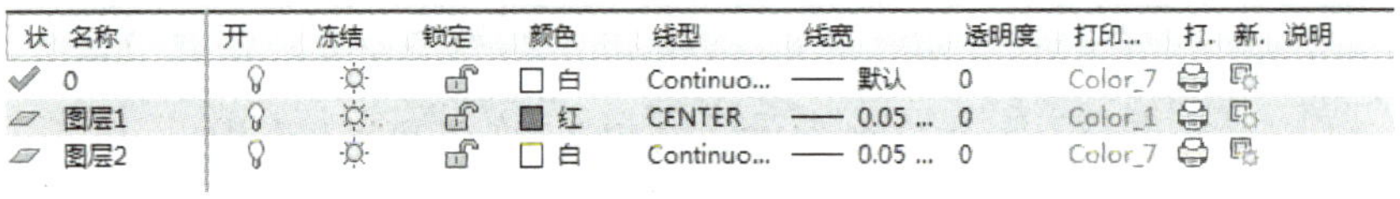

图 1-13

a. 打开/关闭。该选项控制图层的可见性。当图层处于"打开"状态时,该图层上的对象能在绘图窗口中显示出来,并且可以被打印输出;当图层处于"关闭"状态时,该图层上的对象不能在绘图窗口中显示,也不能打印输出。重新生成图形时,图层上的对象仍参与重生成。

b. 解冻/冻结。与打开/关闭开关一样,可以控制图层的可见性与是否打印,冻结某图层时,该图层上的对象不能在绘图窗口上显示,也不能由绘图设备输出。冻结与关闭的区别在于重生成时,冻结上的图层不参与重生成。

c. 解锁/锁定,本开关控制图层的可编辑性。当图层处于"锁定"状态时,图层中的对象仍然可以显示,但不能对其进行选择和编辑操作。

d. 打印/不打印。图层设置为不打印,则该图层上的对象可看到但不能打印出图。

(2)设置线型

1)功能:对线型进行设置和管理,以满足制图标准的要求。

2）命令：

① "特性"工具栏："线型特性窗口"→"其他…"。

② 菜单栏："格式"→"线型"。

③ 命令行：LINETYPE。

3）命令说明。调用该命令后，将弹出"线型管理器"对话框，如图1-14所示。AutoCAD 2020中的默认线型为ByLayer（随层），另外还有ByBlock（随块）和Continuous（实线）方式可供选择。用户可根据需要加载线型、设置当前线型和删除线型，要删除"线型管理器"中不需要的线型，可先选择要删除的线型，再单击"删除"按钮。

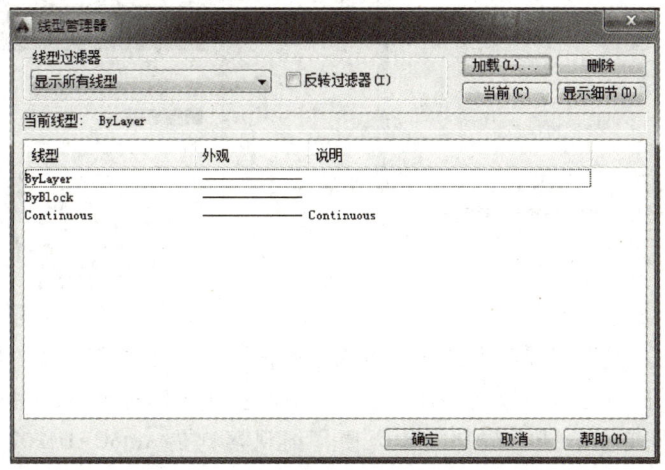

图 1-14

（3）设置线型比例

1）功能：对线型进行设置和管理，以满足制图标准的要求。

2）命令：

① 菜单栏："格式"→"线型"。

② 命令行：LTSCALE（全局线型比例）、CELTSCALE（当前线型比例）。

3）命令说明。运行菜单栏中的"格式"→"线型"后，会弹出对话框，如图1-14所示，单击"显示细节"按钮，可在"全局比例因子"和"当前对象缩放比例因子"文本框中设置相应线型比例。

线型比例用于控制非连续线型单位距离上重复短线、间隔等元素的数目，其值越小，短线、间隔等元素的尺寸就越小，单位距离上短线、间隔等元素的数目就越多；反之，则短线、间隔等元素的尺寸越大，单位距离上短线、间隔等元素的数目就越少。

（4）设置线宽

1）功能：设定图线的线宽，以满足制图标准的要求。

2）命令：

① 菜单栏："格式"→"线宽"。

② 命令行：LWEIGHT 或 LINEWEIGHT。

3）命令说明。当线宽设置为"0.00mm"时，其线宽在屏幕上显示为一个像素宽，打印输出时，系统以所用绘图设备的最细线宽输出。利用状态栏上的"线宽"按钮也可方便地控制线宽显示与否。选中"显示线宽"复选框则在屏幕上显示其线宽，再单击"显示线宽"按钮则在屏幕上不显示其线宽，如图1-15所示。

（5）设置颜色

1）命令：

① 菜单栏："格式"→"颜色"。

② 命令行：COLOR。

2）命令说明。执行该命令后，即弹出如图1-16所示的"选择颜色"对话框。该对话框包括三个调色板，最大的调色板显示编号10~249的颜色，第二个调色板显示编号1~9的颜色。用户可以从中单击选择需要的颜色作为当前颜色。

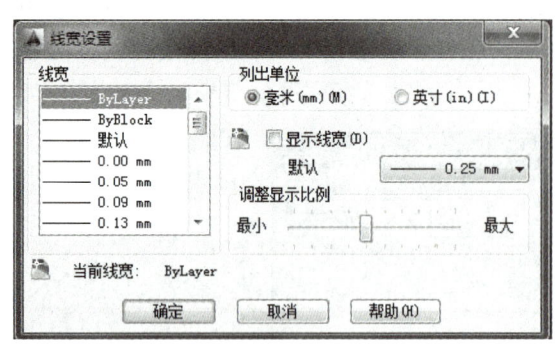

图 1-15

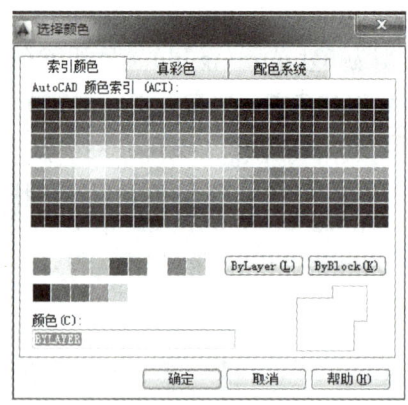

图 1-16

3. 视图的缩放与移动

在AutoCAD 2020中，图形在屏幕上的显示可以根据需要进行放大或缩小。图形显示窗口的大小是由计算机显示屏幕决定的，它具有固定的物理边界。为了绘制复杂的图形，用户需要经常在屏幕上移动图形以观察图形的不同部分，或对局部放大以便仔细观察。在AutoCAD 2020中提供了一组实用的"ZOOM"命令，用于改变图形在屏幕上显示的大小、位置和区域。

（1）视图缩放 "缩放"命令的功能如同相机变焦镜头，它能放大或缩小在当前视窗中观察对象的视觉尺寸，而其实际尺寸保持不变。放大一个对象的视觉尺寸，能将图形中某一个较小的、复杂的区域放大为整个窗口范围，以便对局部进行更仔细的观察和绘制；而缩小其视觉尺寸，能将较大范围内的对象显示于视窗中，便于整体观察。在AutoCAD 2020中，"ZOOM"命令是几个缩放命令的组合，选择各缩放命令有以下几种方法：

命令行：ZOOM（简写Z）。

菜单栏："视图"→"缩放"，如图1-17所示。

1）"实时"：可确定缩放大小。

2）"上一个"：可返回上一次的缩放大小。

3）"窗口"：通过定义窗口来确定放大范围。

4）"动态"：动态显示图形。

5）"比例"：按照一定比例进行缩放。

6）"圆心"：指定中心点，将该点作为窗口中图形显示的中心。

7）"对象"：缩放为显示对象的范围。

8）"放大"：将图形放大一倍。

9）"缩小"：将图形缩小一倍。

10）"全部"：在当前视口显示整个图形。

11）"范围"：将图形在视口内最大限度地显示出来。

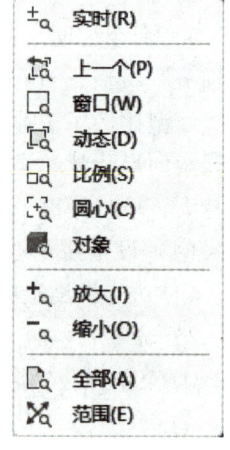

图 1-17

（2）平移图形 "平移"命令可以沿任意方向移动图形，而图形的放大率保持不变，仅仅是图形的位置发生了改变。

命令行：PAN（简写P）。

菜单栏："视图"→"平移"。

激活"平移"命令后，光标将变成一只小手形状。按住鼠标左键将光标锁定在当前位置，然后拖动图形使其移动到所需位置上,松开鼠标左键将停止平移。

(3) 图形重生成

命令行:RECEN(简写 PE)。

菜单栏:"视图"→"重生成"。

在实时缩放和平移视图的过程中,常会碰到图形显示精度不足的情形,或是平移、实时缩放不能再继续的情况,此时可用 RECEN 命令重生成图形,解决上述问题。

【评价反馈】

对"设置绘图环境"操作的评价见表 1-2。

表 1-2 对"设置绘图环境"操作的评价

序号	检测项目	评价任务及权重	自评	小组互评	教师评价
1	AutoCAD 2020 绘图环境设置	单位设置、图形界限设置(15分)			
2	AutoCAD 2020 对象特性设置	图层的概念、图层新建和图层的功能设置(40分)			
3	线型设置	线型、比例、线宽、颜色的设置(20分)			
4	视图控制	AutoCAD 2020 中视图的操作控制(15分)			
5	工作纪律和态度	团队协作能力差、不爱护仪器设备和环境,酌情扣 5~10 分(10分)			
	任务总评	优□ 良□ 中□ 合格□ 不合格□			

项目二
绘制建筑基本图形

【项目概述】

以给定的任务绘制圆桌椅平面图、五角星、A3 图框、洗手池平面图、沙发平面图、坐便器平面图、基础大样图、门平面图、建筑平面墙体、窗和楼梯平面图等建筑基本图形,让读者尽快掌握 AutoCAD 2020 基本绘图命令和编辑命令的使用方法,能分析图形特征,会分解建筑制图中常见的问题并逐一处理,会选用合适的绘图、编辑命令,知道所学的命令有什么用、用在哪里、怎么用。

任务 1　绘制圆桌椅平面图

【任务描述】

通过上机实践操作,绘制圆桌椅平面图(其中大圆半径 80mm,小圆半径 20mm),如图 2-1 所示。

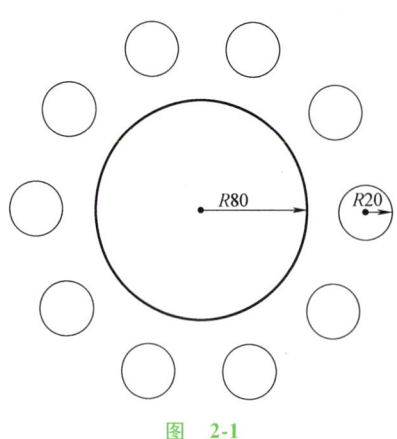

图　2-1

【任务实施】

圆是常见的图形,很多形状的设计构件是由圆组成的。同样,在一个图形中可能有很多个具有同一属性的圆,这些有规则的圆就可以采用"阵列"命令来完成,特别是在建筑图绘制方面,可以用"阵列"命令快速完成各类相关联图形的绘制。下面就来介绍一下"圆"和"阵列"命令的使用方法与技巧。

1. **绘制圆桌和一个椅子**

(1) 调用"圆"命令的方式

1) 在菜单栏中单击 绘图(D) → 圆(C) ，如图 2-2 所示。

2) 单击"绘图"工具栏中的 ⊙ 按钮。

3) 命令行中执行"CIRCLE（C）"命令。

(2) 操作说明　执行命令后，AutoCAD 2020 提示：

指定圆的圆心或［三点（3P）两点（2P）切点、切点、半径（T）］:900,600（输入大圆的圆心后按<Enter>键）

指定圆的半径或［直径（D）］:80（输入大圆半径后按<Enter>键）

绘制结果如图 2-3 所示。

重复执行画圆命令：

指定圆的圆心或［三点（3P）两点（2P）相切、相切、半径（T）］:1020,600（输入其中一个小圆的圆心后按<Enter>键）

指定圆的半径或［直径（D）］<80.0000>:20（输入小圆的半径后按<Enter>键）

绘制结果如图 2-4 所示。

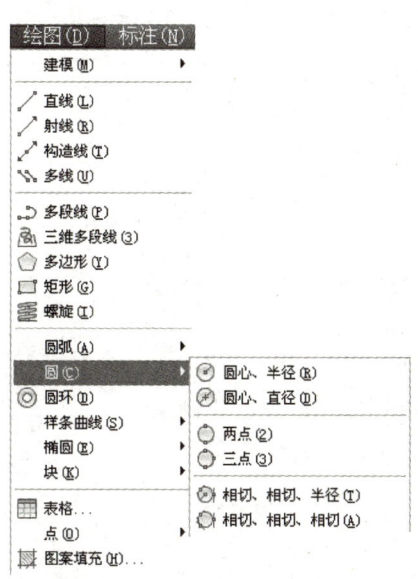

图 2-2

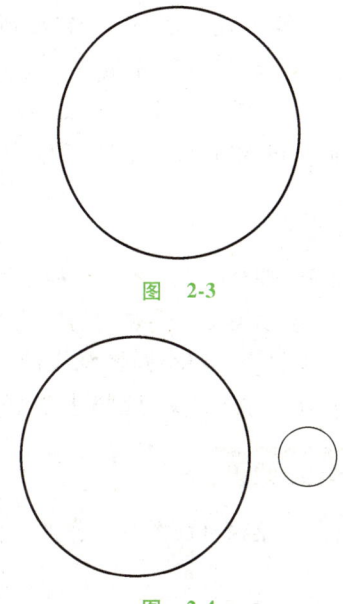

图 2-3

图 2-4

(3) 其他选项说明

1) 圆心：基于圆心和直径（或半径）绘制圆。

2) 三点（3P）：基于圆周上的三点绘制圆。

3) 两点（2P）：基于圆直径上的两个端点绘制圆。

4) 相切、相切、半径（T）：基于指定半径和两个相切对象绘制圆。

2. **阵列多个椅子**

(1) 调用"阵列"命令的方式

1) 在菜单栏中单击 修改(M) → 阵列 ，如图 2-5 所示。

2) 单击"修改"工具栏中的 ⊞ 按钮。

3) 命令行中执行"ARRAY（AR）"命令。

(2) 操作说明　执行命令后，AutoCAD 2020 提示：

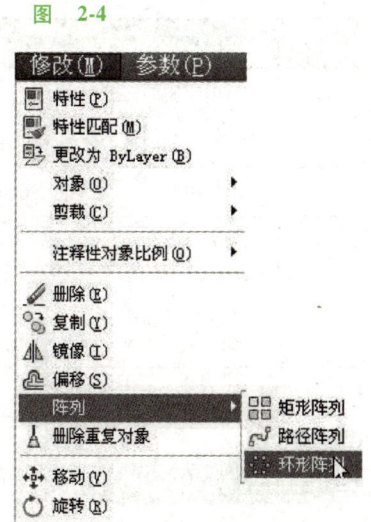

图 2-5

选择对象:找到 1 个(选择小圆后按<Enter>键)

选择对象:

类型=极轴　关联=是

指定阵列的中心点或［基点(B)旋转轴(A)］:(使用对象捕捉的方法捕捉到大圆的圆心作为阵列的中心点)

选择夹点以编辑阵列或［关联(AS)基点(B)项目(I)项目间角度(A)填充角度(F)行(ROW)层(L)旋转项目(ROT)退出(X)］<退出>:i

输入阵列中的项目数或［表达式(E)］<6>:10(输入围绕大圆阵列的数目后按<Enter>键)

选择夹点以编辑阵列或［关联(AS)基点(B)项目(I)项目间角度(A)填充角度(F)行(ROW)层(L)旋转项目(ROT)退出(X)］<退出>:f

指定填充角度(+=逆时针、-=顺时针)或［表达式(EX)］<360>:360(指定第一个圆和最后一个圆之间的角度为360°)

选择夹点以编辑阵列或［关联(AS)基点(B)项目(I)项目间角度(A)填充角度(F)行(ROW)层(L)旋转项目(ROT)退出(X)］<退出>:X(输入 X 后按<Enter>键进行确认)

此时屏幕上显示的图形如图 2-6 所示。

(3) 阵列方式说明

1) 矩形:将对象副本分布到行、列和标高的任意组合。

2) 路径:沿路径或部分路径均匀分布对象副本,路径可以是直线、多段线、三维多段线、样条曲线、螺旋、圆弧、圆或椭圆。

3) 极轴:围绕中心点或旋转轴在环形阵列中均匀分布对象副本。

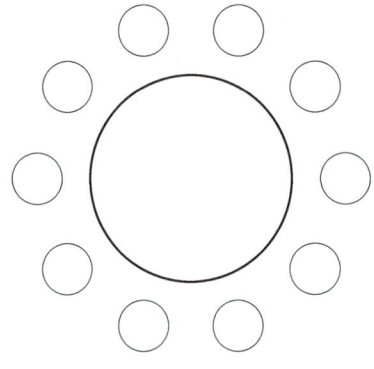

图 2-6

特别提示:

1) 可以指定圆心、半径、直径、圆周上的点和其他对象上的点的不同组合来创建圆,创建圆的默认方法是指定圆心和半径。

2) 在本项目中,将小圆围绕大圆进行阵列,阵列类型既可以选择极轴(PO)方式,又可以选择路径(PA)方式,两者都可以完成项目绘制。

【评价反馈】

对"绘制圆桌椅平面图"操作的评价见表 2-1。

表 2-1　对"绘制圆桌椅平面图"操作的评价

序号	检测项目	评价任务及权重	自评	小组互评	教师评价
1	图形绘制的完整性	图形绘制是否完整,缺少 1 项扣 5 分(30 分)			
2	图形绘制的准确性	图形绘制是否准确,1 项不准确扣 5 分(30 分)			
3	图形布局	图形布局不美观,酌情扣 2~5 分(10 分)			
4	完成时间	规定时间内没完成,每超过 10 分钟扣 2 分(10 分)			
5	工作纪律和态度	团队协作能力差、不爱护仪器设备和环境,酌情扣 10~20 分(20 分)			
	任务总评		优□　良□　中□　合格□　不合格□		

【能力拓展】

应用"圆"和"阵列"命令绘制图 2-7 所示图形。

项目二　绘制建筑基本图形

图　2-7

任务 2　绘制五角星

【任务描述】

通过上机实践操作，应用相关绘图命令，绘制长、宽各为 70mm 的矩形和五角星，如图 2-8 所示。掌握"矩形""直线""修剪"的命令及调用方法，绝对直角坐标、相对直角坐标、极坐标的输入方式和相关的使用方法与技巧。

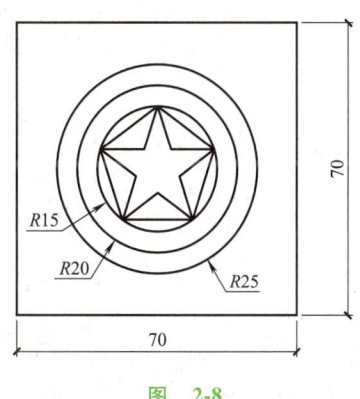

图　2-8

【任务实施】

1. 绘制矩形外框

（1）调用"矩形"命令的方式

1）在菜单栏中单击 绘图(D) → 矩形(G)，如图 2-9 所示。

2）单击"绘图"工具栏中的 □ 按钮。

3）命令行中执行"RECTANG"命令。

（2）操作说明　执行命令后，AutoCAD 2020 提示：

指定第一个角点或 [倒角（C）标高（E）圆角（F）厚度（T）宽度（W）]：100,100（输入矩形左下角坐标后按<Enter>键）

指定另一个角点或 [面积（A）尺寸（D）旋转（R）]：170,170（输入矩形右上角坐标后按<Enter>键，此坐标为绝对坐标输入；也可以用另一种输入方式：@70,70,此坐标为相对直角坐标输入）

绘制结果如图 2-10 所示。

17

2. 绘制五角星外接圆

执行"圆"命令后，AutoCAD 2020提示：

指定圆的圆心或[三点（3P）两点（2P）切点、切点、半径（T）]：135，135（输入大圆的圆心后按<Enter>键）

指定圆的半径或[直径（D）]：15（输入小圆半径后按<Enter>键）

绘制结果如图2-11所示。

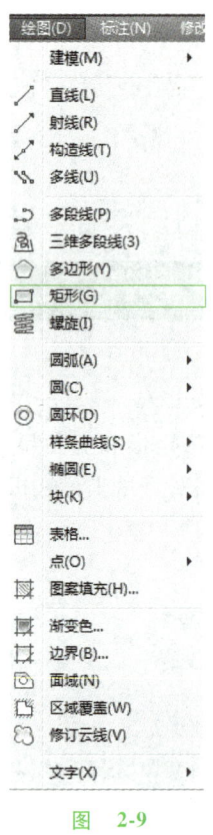

图 2-9

图 2-10

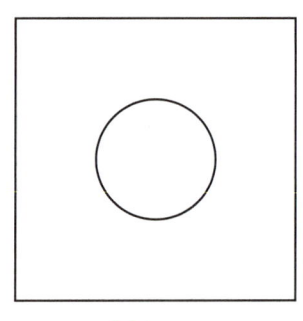

图 2-11

3. 绘制五角星外接多边形

(1) 调用"多边形"命令的方式

1）在菜单栏中单击 绘图(D) → 多边形(Y) 。

2）单击"绘图"工具栏中的 按钮。

3）命令行中执行POLYGON命令。

(2) 操作说明 执行命令后，AutoCAD 2020提示：

输入侧面数<4>：5（输入多边形边数后按<Enter>键）

POLYGON指定多边形的中心点或[边（E）]：（单击圆的中心点）

输入选项[内接于圆（I）外切于圆（C）]<I>：i（选择多边形方式后按<Enter>键）

指定圆的半径：（移动光标到圆的上象限点并单击）

绘制结果如图2-12所示。

4. 五角星绘制

(1) 调用"直线"命令的方式

1）在菜单栏中单击 绘图(D) → 直线(L) 。

2）单击"绘图"工具栏中的 按钮。

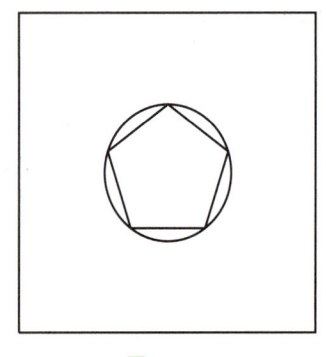

图 2-12

3)命令行中执行"LINE"命令。

(2)操作说明　执行命令后,AutoCAD 2020提示:

指定第一点:(分别给五边形的内角作连接线,然后按<Enter>键。

绘制结果如图2-13所示。

5. 修剪五角星

(1)调用"修剪"命令的方式

1)在菜单栏中单击 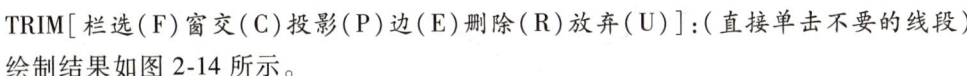。

2)单击"修改"工具栏中的  按钮。

3)命令行中执行"TRIM"命令。

(2)操作说明　执行命令后,AutoCAD 2020提示:

选择对象或<全部选择>:(全部选择,然后按<Enter>键)

TRIM[栏选(F)窗交(C)投影(P)边(E)删除(R)放弃(U)]:(直接单击不要的线段)

绘制结果如图2-14所示。

6. 绘制五角星外的圆环

执行"圆"命令后,AutoCAD 2020提示:

指定圆的圆心或[三点(3P)两点(2P)切点、切点、半径(T)]:135,135(输入大圆的圆心后按<Enter>键)

指定圆的半径或[直径(D)]:20(输入中圆半径后按<Enter>键)

重复执行"圆"命令,相同操作再输入大圆半径"25"。

绘制结果如图2-15所示。

图 2-13

图 2-14

图 2-15

【评价反馈】

对"绘制五角星"操作的评价见表2-2。

表2-2　对"绘制五角星"操作的评价

序号	检测项目	评价任务及权重	自评	小组互评	教师评价
1	图形绘制的完整性	图形绘制是否完整,缺少1项扣5分(30分)			
2	图形绘制的准确性	图形绘制是否准确,1项不准确扣5分(30分)			
3	图形布局	图形布局不美观,酌情扣2~5分(10分)			
4	完成时间	规定时间内没完成,每超过10分钟扣2分(10分)			
5	工作纪律和态度	团队协作能力差、不爱护仪器设备和环境,酌情扣10~20分(20分)			
	任务总评	优□　良□　中□　合格□　不合格□			

【能力拓展】

应用"圆"和"多边形"命令绘制图 2-16 所示图形。

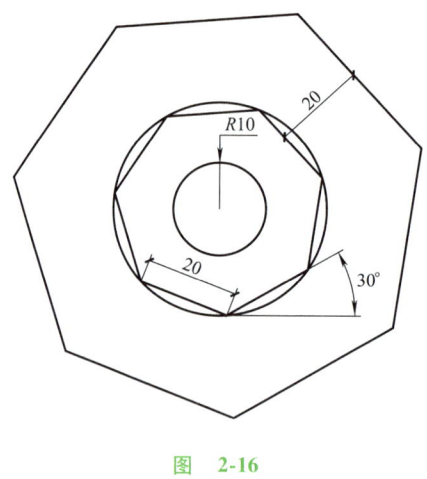

图 2-16

任务 3　绘制 A3 图框

【任务描述】

通过上机实践操作，绘制 A3 图框，如图 2-17 所示。掌握"矩形"命令、"直线"命令、"点"命令的使用方法和技巧。

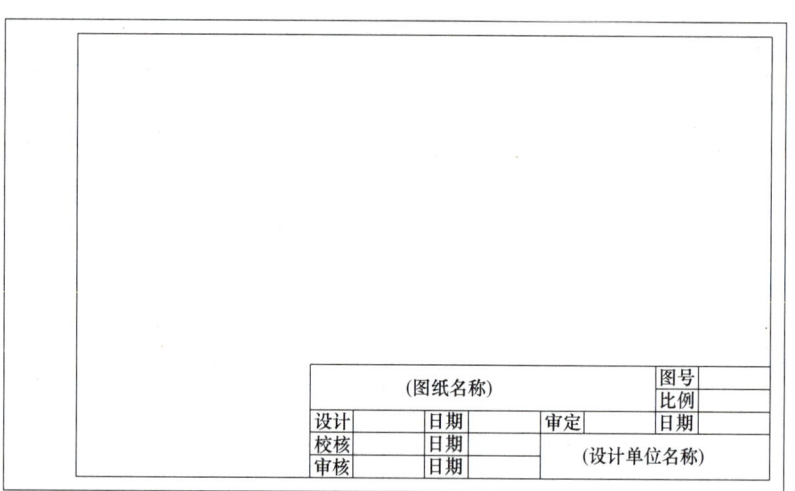

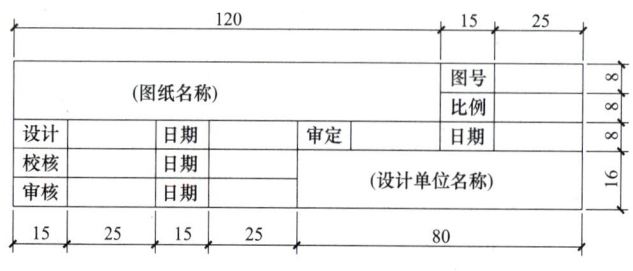

图 2-17

图框是图纸从方案图变成正式施工图的标志,加了图框,就形成了正式的施工图,所以在绘制图框时,需要熟悉建筑制图标准。

【任务实施】

绘制图框是图形绘制结束后出图的基本要求,是对图形的说明和存档的要求。图框中文字和方框的大小都有一定比例,需按照比例完成绘制。

1. 绘制矩形外框

执行"矩形"命令后,AutoCAD 2020 提示:

指定第一个角点或[倒角(C)标高(E)圆角(F)厚度(T)宽度(W)]:(指定第一个角点,然后按<Enter>键)

指定另一个角点或[面积(A)尺寸(D)旋转(R)]:@420,297(输入数据后按<Enter>键)

绘制结果如图 2-18 所示。

2. 绘制矩形内框

(1) 调用"偏移"命令的方式

1) 在菜单栏中单击 修改(M) → 偏移(S)。

2) 单击"修改"工具栏中的 偏移(S) 按钮。

3) 命令行中执行"OFFSET"命令。

(2) 操作说明 执行命令后,AutoCAD 2020 提示:

指定偏移距离或[通过(T)删除(E)图层(L)]<通过>:5(输入数据后按<Enter>键)

选择要偏移的对象或[退出(E)放弃(U)]<退出>:(选择刚绘制的矩形)

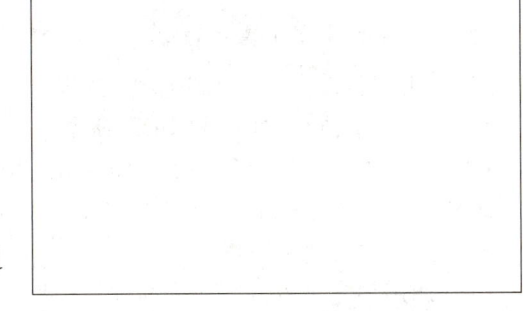

图 2-18

指定要偏移的那一侧上的点或[退出(E)多个(M)放弃(U)]<退出>:(在矩形内部指定一点。这样,在原来的矩形内偏移出一个新的间距为 5 的矩形)

3. 拉伸内框

(1) 调用"拉伸"命令的方式

1) 在菜单栏中单击 修改(M) → 拉伸(H)。

2) 单击"修改"工具栏中的 拉伸(H) 按钮。

3) 命令行中执行"STRETCH"命令。

(2) 操作说明 执行命令后,AutoCAD 2020 提示:

选择对象:(用窗交方式选择在内部的那个矩形的左端部,然后按<Enter>键)

指定基点或[位移(D)]<位移>:(指定一点后按<Enter>键)

指定第二个点或<使用第一个点作为位移>:20(激活正交模式,把光标向右移动一段距离,输入数据后按<Enter>键)

绘制结果如图 2-19 所示。

4. 绘制标题栏外框

执行"矩形"命令后,AutoCAD 2020 提示:

指定第一个角点或[倒角(C)标高(E)圆角(F)厚度(T)宽度(W)]:(指定内矩形的右下角点,单击该点)

指定另一个角点或[面积(A)尺寸(D)旋转(R)]:@-160,40(输入数据后按<Enter>键)

绘制结果如图 2-20 所示。

图 2-19　　　　　　　　　　　　　图 2-20

5. 分解标题栏外框

(1) 调用"分解"命令的方式

1) 在菜单栏中单击  。

2) 单击"修改"工具栏中的 按钮。

3) 命令行中执行"EXPLODE"命令。

(2) 操作说明　执行命令后，AutoCAD 2020 提示：

选择对象：(选择小矩形，然后按<Enter>键)

6. 横向平分标题栏外框

(1) 调用"定数等分"命令的方式

1) 在菜单栏中单击 绘图(D) → 点(O) ▶ → 定数等分(D) 。

2) 命令行中执行"DIVIDE"命令。

(2) 操作说明　执行命令后，AutoCAD 2020 提示：

选择要定数等分的对象：(选择小矩形左边线段，然后按<Enter>键)

输入线段数目或［块（B）］:5（输入线段数并按<Enter>键）

7. 绘制平分线

执行"直线"命令后，AutoCAD 2020 提示：

指定第一点：(分别在等分线点上向右画水平直线，然后按<Enter>键)

重复直线命令。绘制结果如图 2-21 所示。

8. 绘制标题栏竖线

执行"偏移"命令后，AutoCAD 2020 提示：

指定偏移距离或［通过（T）删除（E）图层（L）］:15（输入偏移距离并按<Enter>键）

选择要偏移的对象或［退出（E）放弃（U）］<退出>：(选择刚等分的线段后按<Enter>键)

指定要偏移的那一侧上的点或［退出（E）多个（M）放弃（U）］<退出>：(在偏移对象的右侧空白处单击并按<Enter>键)

重复执行"偏移"命令，对新生成的对象分别再偏移 25、15、25、80。绘制结果如图 2-22 所示。

图 2-21

9. 修剪多余线条

执行"修剪"命令后，AutoCAD 2020 提示：

选择对象或<全部选择>:(全部选择,然后按<Enter>键)
TRIM[栏选(F)窗交(C)投影(P)边(E)删除(R)放弃(U)]:(直接单击不要的线段)
绘制结果如图 2-23 所示。

图 2-22

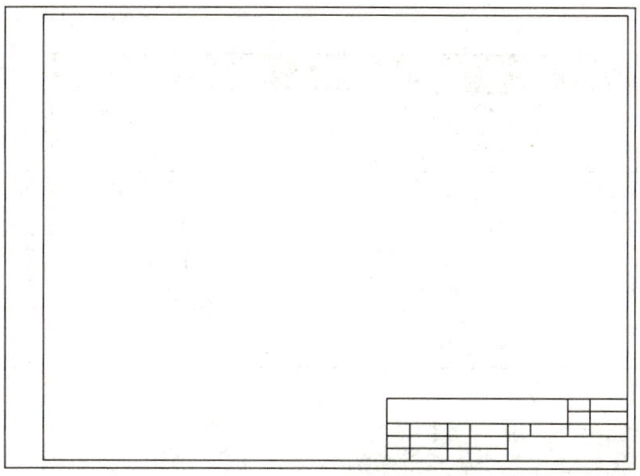

图 2-23

10. 输入标题栏文字

(1) 调用"文字"命令的方式

1) 在菜单栏中单击 。

2) 单击"绘图"工具栏中的 A 按钮。

3) 命令行中执行"MTEXT"命令。

(2) 操作说明　执行命令后,AutoCAD 2020 提示:

指定对角点或[高度(H)对正(J)行距(L)旋转(R)样式(S)宽度(W)栏(C)]:(指定文本的左上角和右下角区域)

弹出对话框,如图 2-24 所示。将文字输入完成后单击"确定"按钮即可。

图 2-24

重复执行上述命令即可完成所有文字的录入。A3 图框绘制效果如图 2-25 所示。

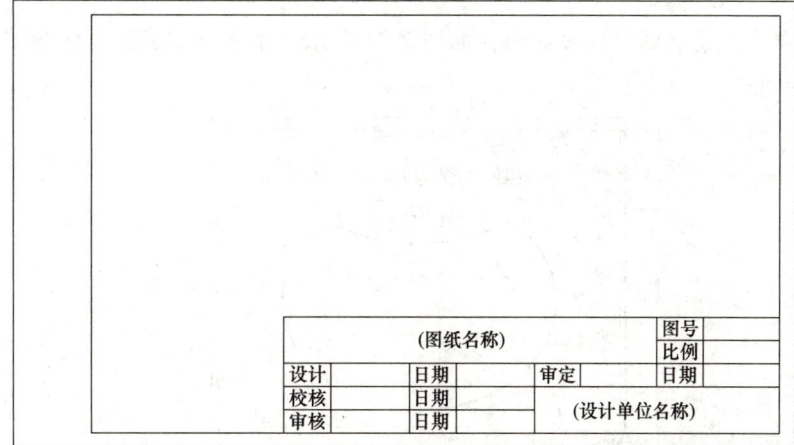

图 2-25

【评价反馈】

对"绘制 A3 图框"操作的评价见表 2-3。

表 2-3　对"绘制 A3 图框"操作的评价

序号	检测项目	评价任务及权重	自评	小组互评	教师评价
1	图形绘制的完整性	图形绘制是否完整,缺少1项扣5分(30分)			
2	图形绘制的准确性	图形绘制是否准确,1项不准确扣5分(30分)			
3	图形布局	图形布局不美观,酌情扣2~5分(10分)			
4	完成时间	规定时间内没完成,每超过10分钟扣2分(10分)			
5	工作纪律和态度	团队协作能力差、不爱护仪器设备和环境,酌情扣10~20分(20分)			
	任务总评	优□　良□　中□　合格□　不合格□			

【能力拓展】

应用"矩形""修剪""文字"等命令绘制图 2-26 所示图形。

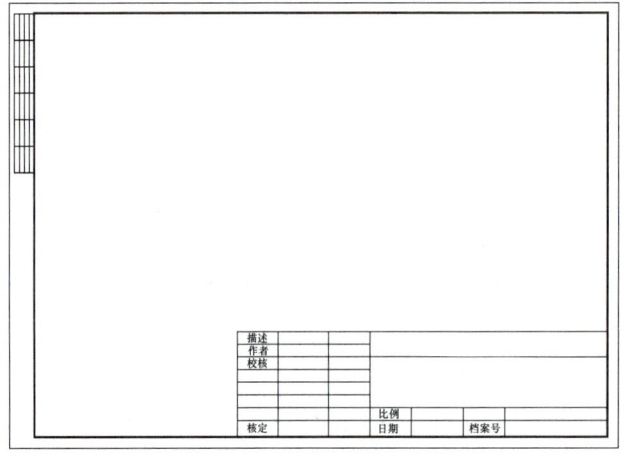

图 2-26

任务 4　绘制洗手池平面图

【任务描述】

通过上机实践操作,绘制洗手池平面图,如图 2-27 所示。掌握"椭圆""椭圆弧""圆""矩形"等命令的使用方法和技巧。

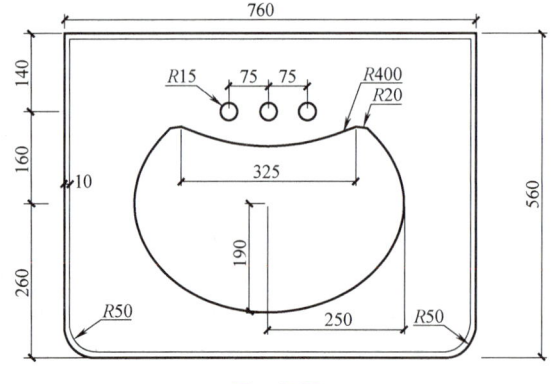

图 2-27

【任务实施】

1. 绘制洗手池外框

执行"矩形"命令后,AutoCAD 2020提示:

指定第一个角点或[倒角(C)标高(E)圆角(F)厚度(T)宽度(W)]:100,100(输入坐标后按<Enter>键)

指定另一个角点或[面积(A)尺寸(D)旋转(R)]:@760,560(输入数据后按<Enter>键)

绘制结果如图2-28所示。

2. 偏移洗手池外框

执行"偏移"命令后,AutoCAD 2020提示:

指定偏移距离或[通过(T)删除(E)图层(L)]<通过>:10(输入数据后按<Enter>键)

选择要偏移的对象或[退出(E)放弃(U)]<退出>:(选择刚绘制的矩形)

指定要偏移的那一侧上的点或[退出(E)多个(M)放弃(U)]<退出>:(在矩形范围内部指定一点。这样,在原来的矩形内偏移出一个新的间距为"10"的矩形)

绘制结果如图2-29所示。

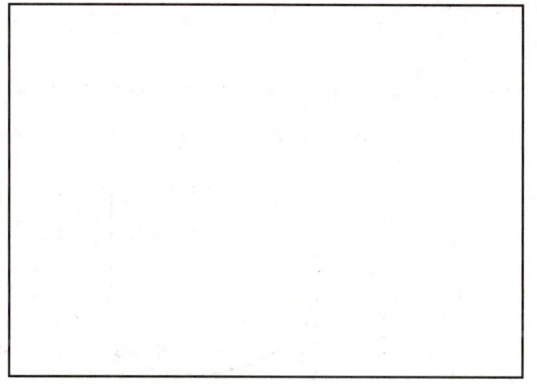

图 2-28

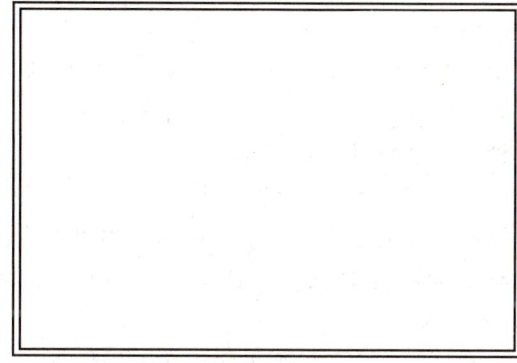

图 2-29

3. 洗手池外框底部修圆角

(1)调用"圆角"命令的方式

1)在菜单栏中单击 修改(M) → 圆角(F)。

2)单击"修改"工具栏中的 按钮。

3)命令行中执行"FILLET"命令。

(2)操作说明 执行命令后,AutoCAD 2020提示:

选择第一个对象或[放弃(U)多段线(P)半径(R)修剪(T)多个(M)]:R(选择设置半径后按<Enter>键)

指定圆角半径<0.0000>:20(输入半径后按<Enter>键)

选择第一个对象或[放弃(U)多段线(P)半径(R)修剪(T)多个(M)]:(分别选择两个矩形的下面两个角进行倒圆角处理)

修改结果如图2-30所示。

4. 绘制洗手池椭圆区域

(1)调用"椭圆"命令的方式

1)在菜单栏中单击 绘图(D) → 椭圆(E)。

2)单击"绘图"工具栏中的 按钮。

图 2-30

3）命令行中执行"ELLIPSE"命令。

（2）操作说明　执行命令后，AutoCAD 2020提示：

指定椭圆的轴端点或[圆弧(A)中心点(C)]:C(选择以中心点方式绘图后按<Enter>键)

指定椭圆的中心点:480,380(输入中心点坐标)

指定轴的端点:190(要求光标垂直向下输入距离后按<Enter>键)

指定另一轴的端点:250(输入另一半轴长后按<Enter>键)

绘制结果如图2-31所示。

5. 绘制椭圆中心竖向直线

执行"直线"命令后，AutoCAD 2020提示：

指定第一点:(从椭圆的中心点向椭圆的上象限点连线,然后按<Enter>键)

6. 偏移椭圆中心竖向直线

执行"偏移"命令后，AutoCAD 2020提示：

指定偏移距离或[通过(T)删除(E)图层(L)]:162.5(输入偏移距离并按<Enter>键)

选择要偏移的对象或[退出(E)放弃(U)]<退出>:(选择直线)

指定要偏移的那一侧上的点或[退出(E)多个(M)放弃(U)]<退出>:(在左侧单击并按<Enter>键)

重复执行"偏移"命令向右侧偏移直线。

绘制结果如图2-32所示。

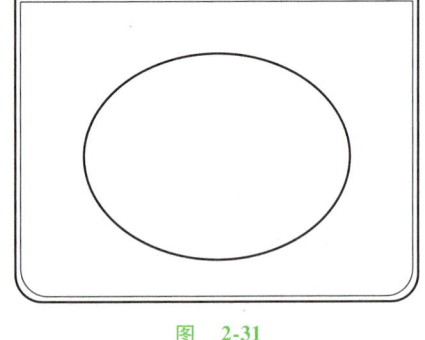

图 2-31

7. 绘制洗手池椭圆内凹圆弧

执行"圆弧"命令后，AutoCAD 2020提示：

指定圆弧的起点或[圆心(C)]:(单击左边直线与椭圆的交点)

指定圆弧的端点:(单击右边直线与椭圆的交点)

指定圆弧的圆心或[角度(A)方向(D)半径(R)]:400(输入半径后按<Enter>键)

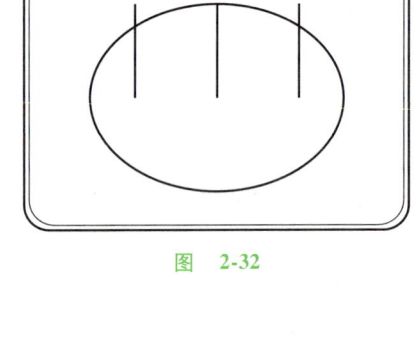

图 2-32

8. 修剪多余线条

执行"修剪"命令后，AutoCAD 2020提示：

选择对象或<全部选择>:(全部选择,然后按<Enter>键)

TRIM[栏选(F)窗交(C)投影(P)边(E)删除(R)放弃(U)]:(直接单击不要的线段)

绘制结果如图2-33所示。

9. 绘制洗手池管道安装孔

执行"圆"命令后，AutoCAD 2020提示：

指定圆的圆心或[三点(3P)两点(2P)切点、切点、半径(T)]:480,380(输入小圆的圆心后按<Enter>键)

指定圆的半径或[直径(D)]:15(输入大圆半径后按<Enter>键)

10. 复制洗手池管道安装孔

（1）调用"复制"命令的方式

1）在菜单栏中单击 修改(M) → 复制(Y) 。

2）单击"修改"工具栏中的 按钮。

3）命令行中执行"COPY"命令。

（2）操作说明　执行命令后，AutoCAD 2020提示：

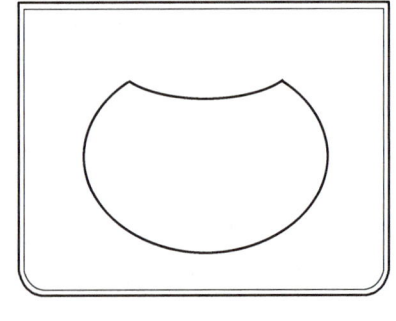

图 2-33

指定基点或[位移(D)模式(O)]<位移>:(单击小圆圆心后按<Enter>键)

指定第二点或[阵列(A)]:75(光标水平向左输入数据后按<Enter>键)

重复上述命令向右复制小圆,绘制结果如图2-34所示。

11. 移动洗手池管道安装孔

(1) 调用"移动"命令的方式

1) 在菜单栏中单击 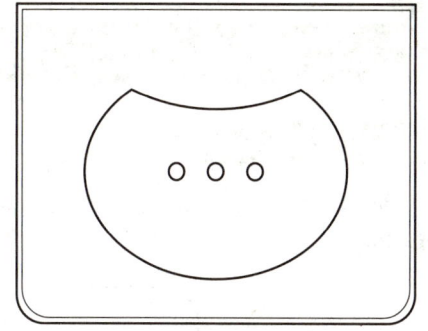 。

图 2-34

2) 单击"修改"工具栏中的 按钮。

3) 命令行中执行"MOVE"命令。

(2) 操作说明 执行命令后,AutoCAD 2020提示:

选择对象:(分别单击三个小圆后按<Enter>键)

指定基点或[位移(D)]<位移>:(单击小圆圆心)

指定第二点或<使用第一个点作为位移>:160(光标垂直向上输入数据后按<Enter>键)

绘制结果如图2-35所示。

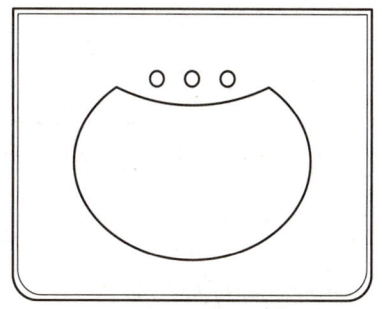

图 2-35

注意:"复制"命令和"阵列"命令都能快速产生属性一致的对象,读者需灵活运用以提高绘图效率。

【评价反馈】

对"绘制洗手池平面图"操作的评价见表2-4。

表2-4 对"绘制洗手池平面图"操作的评价

序号	检测项目	评价任务及权重	自评	小组互评	教师评价
1	图形绘制的完整性	图形绘制是否完整,缺少1项扣5分(30分)			
2	图形绘制的准确性	图形绘制是否准确,1项不准确扣5分(30分)			
3	图形布局	图形布局不美观,酌情扣2~5分(10分)			
4	完成时间	规定时间内没完成,每超过10分钟扣2分(10分)			
5	工作纪律和态度	团队协作能力差、不爱护仪器设备和环境,酌情扣10~20分(20分)			
	任务总评	优□ 良□ 中□ 合格□ 不合格□			

【能力拓展】

应用"椭圆""移动"命令绘制图2-36所示图形。

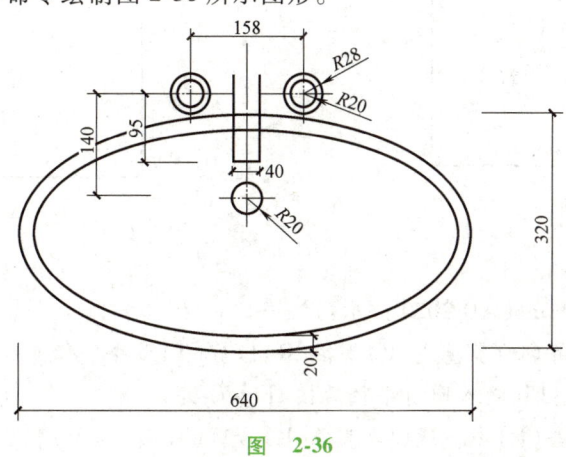

图 2-36

任务 5　绘制沙发平面图

【任务描述】

通过上机实践操作，绘制沙发平面图，如图 2-37 所示。掌握"圆角""复制"等命令的使用方法和技巧。

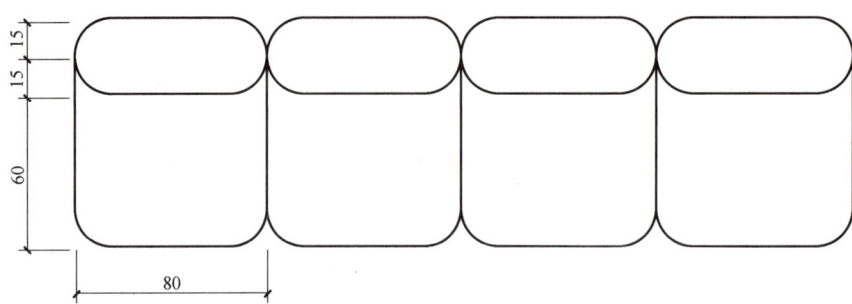

图 2-37

【任务实施】

1. 绘制单个沙发轮廓

执行"矩形"命令后，AutoCAD 2020 提示：

指定第一个角点或［倒角(C)标高(E)圆角(F)厚度(T)宽度(W)］:100,100(输入坐标后按<Enter>键)

指定另一个角点或 ［面积(A)尺寸(D)旋转(R)］:@80,75(输入数据后按<Enter>键)

绘制结果如图 2-38 所示。

2. 绘制沙发上表面轮廓

执行"矩形"命令后，AutoCAD 2020 提示：

指定第一个角点或［倒角(C)标高(E)圆角(F)厚度(T)宽度(W)］:100,160(输入坐标后按<Enter>键)

指定另一个角点或 ［面积(A)尺寸(D)旋转(R)］:@80,30(输入数据后按<Enter>键)

绘制结果如图 2-39 所示。

图 2-38

图 2-39

3. 给沙发轮廓修圆角

执行"圆角"命令后，AutoCAD 2020 提示：

选择第一个对象或 ［放弃(U)多段线(P)半径(R)修剪(T)多个(M)］:R(选择半径后按<Enter>键)

指定圆角半径<0.0000>:15(输入圆角半径后按<Enter>键)

选择第一个对象或 ［放弃(U)多段线(P)半径(R)修剪(T)多个(M)］:(单击要倒圆角的一条边)

选择第二个对象或按住<Shift>键选择对象以应用角点或[半径(R)]:(单击倒圆角的另一条边)

重复执行"圆角"命令,绘制结果如图2-40所示。

4. 复制沙发

执行"复制"命令后,AutoCAD 2020提示:

选择第一个对象:(框选所有图形)

指定基点或[位移(D)模式(O)]<位移>:(单击图形下方任一点)

指定第二点或[阵列(A)]<使用第一个点作为位移>:(光标水平向右分别输入"80""160""240"后按<Enter>键)

复制结果如图2-41所示。

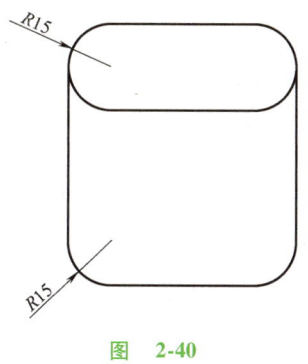

图 2-40

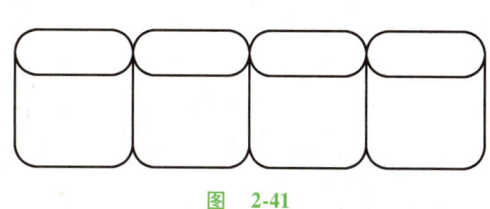

图 2-41

注意:沙发平面图有很多种类型,本任务是通过较简单的图形来熟悉其绘制方法。

【评价反馈】

对"绘制沙发平面图"操作的评价见表2-5。

表2-5 对"绘制沙发平面图"操作的评价

序号	检测项目	评价任务及权重	自评	小组互评	教师评价
1	图形绘制的完整性	图形绘制是否完整,缺少1项扣5分(30分)			
2	图形绘制的准确性	图形绘制是否准确,1项不准确扣5分(30分)			
3	图形布局	图形布局不美观,酌情扣2~5分(10分)			
4	完成时间	规定时间内没完成,每超过10分钟扣2分(10分)			
5	工作纪律和态度	团队协作能力差、不爱护仪器设备和环境,酌情扣10~20分(20分)			
	任务总评	优□ 良□ 中□ 合格□ 不合格□			

【能力拓展】

应用"矩形""圆角""直线"命令绘制图2-42所示图形。

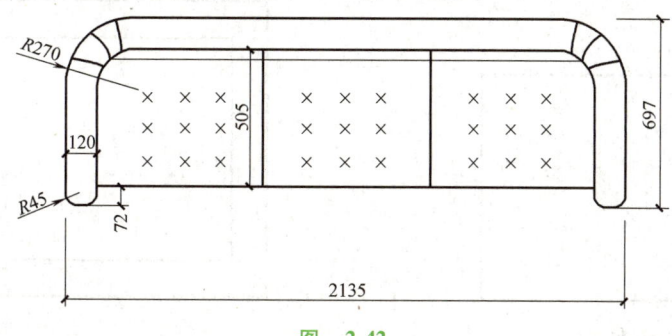

图 2-42

任务 6　绘制坐便器平面图

【任务描述】

通过上机实践操作，绘制坐便器平面图，如图 2-43 所示。掌握"偏移""移动""圆弧"等命令的使用方法和技巧。

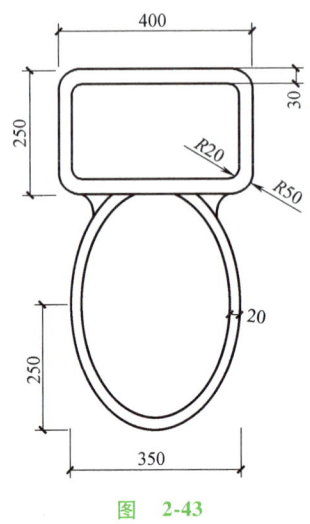

图　2-43

【任务实施】

1. 绘制坐便器水箱外框

执行"矩形"命令后，AutoCAD 2020 提示：

指定第一个角点或[倒角（C）标高（E）圆角（F）厚度（T）宽度（W）]:100,100（输入坐标后按<Enter>键）

指定另一个角点或 [面积（A）尺寸（D）旋转（R）]:@400,250（输入数据后按<Enter>键）

绘制结果如图 2-44 所示。

2. 绘制坐便器水箱内框

执行"偏移"命令后，AutoCAD 2020 提示：

指定偏移距离或 [通过（T）删除（E）图层（L）]<0.000>:30（输入偏移距离后按<Enter>键）

选择要偏移的对象或[退出（E）放弃（U）]<退出>:（选择矩形）

指定要偏移的那一侧上的点或[退出（E）多个（M）放弃（U）]<退出>:（光标移至矩形内部,单击后按<Enter>键）

绘制结果如图 2-45 所示。

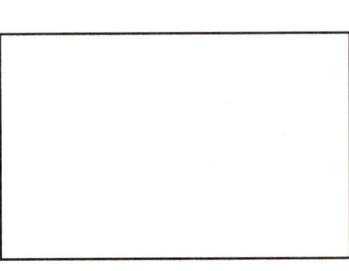

图　2-44

图　2-45

3. 绘制坐便器水箱圆角

执行"圆角"命令后，AutoCAD 2020 提示：

选择第一个对象或［放弃(U)多段线(P)半径(R)修剪(T)多个(M)］：R(选择半径并设置后按<Enter>键)

指定圆角半径<0.0000>：50(输入圆角半径后按<Enter>键)

选择第一个对象或［放弃(U)多段线(P)半径(R)修剪(T)多个(M)］：P(选择多段线后按<Enter>键)

选择二维多段线或［半径(R)］：(选取外侧矩形)

再次执行"圆角"命令，AutoCAD 2020 提示：

选择第一个对象或［放弃(U)多段线(P)半径(R)修剪(T)多个(M)］：R(选择半径并设置后按<Enter>键)

指定圆角半径<0.0000>：20(输入圆角半径后按<Enter>键)

选择第一个对象或［放弃(U)多段线(P)半径(R)修剪(T)多个(M)］：P(选择多段线后按<Enter>键)

选择二维多段线或［半径(R)］：(选取内侧矩形)

绘制结果如图 2-46 所示。

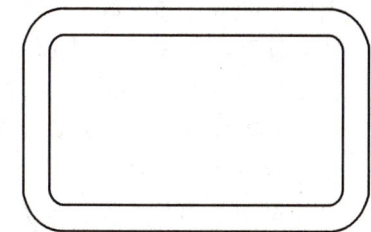

图 2-46

4. 绘制马桶圈外圈

执行"椭圆"命令后，AutoCAD 2020 提示：

指定椭圆的轴端点或［圆弧(A)中心点(C)］：(指定椭圆轴的左端点，单击该点后，光标水平向右移动)

指定轴的另一个端点：350(输入轴长后按<Enter>键)

指定另一条半轴长度或［旋转(R)］：250(输入半轴长度后按<Enter>键)

5. 绘制马桶圈内圈

执行"偏移"命令后，AutoCAD 2020 提示：

指定偏移距离或［通过(T)删除(E)图层(L)］<0.000>：20(选择偏移距离后按<Enter>键)

选择要偏移的对象或［退出(E)放弃(U)］<退出>：(选择椭圆)

指定要偏移的那一侧上的点或［退出(E)多个(M)放弃(U)］<退出>：(光标移至椭圆内部单击鼠标左键后按<Enter>键)

绘制结果如图 2-47 所示。

6. 移动水箱

执行"移动"命令后，AutoCAD 2020 提示：

选择对象：(选择图 2-47 中的两个矩形，然后按<Enter>键)

指定基点或［位移(D)模式(O)］<位移>：(单击内侧矩形下边的中点)

指定第二点或<使用第一个点作为位移>：(光标移动到外侧椭圆的上象限点，单击)

绘制结果如图 2-48 所示。

7. 修剪多余线条

执行"修剪"命令后，AutoCAD 2020 提示：

选择对象或<全部选择>：(按<Enter>键全部选择)

TRIM［栏选(F)窗交(C)投影(P)边(E)删除(R)放弃(U)］：(直接单击不要的线段)

绘制结果如图 2-49 所示。

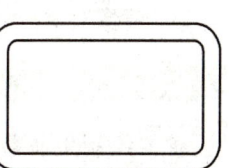

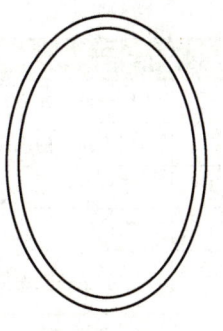

图 2-47

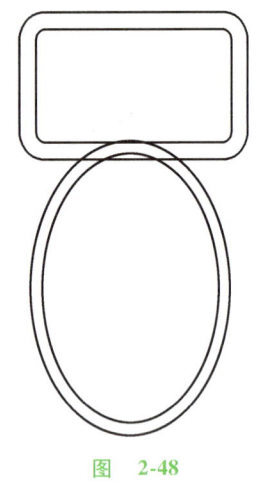

图 2-48

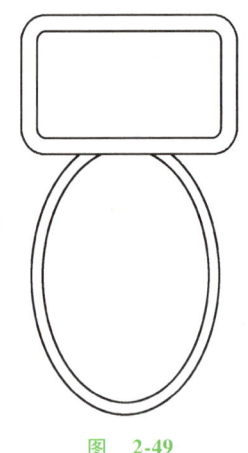

图 2-49

8. 绘制马桶座一侧

执行"圆弧"命令后,AutoCAD 2020 提示:

指定圆弧的起点或[圆点(C)]:(根据图形单击左圆弧的上端点,然后按<Enter>键)

指定圆弧形的第二个点或[圆点(C)端点(E)]:(单击指定圆弧的中间点)

指定圆弧的端点:(单击圆弧的下面端点)

9. 镜像完成马桶座绘制

(1) 调用"镜像"命令的方式

1) 在菜单栏中单击 修改(M) → 镜像(I)。

2) 单击"修改"工具栏中的 按钮。

3) 命令行中执行"MIRROR"命令。

(2) 操作说明 执行命令后,AutoCAD 2020 提示:

选择对象:(单击刚画好的圆弧,然后按<Enter>键)

指定镜像线的第一点:(单击矩形的上边中点)

指定镜像线的第二点:(单击矩形的下边中点)

要删除源对象吗?[是(Y)否(N)]<N>:(按<Enter>键)

绘制结果如图 2-50 所示。

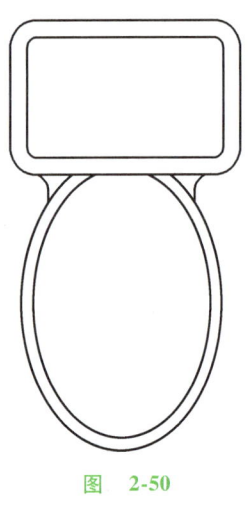

图 2-50

注意:

1) 应熟悉"椭圆""偏移""移动"等命令的操作方法和使用技巧,以提高绘图的速度和准确性。

2) 镜像对象时可以删除源对象。

【评价反馈】

对"绘制坐便器平面图"操作的评价见表 2-6。

表 2-6 对"绘制坐便器平面图"操作的评价

序号	检测项目	评价任务及权重	自评	小组互评	教师评价
1	图形绘制的完整性	图形绘制是否完整,缺少 1 项扣 5 分(30 分)			
2	图形绘制的准确性	图形绘制是否准确,1 项不准确扣 5 分(30 分)			
3	图形布局	图形布局不美观,酌情扣 2~5 分(10 分)			
4	完成时间	规定时间内没完成,每超过 10 分钟扣 2 分(10 分)			
5	工作纪律和态度	团队协作能力差、不爱护仪器设备和环境,酌情扣 10~20 分(20 分)			
	任务总评	优□ 良□ 中□ 合格□ 不合格□			

项目二 绘制建筑基本图形

【能力拓展】

应用"椭圆""偏移""圆弧"命令绘制图 2-51 所示图形。

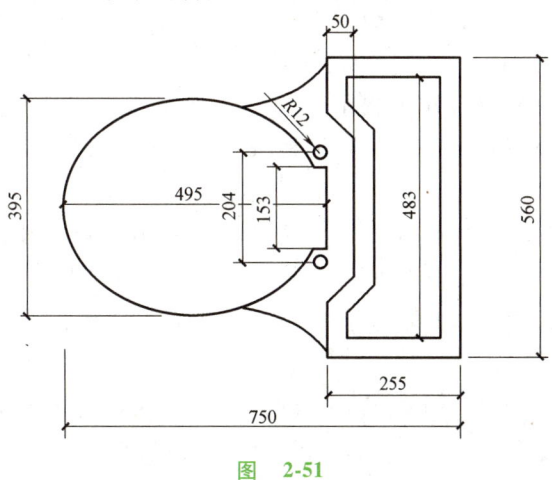

图 2-51

任务 7 绘制基础大样图

【任务描述】

通过上机实践操作,绘制基础大样图,如图 2-52 所示。掌握"多段线""图案填充"等命令的使用方法。

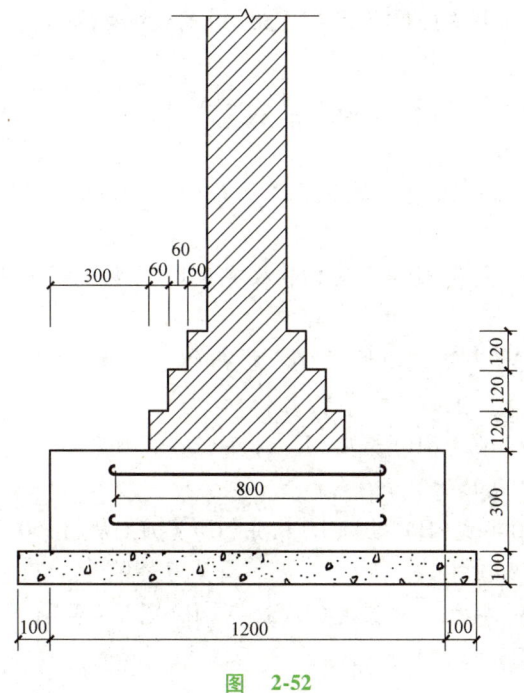

图 2-52

【任务实施】

1. 设置基础大样图的图形范围

执行"图形界限"命令后,AutoCAD 2020 提示:

指定左下角点或[开(ON)关(OFF)]<0.0000,0.0000>:(按<Enter>键)

指定右上角点:3000,4000(输入坐标数据后按<Enter>键)

2. 基础大样图范围缩放

单击工具栏上的 按钮,进行范围缩放。

3. 绘制基础垫层和基础平台

执行"矩形"命令后,AutoCAD 2020 提示:

指定第一个角点或[倒角(C)标高(E)圆角(F)厚度(T)宽度(W)]:100,100(输入坐标后按<Enter>键)

指定另一个角点或[面积(A)尺寸(D)旋转(R)]:@1400,100(输入数据后按<Enter>键)

再次调用"矩形"命令,AutoCAD 2020 提示:

指定第一个角点或[倒角(C)标高(E)圆角(F)厚度(T)宽度(W)]:200,200(输入坐标后按<Enter>键)

指定另一个角点或[面积(A)尺寸(D)旋转(R)]:@1200,300(输入数据后按<Enter>键)

绘制结果如图 2-53 所示。

4. 绘制大放脚的一半

(1) 调用"多段线"命令的方式

1) 在菜单栏中单击  。

图 2-53

2) 单击"绘图"工具栏中的 按钮。

3) 命令行中执行"PLINE"命令。

(2) 操作说明 执行命令后,AutoCAD 2020 提示:

指定起点:(单击上方矩形的左上角点)

指定下一个点或[圆弧(A)半宽(H)长度(L)放弃(U)宽度(W)]:300(水平向右输入距离后按<Enter>键)

指定下一个点或[圆弧(A)半宽(H)长度(L)放弃(U)宽度(W)]:120(垂直向上输入距离后按<Enter>键)

指定下一个点或[圆弧(A)半宽(H)长度(L)放弃(U)宽度(W)]:60(水平向右输入距离后按<Enter>键)

指定下一个点或[圆弧(A)半宽(H)长度(L)放弃(U)宽度(W)]:120(垂直向上输入距离后按<Enter>键)

指定下一个点或[圆弧(A)半宽(H)长度(L)放弃(U)宽度(W)]:60(水平向右输入距离后按<Enter>键)

指定下一个点或[圆弧(A)半宽(H)长度(L)放弃(U)宽度(W)]:120(垂直向上输入距离后按<Enter>键)

指定下一个点或[圆弧(A)半宽(H)长度(L)放弃(U)宽度(W)]:60(水平向右输入距离后按<Enter>键)

指定下一个点或[圆弧(A)半宽(H)长度(L)放弃(U)宽度(W)]:700(垂直向上输入距离后按<Enter>键)

绘制结果如图 2-54 所示。

5. 镜像完成大放脚绘制

执行"镜像"命令后,AutoCAD 2020 提示:

选择对象:(选择所绘制的多段线对象后按<Enter>键)

指定镜像线的第一点:(单击矩形的上边中点)

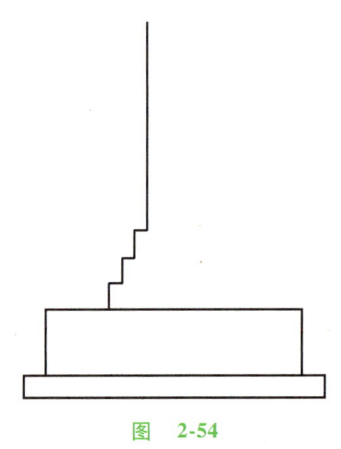

图 2-54

指定镜像线的第二点:(单击矩形的下边中点)
要删除源对象吗？[是(Y)否(N)]<N>:(按<Enter>键,选择默认的"否")
绘制结果如图 2-55 所示。

6. 绘制顶部折断线

调用"直线"命令,绘制折断线,绘制结果如图 2-56 所示。

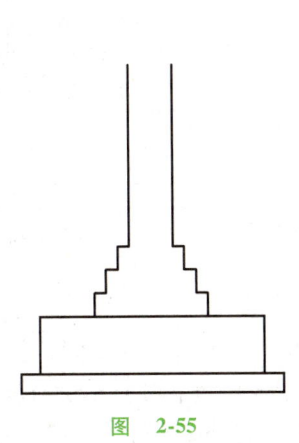

图 2-55

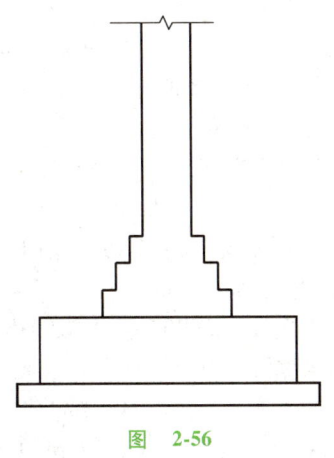

图 2-56

7. 基础图案填充

(1) 调用"图案填充"命令的方式

1) 在菜单栏中单击 绘图(D) → 图案填充(H)... 。

2) 单击"修改"工具栏中的 按钮。

3) 命令行中执行"HATCH"命令。

(2) 操作说明　执行命令后,弹出如图 2-57 所示的对话框。

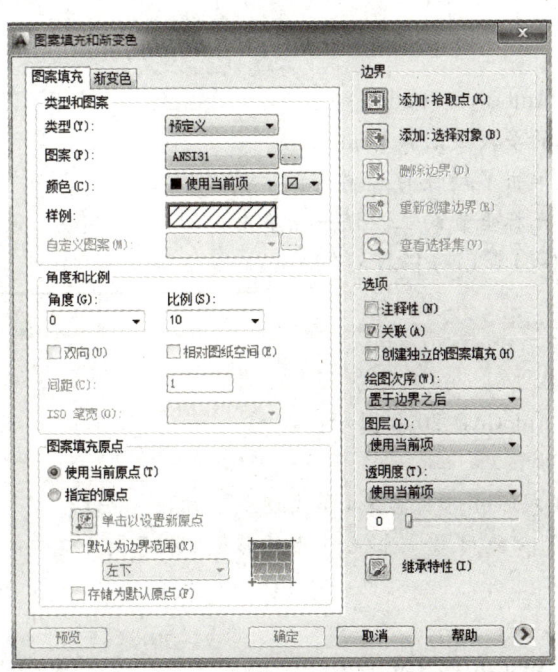

图 2-57

1) 单击"图案"后的下拉按钮,选择"ANSI31",单击"确定"返回填充界面。

2) 设置"比例"为"10"。

3) 单击"添加:拾取点"按钮,拾取图形中上部结构的一点,返回填充界面后单击"确定"即可完成填充。

(3) 重复调用"图案填充"命令

1) 单击"图案"后的下拉按钮，选择"AR—CONC"，单击"确定"返回填充界面。

2) 设置"比例"为"0.5"。

3) 单击"添加：拾取点"按钮，拾取最下方矩形中的一点，返回填充界面后单击"确定"即可完成填充。

填充结果如图 2-58 所示。

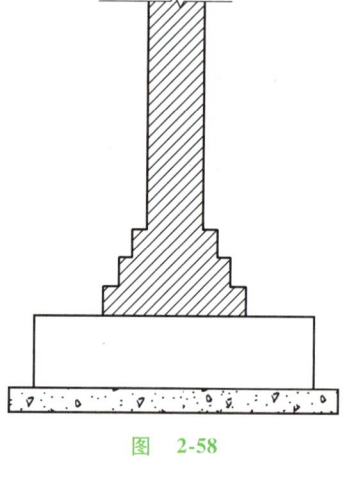

图 2-58

8. 绘制基础钢筋

执行"多段线"命令后，AutoCAD 2020 提示：

指定起点：(单击绘图区上任一点)

指定下一个点或[圆弧(A)半宽(H)长度(L)放弃(U)宽度(W)]：W(设置线段宽度后按<Enter>键)

指定起点宽度<0.0000>：10(设置起点宽度后按<Enter>键)

指定端点宽度<10.0000>：10(设置端点宽度后按<Enter>键)

指定下一个点或[圆弧(A)半宽(H)长度(L)放弃(U)宽度(W)]：A(选择圆弧参数后按<Enter>键)

PLINE[角度(A)圆心(CE)方向(D)半宽(H)直线(L)半径(R)第二个点(S)放弃(U)宽度(W)]：A(选择角度参数后按<Enter>键)

指定包含角：180(输入角度后按<Enter>键)

指定圆弧的端点或[圆心(CE)半径(R)]：30(光标垂直向下输入后按<Enter>键)

PLINE[角度(A)圆心(CE)方向(D)半宽(H)直线(L)半径(R)第二个点(S)放弃(U)宽度(W)]：L(选择直线参数后按<Enter>键)

指定下一点或[圆弧(A)半宽(H)长度(L)放弃(U)宽度(W)]：L(选择长度参数后按<Enter>键)

指定直线的长度：400(光标水平向右，输入数据后按<Enter>键)

绘制结果如图 2-59 所示。

9. 镜像基础钢筋

执行"镜像"命令后，AutoCAD 2020 提示：

选择对象：(全选所绘制的多段线后按<Enter>键)

指定镜像线的第一点：(单击多段线的右端点)

指定镜像线的第二点：(光标垂直向上在任一点单击)

要删除源对象吗？[是(Y)否(N)]<N>：(按<Enter>键)

图 2-59

绘制结果如图 2-60 所示。

图 2-60

10. 复制基础钢筋

执行"复制"命令后，AutoCAD 2020 提示：

选择对象：(选择两条多段线)

指定基点或[位移(D)模式(O)]<位移>：(单击图形下方任一点)

指定第二点或[阵列(A)]<使用第一个点作为位移>：(水平向下复制对象)

11. 移动基础钢筋

执行"移动"命令后，AutoCAD 2020 提示：

选择对象：(选择基础钢筋)

指定基点或[位移(D)]<位移>：(单击图 2-58 中任一点)

指定第二点或<使用第一个点作为位移>：(将基础钢筋移动到指定位置)

绘制结果如图 2-61 所示。

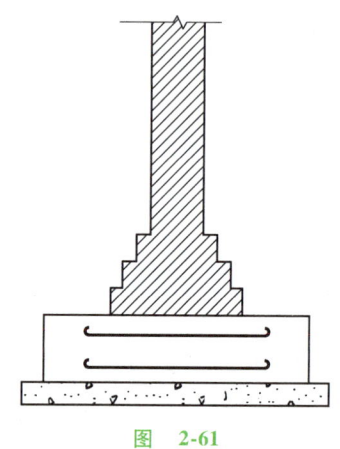

图 2-61

注意:
1) 本任务需掌握 AutoCAD 2020 中基础大样图的绘制方法。
2) 一定要熟悉"图案填充""多段线"命令的操作方法,从而为复杂建筑制图打下良好的基础。

【评价反馈】

对"绘制基础大样图"操作的评价见表 2-7。

表 2-7 对"绘制基础大样图"操作的评价

序号	检测项目	评价任务及权重	自评	小组互评	教师评价
1	图形绘制的完整性	图形绘制是否完整,缺少 1 项扣 5 分(30 分)			
2	图形绘制的准确性	图形绘制是否准确,1 项不准确扣 5 分(30 分)			
3	图形布局	图形布局不美观,酌情扣 2~5 分(10 分)			
4	完成时间	规定时间内没完成,每超过 10 分钟扣 2 分(10 分)			
5	工作纪律和态度	团队协作能力差、不爱护仪器设备和环境,酌情扣 10~20 分(20 分)			
	任务总评	优□ 良□ 中□ 合格□ 不合格□			

【能力拓展】

应用"多段线""镜像""填充"等命令绘制图 2-62 所示图形。

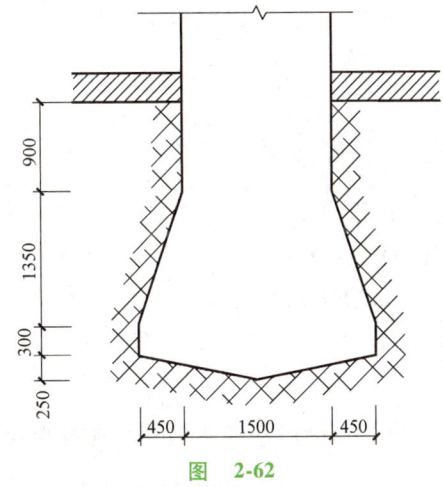

图 2-62

任务 8　绘制门平面图

【任务描述】

通过上机实践操作,绘制门平面图,如图 2-63 所示。掌握"圆弧""旋转""镜像"等命令的使用方法和技巧。

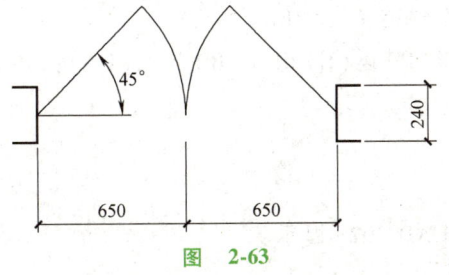

图 2-63

【任务实施】

1. 绘制左侧门框矩形

执行"矩形"命令后，AutoCAD 2020 提示：

指定第一个角点或[倒角(C)标高(E)圆角(F)厚度(T)宽度(W)]:100,100(输入坐标后按<Enter>键)

指定另一个角点或[面积(A)尺寸(D)旋转(R)]:@100,240(输入数据后按<Enter>键)

绘制结果如图 2-64 所示。

图 2-64

2. 绘制左侧门扇

执行"直线"命令后，AutoCAD 2020 提示：

指定第一个点:(单击矩形右边的中点)

指定下一点或[放弃(U)]:650(光标水平向右移动,也可打开"正交",输入直线长度后按<Enter>键)

绘制结果如图 2-65 所示。

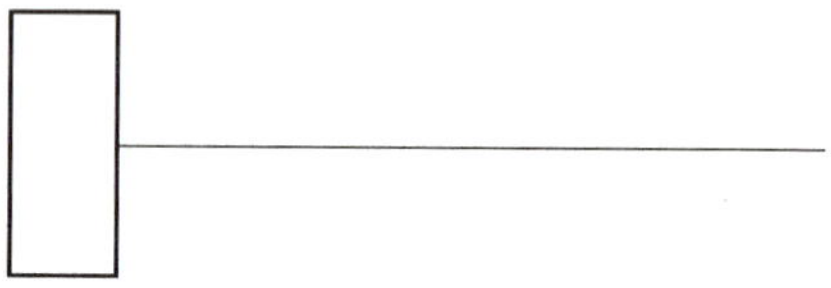

3. 绘制门扇开启半径

执行"圆"命令后，AutoCAD 2020 提示：

指定圆的圆心或[三点(3P)两点(2P)切点、切点、半径(T)]:(单击矩形右边中点处)

图 2-65

指定圆的半径或[直径(D)]:650(输入半径后按<Enter>键)

4. 指定门扇开启角度

(1) 调用"旋转"命令的方式

1) 在菜单栏中单击 修改(M) → 旋转(R) 。

2) 单击"修改"工具栏中的 ○ 按钮。

3) 命令行中执行"ROTATE（RO）"命令。

(2) 操作说明 执行命令后，AutoCAD 2020 提示：

选择对象:(单击直线后按<Enter>键)

指定基点:(单击直线的左端点)

指定旋转角度或[复制(C)参照(R)]<0>:45(输入旋转角度后按<Enter>键)

5. 绘制角度直线

执行"直线"命令后，AutoCAD 2020 提示：

指定第一个点:(单击矩形右边的中点)

指定下一点或[放弃(U)]:650(光标水平向右移动,输入直线长度后按<Enter>键)

绘制结果如图 2-66 所示。

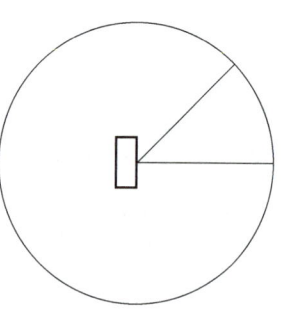

6. 删去多余的圆弧

执行"修剪"命令后，AutoCAD 2020 提示：

选择对象或<全部选择>:(全部选择,按<Enter>键)

TRIM[栏选(F)窗交(C)投影(P)边(E)删除(R)放弃(U)]:(直接单击不要的线段)

图 2-66

绘制结果如图 2-67 所示。

7. 绘制另一边门扇

执行"镜像"命令后，AutoCAD 2020 提示：

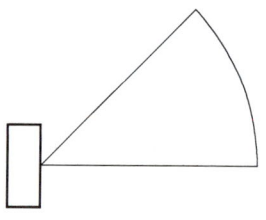

图 2-67

选择对象：（全选所绘制的图形后按<Enter>键）

指定镜像线的第一点：（单击直线的右端点）

指定镜像线的第二点：（光标垂直向上单击任一点）

要删除源对象吗？[是(Y)否(N)]<N>：（按<Enter>键）

绘制结果如图 2-68 所示。

8. 对整体图形进行分解

（1）调用"分解"命令的方式

1）在菜单栏中单击 修改(M) → 分解(X) 。

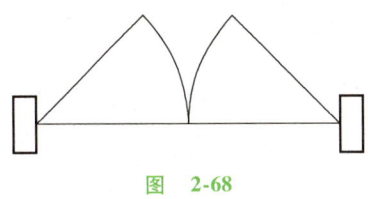

图 2-68

2）单击"修改"工具栏中的 按钮。

3）命令行中执行"EXPLODE"命令。

（2）操作说明　执行命令后，AutoCAD 2020 提示：

选择对象：（分别单击两个矩形后按<Enter>键）

9. 删除多余线段

（1）调用"删除"命令的方式

1）在菜单栏中单击 修改(M) → 删除(E) 。

2）单击"修改"工具栏中的 按钮。

3）命令行中执行"ERASE"命令。

（2）操作说明　执行命令后，AutoCAD 2020 提示：

选择对象：（分别选择要删除的线段后按<Enter>键）

绘制结果如图 2-69 所示。

注意：门在建筑图中类型较多，有平开门、双开门等，本项目介绍的是双开门的画法。

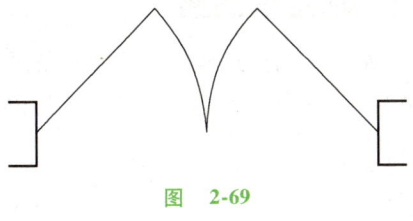

图 2-69

【评价反馈】

对"绘制门平面图"操作的评价见表 2-8。

表 2-8　对"绘制门平面图"操作的评价

序号	检测项目	评价任务及权重	自评	小组互评	教师评价
1	图形绘制的完整性	图形绘制是否完整，缺少 1 项扣 5 分（30 分）			
2	图形绘制的准确性	图形绘制是否准确，1 项不准确扣 5 分（30 分）			
3	图形布局	图形布局不美观，酌情扣 2~5 分（10 分）			
4	完成时间	规定时间内没完成，每超过 10 分钟扣 2 分（10 分）			
5	工作纪律和态度	团队协作能力差、不爱护仪器设备和环境，酌情扣 10~20 分（20 分）			
	任务总评	优□　良□　中□　合格□　不合格□			

【能力拓展】

应用"矩形""偏移""镜像"等命令绘制图 2-70 所示图形。

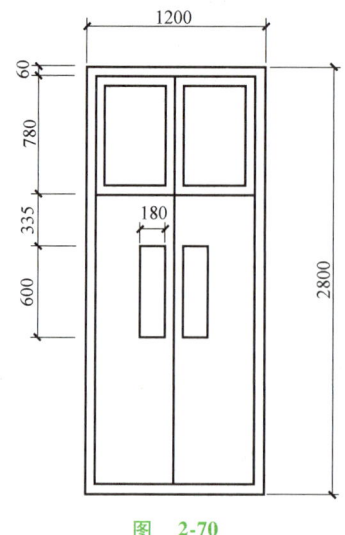

图 2-70

任务 9　绘制建筑平面墙体、窗

【任务描述】

通过上机实践操作，绘制建筑平面墙体、窗，如图 2-71 所示。掌握"偏移""多线样式""多线""修剪""分解""移动"等命令的使用方法和技巧。

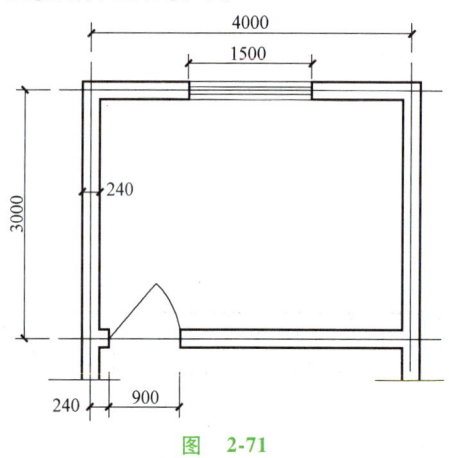

图 2-71

【任务实施】

1. 设置建筑平面墙体、窗的图形范围

执行"图形界限"命令后，AutoCAD 2020 提示：

指定左下角点或[开(ON)关(OFF)]<0.0000,0.0000>:(按<Enter>键)

指定右上角点:6000,6000(输入坐标数据后按<Enter>键)

2. 图形范围缩放

单击工具栏上的 按钮，进行范围缩放。

3. 绘制两条相互垂直的轴线

调用"直线"命令，打开"正交"模式，分别绘制两条长 5000mm、相互垂直的直线。绘制结果如图 2-72 所示。

4. 绘制轴网

执行"偏移"命令后，AutoCAD 2020 提示：

指定偏移距离或［通过(T)删除(E)图层(L)］<0.000>:3000(选择偏移距离后按<Enter>键)

选择要偏移的对象或［退出(E)放弃(U)］<退出>:(选择水平直线)

指定要偏移的那一侧上的点或［退出(E)多个(M)放弃(U)］<退出>:(光标移至水平直线下方单击后按<Enter>键)

再次执行"偏移"命令，AutoCAD 2020 提示：

指定偏移距离或［通过(T)删除(E)图层(L)］<0.000>:4000(选择偏移距离后按<Enter>键)

选择要偏移的对象或［退出(E)放弃(U)］<退出>:(选择垂直直线)

指定要偏移的那一侧上的点或［退出(E)多个(M)放弃(U)］<退出>:(光标移至垂直直线右方单击后按<Enter>键)

绘制结果如图 2-73 所示。

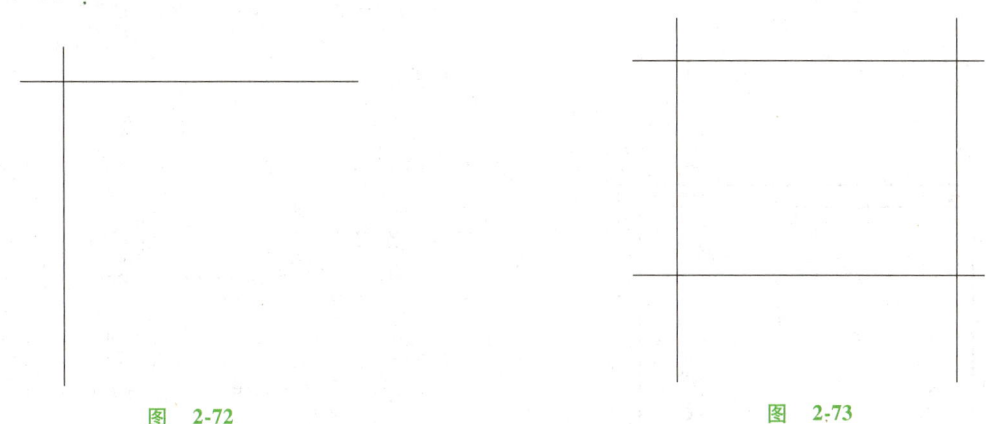

图 2-72　　　　　　　　　　　图 2-73

5. 绘制墙体

(1) "多线样式"设置

1) 在菜单栏中单击 格式(O) → 多线样式(M)...，弹出如图 2-74 所示的对话框。

2) 单击"新建"按钮，在对话框中输入名称并单击"确定"，弹出如图 2-75 所示的对话框。

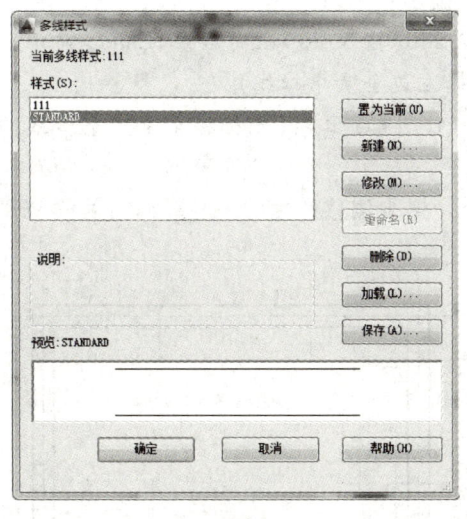

图 2-74　　　　　　　　　　　图 2-75

3) 单击"图元"中的"0.5"项，将下面的"偏移"值改为"120"。

4) 单击"图元"中的"-0.5"项，将下面的"偏移"值改为"-120"；单击"确定"后返回。

(2) 绘制墙体线

1）在菜单栏中单击 绘图(D) → 多线(U)。

执行"多线"命令后，AutoCAD 2020 提示：

指定起点或[对正(J)比例(S)样式(ST)]:J(选择对正设置后按<Enter>键)

输入对正类型[上(T)无(Z)下(B)]:Z(选择对正类型为"无"后按<Enter>键)

指定起点或[对正(J)比例(S)样式(ST)]:S(选择比例设置后按<Enter>键)

输入多线比例<20>:1(输入比例因子后按<Enter>键)

指定起点或[对正(J)比例(S)样式(ST)]:(以中心线为基准，分别画出墙体)

绘制结果如图2-76所示。

2）编辑墙体线。双击多线，出现"多线编辑工具"对话框，如图2-77所示，选择"T形合并"，分别单击多线进行合并，如图2-78所示。

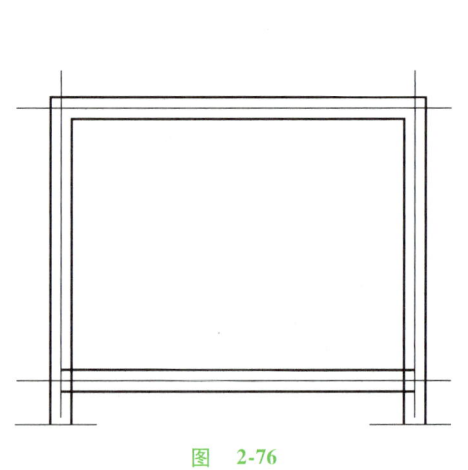

图 2-76

图 2-77

6. 偏移轴线

（1）调用"偏移"命令　执行命令后，AutoCAD 2020 提示：

指定偏移距离或[通过(T)删除(E)图层(L)]<0.000>:240(输入偏移距离后按<Enter>键)

选择要偏移的对象或[退出(E)放弃(U)]<退出>:(选择左边垂直中心线)

指定要偏移的那一侧上的点或[退出(E)多个(M)放弃(U)]<退出>:(光标移至垂直中心线的右侧单击后按<Enter>键)

（2）重复调用"偏移"命令　重复调用"偏移"命令，把刚偏移产生的中心线向右偏移900mm。

绘制结果如图2-79所示。

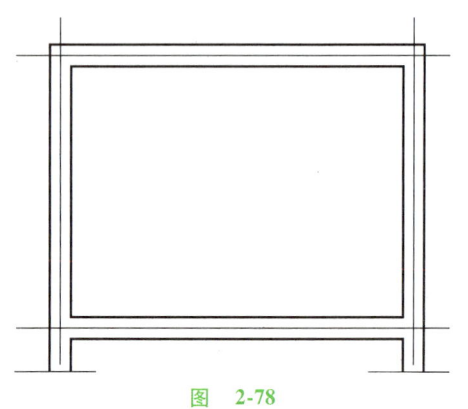

图 2-78

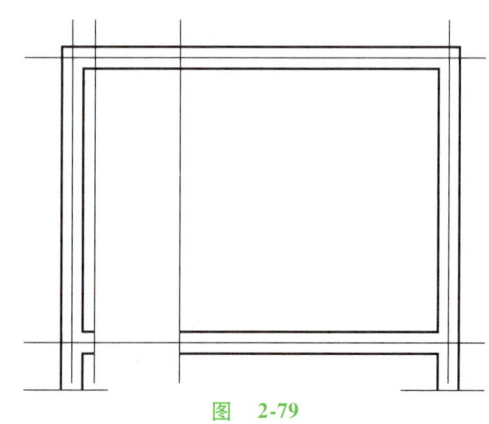

图 2-79

7. 绘制门并修剪

（1）调用"圆"命令 执行命令后，AutoCAD 2020 提示：

指定圆的圆心或［三点（3P）两点（2P）切点、切点、半径（T）］：单击下方墙体与中心线的交点，然后按<Enter>键）

指定圆的半径或［直径（D）］:900（输入大圆半径后按<Enter>键）

（2）调用"修剪"命令 执行命令后，AutoCAD 2020 提示：

选择对象或<全部选择>：（全部选择，然后按<Enter>键）

TRIM［栏选（F）窗交（C）投影（P）边（E）删除（R）放弃（U）］：（直接单击不要的线段）

绘制结果如图 2-80 所示。

8. 绘制窗户

（1）调用"矩形"命令 执行命令后，AutoCAD 2020 提示：

指定第一个角点或［倒角（C）标高（E）圆角（F）厚度（T）宽度（W）］：（指定第一个角点后按<Enter>键）

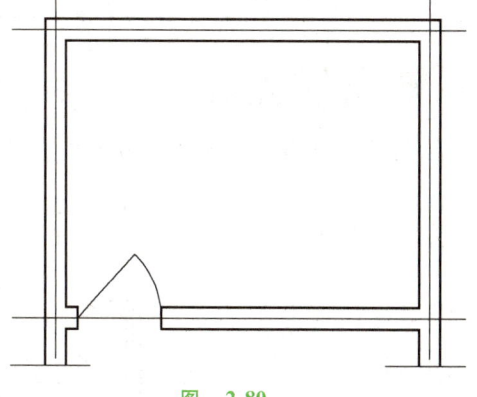

图 2-80

指定另一个角点或［面积（A）尺寸（D）旋转（R）］:@1500,240（输入数据后按<Enter>键）

（2）调用"分解"命令 执行命令后，AutoCAD 2020 提示：

选择对象：（单击矩形后按<Enter>键）

（3）调用"定数等分"命令 执行命令后，AutoCAD 2020 提示：

选择要定数等分的对象：（单击矩形的左边线条后按<Enter>键）

输入线段数目或［块（B）］:3（输入线段数目后按<Enter>键）

（4）调用"直线"命令 调用"直线"命令，在等分点上向右画出直线，绘制结果如图 2-81 所示。

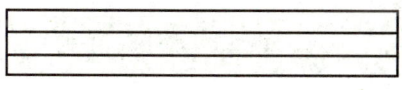

图 2-81

9. 将窗户移至合适位置

执行"移动"命令后，AutoCAD 2020 提示：

选择对象：（选择整个矩形后按<Enter>键）

指定基点或［位移（D）］<位移>：（单击矩形上边的中间点）

指定第二个点或<使用第一个点作为位移>：（单击上方墙体外侧的中点）。

绘制结果如图 2-82 所示。

注意：

1）墙体、窗户和门是建筑平面图的基本构成元素，掌握其画法尤为重要。

2）通过基本图形的绘制，掌握"多线样式"的设置和编辑。

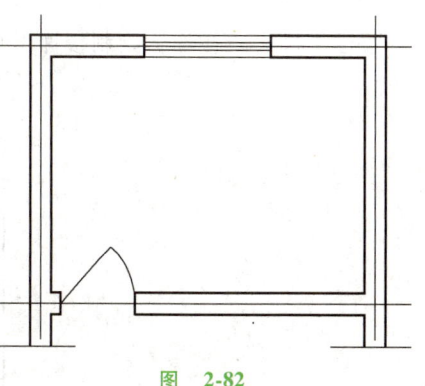

图 2-82

【评价反馈】

对"绘制建筑平面墙体、窗"操作的评价见表 2-9。

表 2-9 对"绘制建筑平面墙体、窗"操作的评价

序号	检测项目	评价任务及权重	自评	小组互评	教师评价
1	图形绘制的完整性	图形绘制是否完整，缺少1项扣5分（30分）			
2	图形绘制的准确性	图形绘制是否准确，1项不准确扣5分（30分）			

（续）

序号	检测项目	评价任务及权重	自评	小组互评	教师评价
3	图形布局	图形布局不美观，酌情扣2~5分（10分）			
4	完成时间	规定时间内没完成，每超过10分钟扣2分（10分）			
5	工作纪律和态度	团队协作能力差、不爱护仪器设备和环境，酌情扣10~20分（20分）			
任务总评		优□　良□　中□　合格□　不合格□			

【能力拓展】

应用"多线""移动""旋转""偏移"等命令绘制图2-83所示图形。

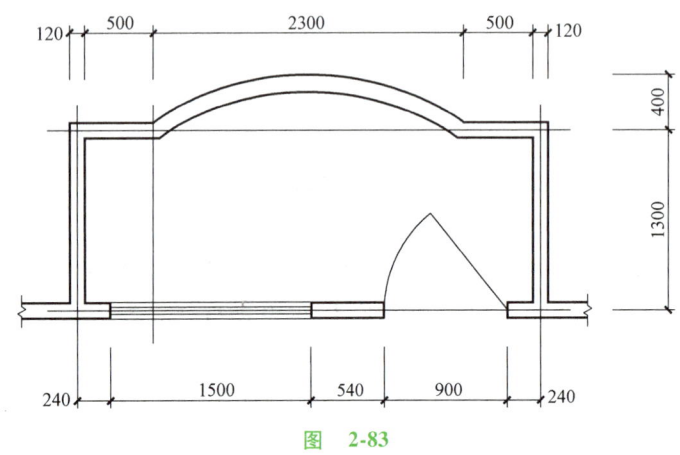

图 2-83

任务10　绘制楼梯平面图

【任务描述】

通过上机实践操作，绘制楼梯平面图，如图2-84所示。综合应用绘图与编辑命令的使用方法和技巧。

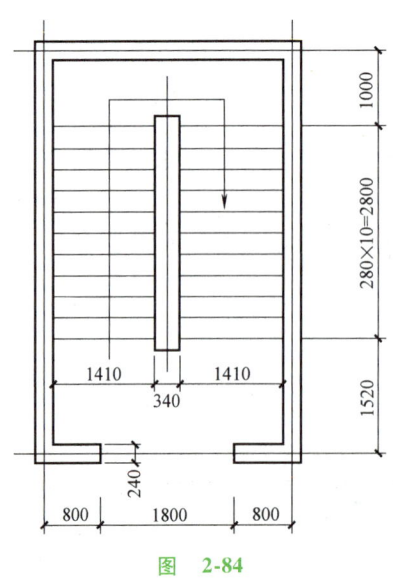

图 2-84

【任务实施】

1. 设置楼梯平面图的图形范围

执行"图形界限"命令后，AutoCAD 2020 提示：

指定左下角点或[开(ON)关(OFF)]<0.0000,0.0000>:(按<Enter>键)

指定右上角点:6000,7000(输入坐标数据后按<Enter>键)

2. 楼梯平面图范围缩放

单击工具栏上的 按钮，进行范围缩放。

3. 绘制横竖轴线

调用"直线"命令，打开"正交"模式，分别绘制两条长 6000mm、相互垂直的直线。绘制结果如图 2-85 所示。

4. 绘制轴网

执行"偏移"命令后，AutoCAD 2020 提示：

指定偏移距离或[通过(T)删除(E)图层(L)]<0.000>:900(输入偏移距离后按<Enter>键)

选择要偏移的对象或[退出(E)放弃(U)]<退出>:(选择垂直中心线)

指定要偏移的那一侧上的点或[退出(E)多个(M)放弃(U)]<退出>:(光标移至垂直中心线左方单击后按<Enter>键)

选择要偏移的对象或[退出(E)放弃(U)]<退出>:(选择原垂直中心线)

指定要偏移的那一侧上的点或[退出(E)多个(M)放弃(U)]<退出>:(光标移至垂直中心线右方单击后按<Enter>键)

图 2-85

重复执行"偏移"命令，将刚偏移产生的两条垂直中心线分别再向左右各偏移 800mm。

用同样方法，将水平线向上依次偏移 1520mm、2800mm、1000mm 后结束命令。绘制结果如图 2-86 所示。

5. 绘制墙体

(1)"多线样式"设置

1) 在菜单栏中单击 ，弹出如图 2-87 所示的对话框。

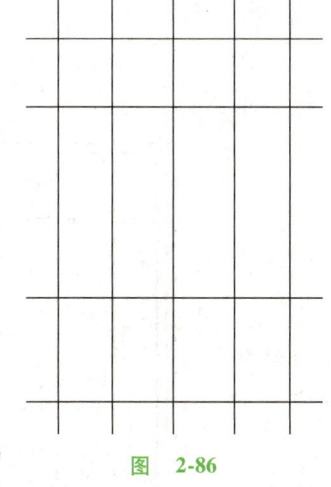

图 2-86

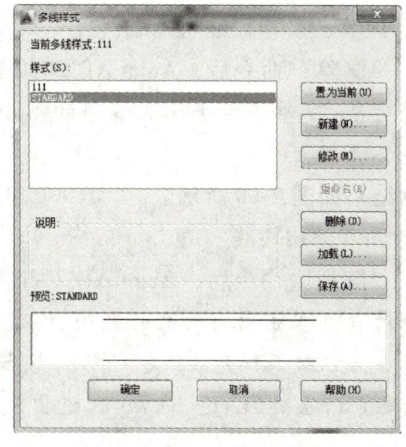

图 2-87

2) 单击"新建"按钮，在对话框中输入名称并单击"继续"，弹出如图 2-88 所示的对话框。

3) 单击"图元"中的"0.5"项，将下面的"偏移"值改为"120"。

4) 单击"图元"中的"-0.5"项，将下面的"偏移"值改为"-120"；单击"确定"后返回。

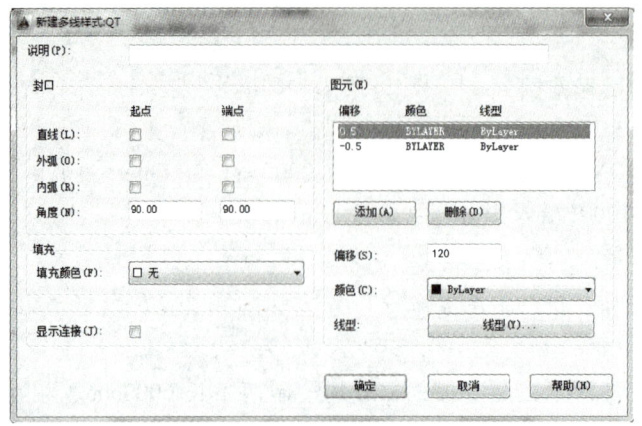

图 2-88

(2) 绘制墙体线

执行"多线"命令后,AutoCAD 2020 提示:

指定起点或[对正(J)比例(S)样式(ST)]:J(选择对正设置后按<Enter>键)

输入对正类型[上(T)无(Z)下(B)]:Z(选择对正类型为"无"后按<Enter>键)

指定起点或[对正(J)比例(S)样式(ST)]:S(选择比例设置后按<Enter>键)

输入多线比例<20>:1(输入比例因子后按<Enter>键)

指定起点或[对正(J)比例(S)样式(ST)]:(以中心线为基准,分别画出墙体)

绘制结果如图 2-89 所示。

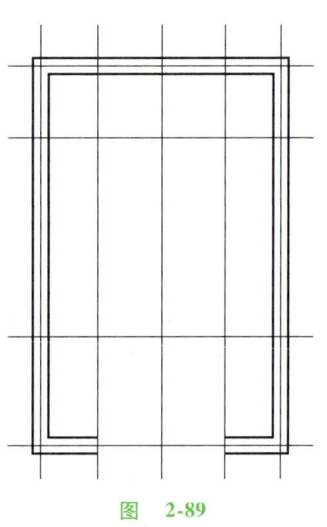

图 2-89

6. 绘制第一条梯段线

执行"直线"命令后,AutoCAD 2020 提示:

指定第一点:(在水平向上偏移的第一条中心线上,于墙体之间画一条水平线,按<Enter>键结束命令)

7. 删除第一条梯段线上的轴线

执行"删除"命令后,AutoCAD 2020 提示:

选择对象:(单击水平向上偏移的第一条中心线,按<Enter>键删除该中心线)

绘制结果如图 2-90 所示。

8. 绘制其他梯段线

执行"阵列"命令后,AutoCAD 2020 提示:

选择对象:(单击刚画出来的直线,按<Enter>键)

选择夹点以编辑阵列或[关联(AS)基点(B)计数(COU)间距(S)列数(COL)行数(R)层数(L)退出(X)]<退出>:COL(选择设置列数后按<Enter>键)

输入列数或[表达式(E)]<4>:1(输入列数 1 后按<Enter>键)

指定列数之间的距离[总计(T)表达式(E)]<4740>:(按<Enter>键,因列数只有 1 列,故列距是多少并无意义)

选择夹点以编辑阵列或[关联(AS)基点(B)计数(COU)间距(S)列数

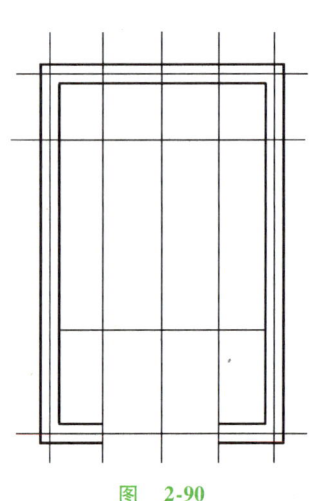

图 2-90

（COL）行数（R）层数（L）退出（X）]<退出>:R（选择设置行数后按<Enter>键）

输入行数或[表达式（E）]<3>:11（输入行数 11 后按<Enter>键）

指定行数之间的距离[总计（T）表达式（E）]<1>:280（输入行距后按<Enter>键）

按<Enter>键结束"阵列"命令，绘制结果如图 2-91 所示。

9. 绘制梯井框

执行"矩形"命令后，AutoCAD 2020 提示：

指定第一个角点或[倒角（C）标高（E）圆角（F）厚度（T）宽度（W）]:（单击图形旁任意点）

指定另一个角点或[面积（A）尺寸（D）旋转（R）]:@340,3000（输入数据后按<Enter>键）

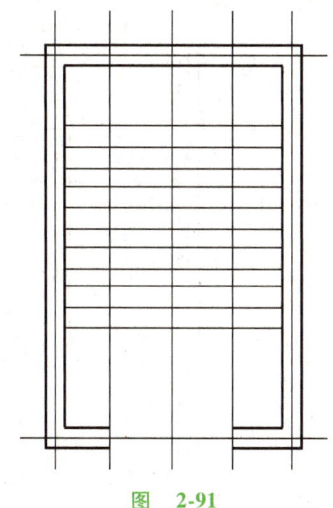

图 2-91

10. 将梯井框移至合适位置

执行"移动"命令后，AutoCAD 2020 提示：

选择对象:（选择矩形后按<Enter>键）

指定基点或[位移（D）]<位移>:（单击矩形下边的中间点）

指定第二个点或<使用第一个点作为位移>:（单击刚画出的阵列直线下方的中点）

绘制结果如图 2-92 所示。

再次调用"移动"命令，选择矩形，将矩形垂直向下移动 100mm，绘制结果如图 2-93 所示。

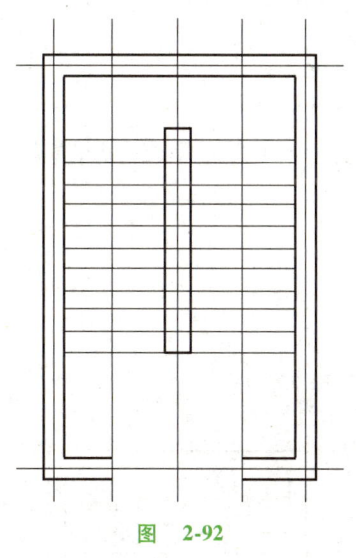

图 2-92

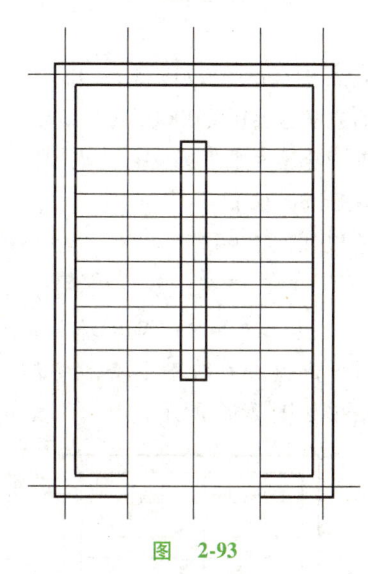

图 2-93

11. 修剪梯井框

执行"修剪"命令后，AutoCAD 2020 提示：

选择对象或<全部选择>:（全部选择，然后按<Enter>键）

TRIM[栏选（F）窗交（C）投影（P）边（E）删除（R）放弃（U）]:（直接单击不要的线段）

绘制结果如图 2-94 所示。

12. 删除多余线条

执行"删除"命令后，AutoCAD 2020 提示：

选择对象:（分别选择要删除的线段后按<Enter>键）

绘制结果如图 2-95 所示。

13. 绘制楼梯方向箭头

执行"多段线"命令后，AutoCAD 2020 提示：

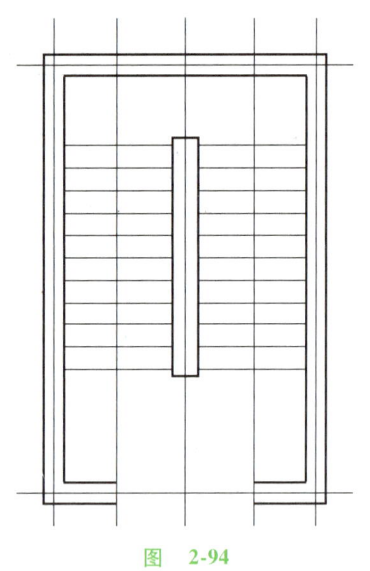

图 2-94

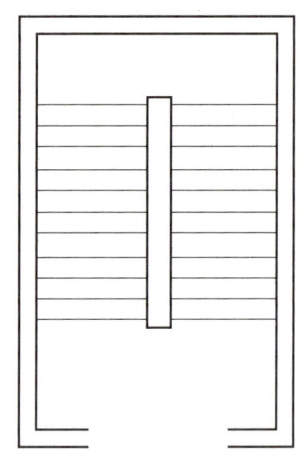

图 2-95

指定起点:(单击上楼梯方向的第一点)

指定下一个点或[圆弧(A)半宽(H)长度(L)放弃(U)宽度(W)]:(指定线段第二点)

指定下一个点或[圆弧(A)半宽(H)长度(L)放弃(U)宽度(W)]:(指定线段第三点)

指定下一个点或[圆弧(A)半宽(H)长度(L)放弃(U)宽度(W)]:(指定线段第四点,即箭头起点处)

指定下一个点或[圆弧(A)半宽(H)长度(L)放弃(U)宽度(W)]:W(选择设置宽度参数后按<Enter>键)

指定起点宽度<0.0000>:100(输入箭头起点宽度后按<Enter>键)

指定端点宽度<100.0000>:0(输入箭头端点宽度后按<Enter>键)

指定下一个点或[圆弧(A)半宽(H)长度(L)放弃(U)宽度(W)]:(指定箭头端点,在箭头端点处单击,然后按<Enter>键)

绘制结果如图 2-96 所示。

14. 墙体线封口连接

执行"直线"命令后,AutoCAD 2020 提示:

指定第一点:(分别将下方墙体线进行封口连接)。

绘制结果如图 2-97 所示。

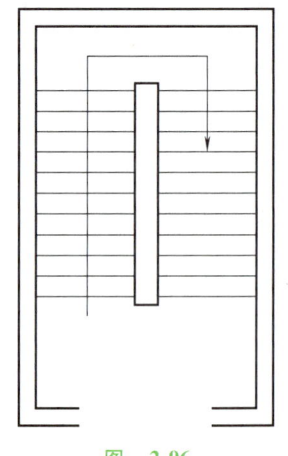

图 2-96

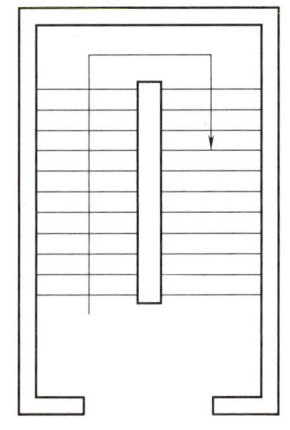

图 2-97

注意:

1) 本任务主要是通过"多线""阵列""多段线"命令绘制基本的建筑平面图。

2）在本项目中，各知识点要牢固掌握，从而为复杂建筑图的绘制打下基础。

【评价反馈】

对"绘制楼梯平面图"操作的评价见表2-10。

表2-10 对"绘制楼梯平面图"操作的评价

序号	检测项目	评价任务及权重	自评	小组互评	教师评价
1	图形绘制的完整性	图形绘制是否完整，缺少1项扣5分（30分）			
2	图形绘制的准确性	图形绘制是否准确，1项不准确扣5分（30分）			
3	图形布局	图形布局不美观，酌情扣2~5分（10分）			
4	完成时间	规定时间内没完成，每超过10分钟扣2分（10分）			
5	工作纪律和态度	团队协作能力差、不爱护仪器设备和环境，酌情扣10~20分（20分）			
	任务总评	优□ 良□ 中□ 合格□ 不合格□			

【能力拓展】

应用"多线""多段线""偏移"等命令绘制图2-98所示图形。

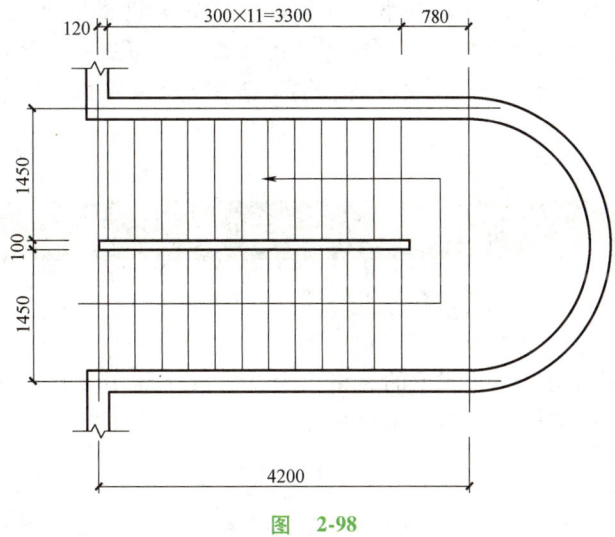

图 2-98

项目三

标　　注

【项目概述】

文字标注和尺寸标注是建筑制图中的两个重要组成部分。在一张完整的建筑工程图中，通常需要加入文字注释、图纸说明等内容，再应用尺寸标注标出相关建筑物的各种尺寸，作为指导工程施工的依据。学生需在熟悉建筑制图标准的基础上，创建符合制图标准与规范的文字标注样式和尺寸标注样式，掌握AutoCAD软件中输入文字标注和尺寸标注的方法，能应用CAD软件标注建筑图形。

任务1　文字标注

【任务描述】

通过上机实践操作，绘制如图3-1所示的表格。表格中汉字使用T仿宋_GB2312字体，数字、字母使用黑体，字高为15mm。掌握AutoCAD软件中输入文字标注的方法，能独立完成文字标注与编辑。

图纸目录

序号	图别	名　　称	图号	序号	图别	名　　称	图号
1	建施01	总平面图	3号	9	建施09	⑬~①立面图	3号
2	建施02	建筑施工图设计说明　图纸目录 室内装修表	3号	10	建施10	Ⓚ~Ⓐ立面图	3号
				11	建施11	1—1剖面图	3号
3	建施03	首层平面图	3号	12	建施12	各层楼梯平面详图　卫生间大样图　门头大样　A线条大样	3号
4	建施04	二层平面图	3号				
5	建施05	三至五层平面图	3号	13	建施13	a—a剖面　b—b剖面 大样1、2、3、4、7、8	3号
6	建施06	六层平面图	3号				
7	建施07	屋顶平面图	3号	14	建施14	门窗立面详图　TC1519平面门窗表　大样5、6	3号
8	建施08	①~⑬立面图	3号				

图　3-1

【任务实施】

1. 创建文字样式

（1）启动"文字样式"命令的方式

1）在菜单栏中单击"格式"→"文字样式"，显示如图 3-2 所示的菜单。

2）单击"样式"工具栏中的按钮 。

3）命令行中执行"STYLE"（ST）命令。

（2）操作说明　执行命令后，弹出"文字样式"对话框，如图 3-3 所示。

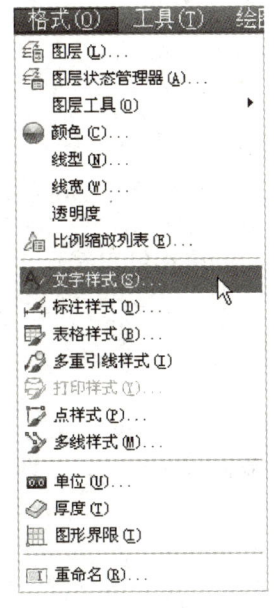

图　3-2

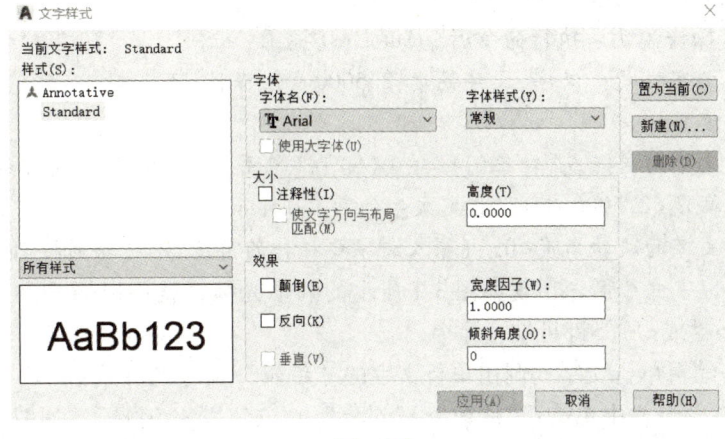

图　3-3

单击"新建"按钮，出现"新建文字样式"对话框，在"样式名"框中输入"汉字"（可根据自己的绘图习惯定义样式名），然后单击"确定"按钮，如图 3-4 所示。

若使用中文字体，须在"字体"栏中取消"使用大字体"复选按钮；在"字体名"下拉列表框中选择一种中文字体，如"T 仿宋_GB2312"。

图　3-4

"大小"栏中"高度"框的说明："高度"框中的值以图形单位计算（建筑图中一般是 mm）。如果这里输入大于 0 的值，用这种文字样式输入文字时，文字的高度即该值，是固定的；如果输入 0，每次使用该样式输入文字时，系统都会提示输入文字高度，可以使用一种文字样式输入多种高度的文字。由于建筑图中文字的高度是多样的，因此一般在"高度"框中输入 0。

在"效果"栏的"宽度因子"框中输入文字宽与高的比例"0.7"。设置结果如图 3-5 所示，然后单击"应用"按钮，"汉字"样式创建完成，在左侧的样式列表中显示"汉字"。

"文字样式"对话框中"效果"栏的其他参数：

"颠倒"：此选项颠倒显示字符。

"反向"：此选项反向显示字符。

"垂直"：此选项显示垂直对齐的字符。只有在选定字体支持双向时"垂直"才可用。True type 字体的垂直定位不可用。

"宽度因子"：设置字符间距。输入小于 1.0 的值将缩小文字，输入大于 1.0 的值则放大文字。

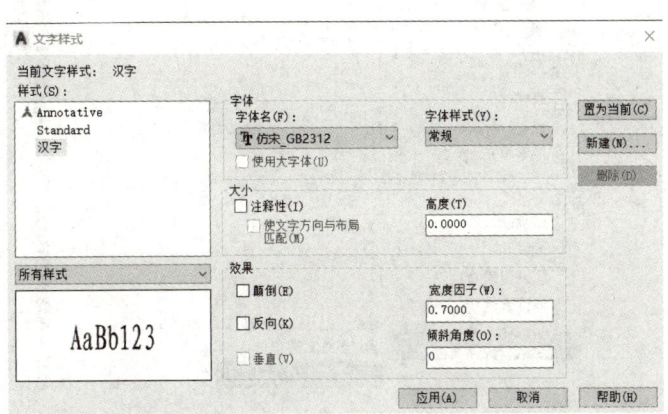

图　3-5

"倾斜角度"：设置文字的倾斜角。此参数以垂直方向为基准，向右倾斜为正，向左倾斜为负。

"置为当前"按钮：将样式列表中被选中的样式作为当前样式，可以创建文字。

"删除"按钮：用于删除样式列表中已有的文字样式。注意：不能删除正在使用的文字样式。

单击"关闭"按钮退出"文字样式"对话框。

2. 创建单行文字

（1）调用"单行文字"命令的方式

1）在菜单栏中单击"绘图"→"文字"→"单行文字"，如图3-6所示。

2）单击"文字"工具栏中的按钮 AI。

3）命令行中执行"STYLE"（ST）命令。

（2）操作说明　执行命令后，AutoCAD提示：

当前文字样式："汉字"文字高度:2.5000　注释性:否　对正:左(显示默认或上次输入的文字样式和文字高度)

指定文字的起点或[对正(J)/样式(S)]:(单击屏幕上要输入文字的起始位置)

指定高度<2.5000>:15(指定文字的高度15mm)

指定文字的旋转角度<0>:(输入文字要旋转的角度,不旋转则按<Enter>键,默认0)

执行以上命令后，出现如图3-7所示的闪动光标，就可以输入文字。文字全部输入完成后，按两遍<Enter>键或<Esc>键可结束命令。

（3）编辑单行文字　调用单行文字的"编辑"命令的方式：

1）在菜单栏中单击："修改"→"对象"→"文字"→"编辑"，如图3-8所示。

2）单击"文字"工具栏中的按钮。

3）命令行中执行"DDEDIT"命令。

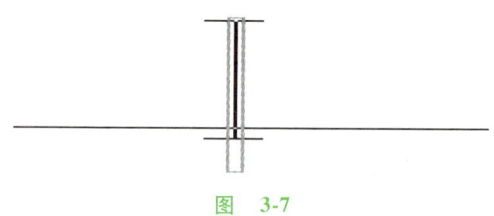

图　3-7

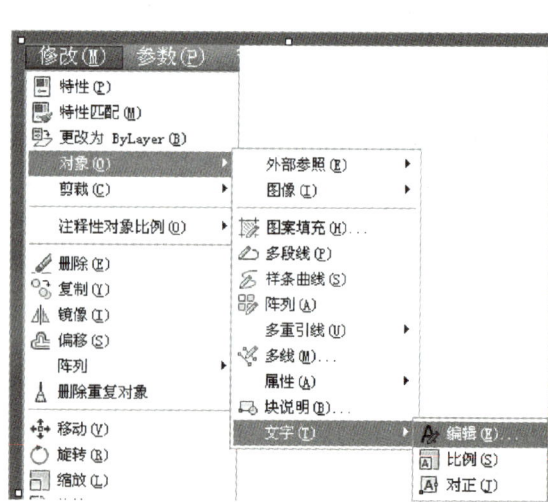

图　3-6　　　　　　　　　　　　　　　　　　　　图　3-8

4）直接双击文字。

执行以上命令后，出现如图 3-7 所示的闪动光标，就可以编辑文字了。

3. 创建多行文字

（1）调用"多行文字"命令的方式

1）在菜单栏中单击"绘图"→"文字"→"多行文字"，如图 3-9 所示。

2）单击"文字"工具栏中的按钮 A。

3）命令行中执行"MTEXT"命令。

（2）操作说明 执行命令后，在屏幕上单击拖动出矩形的两个对角点，这个矩形就显示了多行文字的位置和文字边框。文字边框确定后，会弹出如图 3-10 所示的"文字格式"对话框，在闪动光标处，就可以输入文字了。

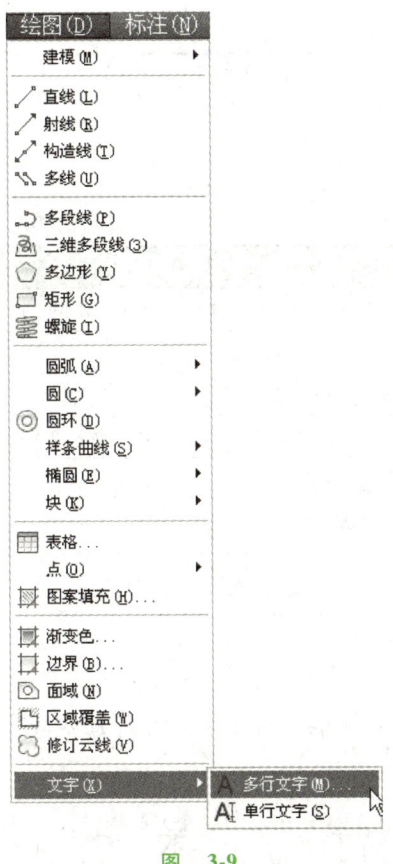

图 3-9

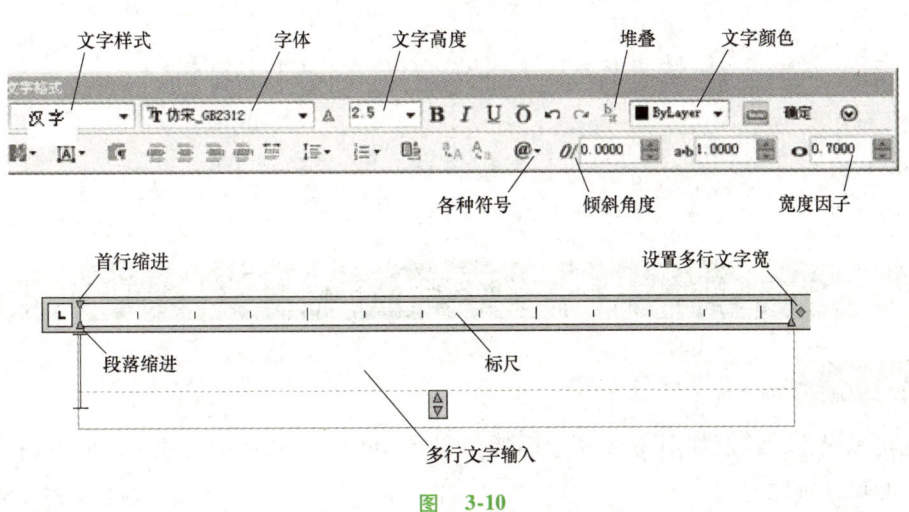

图 3-10

（3）编辑多行文字　多行文字和单行文字的编辑方法类似，只是命令不同，多行文字编辑命令为"MTEDIT"。

4. 输入特殊符号

在AutoCAD中，一些特殊符号有专门的代码，一般由"%%"加一个特殊字符构成，常用特殊符号的代码和含义见表3-1。

表3-1　常用特殊符号的代码及含义

代码	字符	说明	代码	字符	说明
%%%	%	百分号	%%d	℃	摄氏度符号
%%p	±	正负公差符号	%%u	—	下画线
%%o	—	上画线	%%nnn	—	生成任意ASCII码字符串，nnn为ASCII码字符值
%%c	φ	直径符号			

【评价反馈】

对"文字标注"操作的评价见表3-2。

表3-2　对"文字标注"操作的评价

序号	检测项目	评价任务及权重	自评	小组互评	教师评价
1	文字标注的正确性	文字标注是否完整，缺少1项扣5分(30分)			
2	创建文字样式的准确性	文字样式是否准确，1项不准确扣5分(30分)			
3	图形布局	图形布局不美观，酌情扣2~5分(10分)			
4	完成时间	规定时间内没完成，每超过10分钟扣2分(10分)			
5	工作纪律和态度	团队协作能力差、不爱护仪器设备和环境，酌情扣10~20分(20分)			
	任务总评	优□　良□　中□　合格□　不合格□			

【能力拓展】

使用长仿宋样式创建如图3-11所示的多行文字，字高为14mm。

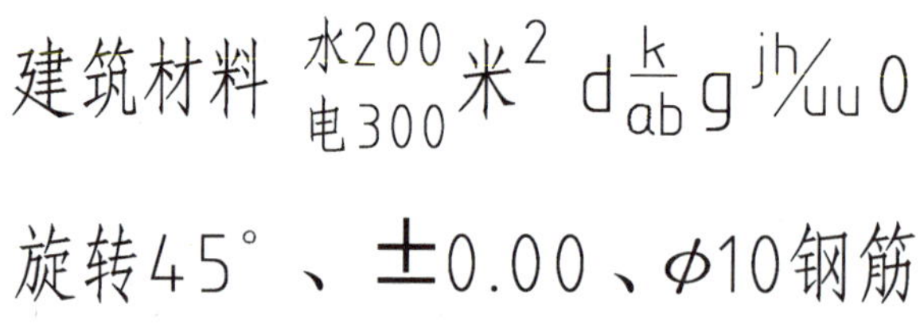

图　3-11

任务2　尺　寸　标　注

【任务描述】

通过上机实践操作，绘制如图3-12所示图形，掌握AutoCAD软件中尺寸标注的方法，能按要求完成建筑图形中的尺寸标注。

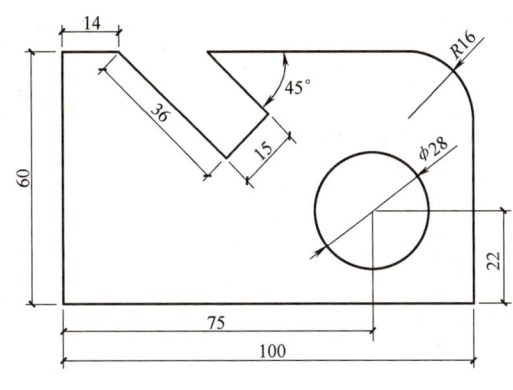

图 3-12

【任务实施】

1. 尺寸标注的组成和相关规定

建筑图中不仅要表达建筑物的形状,而且要表达建筑物各部分的真实大小和它们之间的确切位置关系,这是通过尺寸标注来完成的。在建筑设计及施工中,从尺寸标注中可以了解物体各部分的大小和它们之间的相对位置关系,尺寸标注是进行设计和施工的重要依据。

(1) 尺寸标注的组成 在建筑工程制图中,一个完整的尺寸标注由尺寸线、尺寸界线(也称延伸线)、尺寸起止符号(或尺寸箭头)和尺寸数字四部分组成,如图 3-13 所示。

1) 尺寸线表示尺寸标注范围,用细实线绘制。

2) 尺寸界线表示尺寸线的开始和结束,通常从被标注对象延长至尺寸线,一般与尺寸线垂直。

3) 尺寸起止符号在尺寸线的两端,用于标记尺寸标注的起始和终止位置。

4) 尺寸数字用于表示实际测量值。可以使用由 AutoCAD 2020 自动计算出的测量值,也可以使用自定义的文字或完全不用文字。

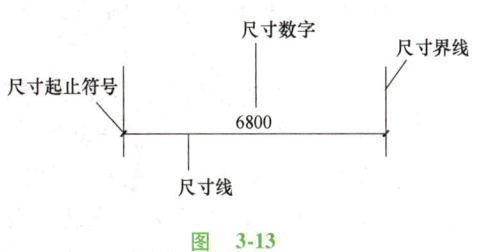

图 3-13

(2) 尺寸标注的相关规定 建筑制图规范中对尺寸标注有以下规定:

① 尺寸界线表示尺寸标注的起点和终点,一般情况下应与被标注长度垂直,用细实线绘制,其一端应离开图样轮廓线不小于 2mm,另一端宜超出尺寸线 2~3mm。

② 尺寸线连接两端的尺寸界线,与被标注长度平行,也用细实线绘制,画在外围的尺寸线与图样最外轮廓线的距离不宜小于 10mm,平行排列的尺寸线间距为 7~10mm,按小尺寸近、大尺寸远的顺序整齐排列。

③ 尺寸起止符号应用中粗斜短线画,其倾斜方向应与尺寸界线呈 45°,长度宜为 2~3mm;半径、直径、角度与弧长的尺寸起止符号,宜用箭头表示。

2. 创建标注样式

在用 AutoCAD 软件进行建筑图的尺寸标注时,需先设置标注的外观,如箭头样式,尺寸线长度,文字的位置、大小、比例等,即创建适用的尺寸标注样式,然后使用这种样式进行尺寸标注。

(1) 调用"尺寸样式"命令的方式

1) 在菜单栏中单击"格式"→"标注样式",如图 3-14 所示。

2) 单击"样式"工具栏中的按钮 ⌐。

3) 命令行中执行"DIMSTYLE"(D)命令。

(2) 操作说明 执行命令后,弹出"标注样式管理器"对话框,如图 3-15 所示。

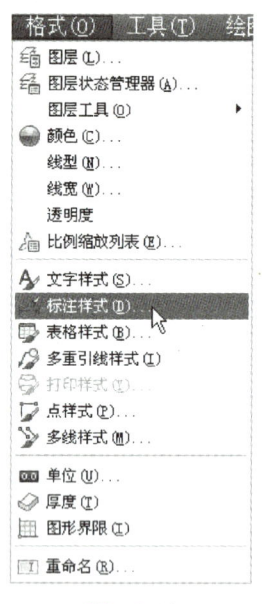
图 3-14

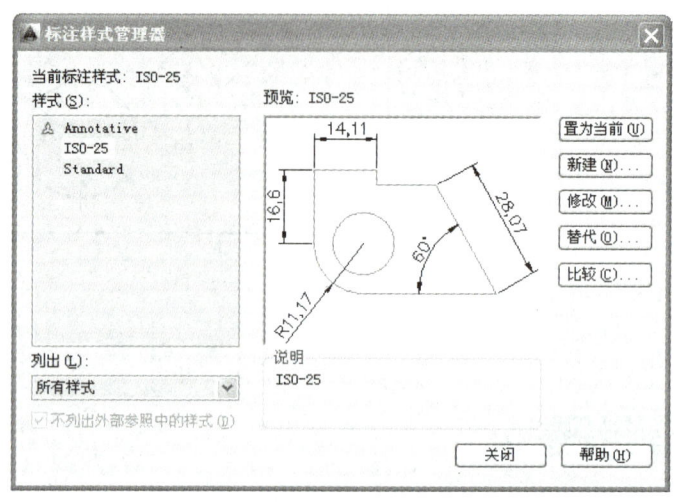
图 3-15

1）单击"新建"按钮，在"创建新标注样式"对话框的"新样式名"文本框中输入"建筑"，如图 3-16 所示。在"基础样式"下拉列表框中选取和要创建的建筑标注参数最接近的标注样式，目前只有默认的"ISO-25"；单击"继续"按钮，进入"建筑"的编辑状态。

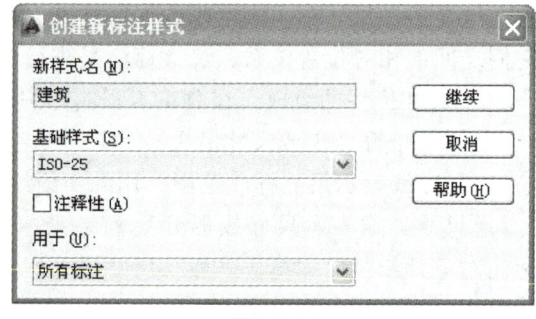
图 3-16

2）"建筑"的设置包括许多参数，下面按照对话框中选项卡的顺序依次说明。首先设置"线"选项卡：在"基线间距"文本框中输入"8"；在"超出尺寸线"文本框中输入"2"；在"起点偏移量"文本框中输入一个大于 2 的值，一般取 5~10（可视图形情况再作调整），其余设置不变。设置完成后如图 3-17 所示。

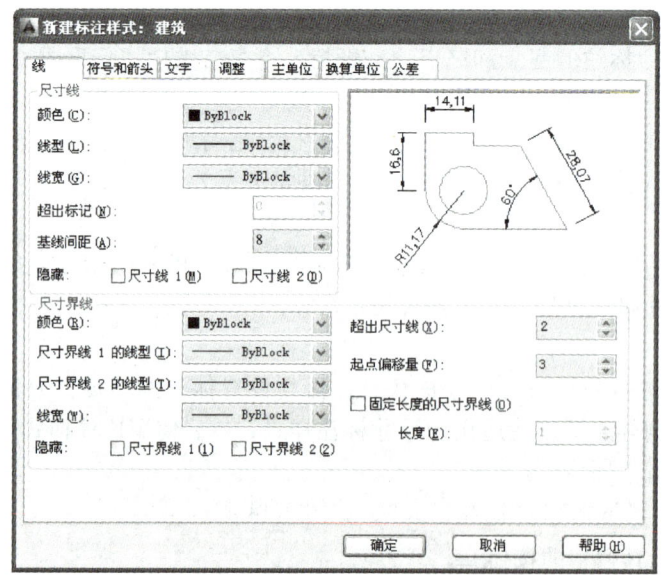
图 3-17

3）设置"符号和箭头"选项卡中的"箭头"为"建筑标记","箭头大小"为"2.5",其余设置不变,设置完成后如图3-18所示。注意:建筑制图中,通常情况下线性尺寸的起止符号为"建筑标记",而表示角度、半径和直径的尺寸起止符号为"实心闭合"。

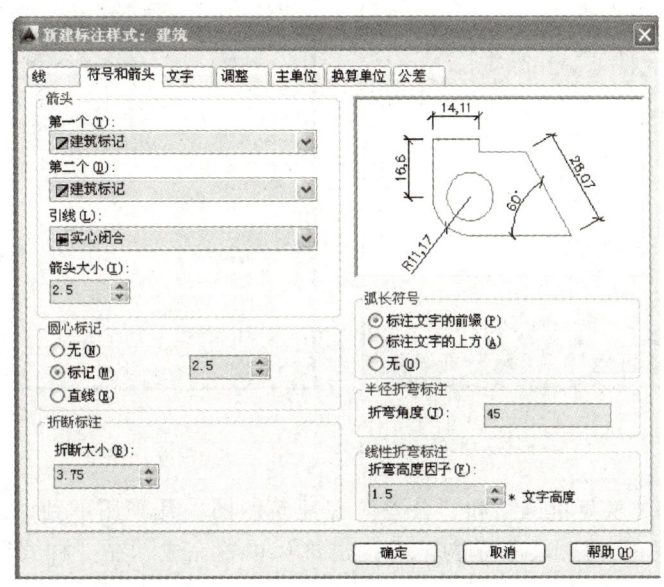

图 3-18

4）设置"文字"选项卡中的参数,在"文字样式"下拉列表框中选取已设置好的文字样式"数字"（黑体）,"文字高度"文本框中输入"3.5"。如果没有已设置好的文字样式,需单击"文字样式"右侧的按钮 ,在弹出的"文字样式"对话框中创建"数字"样式（注意在创建文字样式时,宽度因子为0.7,高度一定设为0,否则文字高度在标注样式时将不可调整,标注样式中的比例对文字高度也不会发生作用）。在"从尺寸线偏移"文本框中输入"0.625",其余设置不变,设置完成后如图3-19所示。

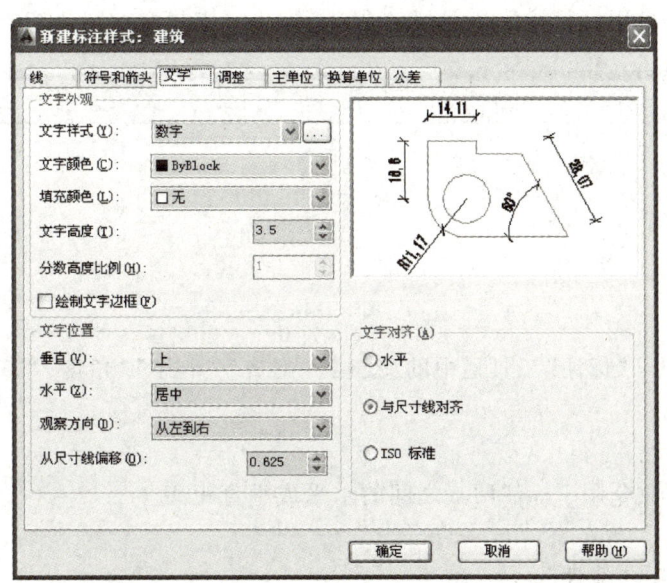

图 3-19

5）设置"调整"选项卡中的"使用全局比例"为"1","文字位置"为"尺寸线上方,带引线",其余设置不变,设置完成后如图3-20所示。

6）设置"主单位"选项卡中的"单位格式"为"小数","精度"为"0",其余设置不变,设置完成后如图3-21所示。

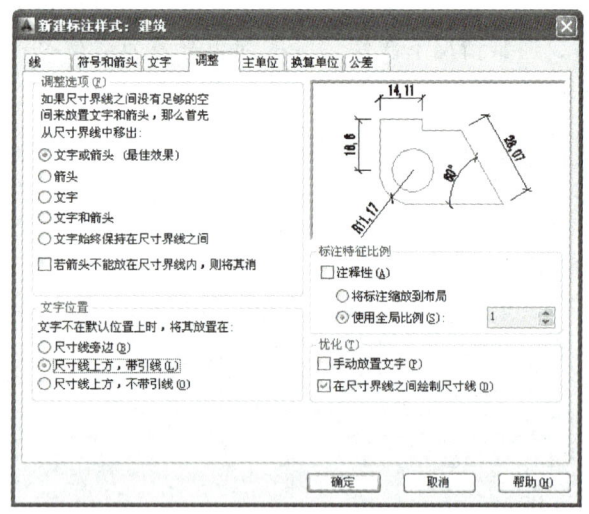

图 3-20

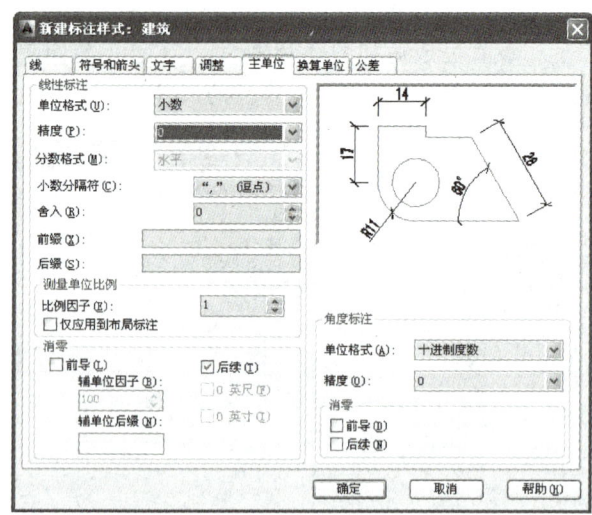

图 3-21

7) 另外两个选项卡"换算单位"和"公差"在建筑制图中几乎用不到,这里不作介绍。所有参数输入后,单击"确定"按钮,尺寸标注样式"建筑"设置完成,在"样式"列表框中可以查看到"建筑"。单击"关闭"按钮退出。如果在"建筑"中有些参数需要修改或输入有误,可以打开"标注样式管理器",在左侧样式名称表中选择"建筑",再单击右侧的按钮 修改(M)... ,进入参数设置对话框重新输入参数,单击"确定"按钮,单击"关闭"按钮即可。

3. 标注尺寸

(1) 功能 定义完建筑制图中所需的尺寸标注样式后,就可以使用所定义的标注样式在建筑图中进行尺寸标注。常用的标注有线性标注、径向标注和角度标注等。

(2) 打开"标注"工具栏 右击工具栏空白处,在快捷菜单中选取"标注",可打开"标注"工具栏。所有的标注都可用"标注"工具栏完成。"标注"工具栏如图 3-22 所示。

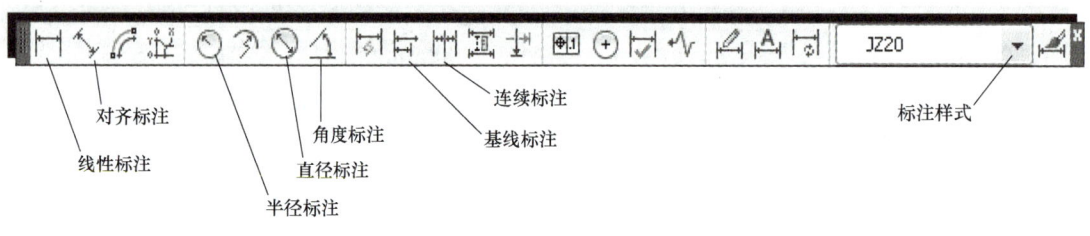

图 3-22

(3) 常用标注按钮 "标注"工具栏中的"线性""对齐""半径""角度""基线"和"连续"属于常用标注按钮。

1) 线性标注。

① 功能:"线性"命令用于标注两点之间的水平或垂直距离。

② 命令执行方式:

- 菜单栏:"标注"→"线性"。
- 工具栏:单击"标注"工具栏中的"线性"按钮(｜—｜)。
- 命令:DIMLINEAR,快捷命令:DLI。

2) 对齐标注。

① 功能:"对齐"命令主要用于标注斜线,其数值就是斜线段的长度。

② 命令执行方式:

- 菜单栏:"标注"→"对齐"。
- 工具栏:单击"标注"工具栏中的"对齐"按钮( )。
- 命令:DIMALIGNED,快捷命令:DAL。

3)半径标注。

① 功能:"半径"命令用来测量选定圆或圆弧的半径值,并显示前面带有字母 R 的标注文字。

② 命令执行方式:

- 菜单栏:"标注"→"半径"。
- 工具栏:单击"标注"工具栏中的"半径"按钮( )。
- 命令:DIMRADIUS。

4)角度标注。

① 功能:"角度"命令用来测量选定的对象或 3 个点之间的角度,可选择的测量对象包括圆弧、圆和直线。

② 命令执行方式:

- 菜单栏:"标注"→"角度"。
- 工具栏:单击"标注"工具栏中的"角度"按钮( )。
- 命令:DIMANGULAR,快捷命令:DAN。

5)基线标注。

① 功能:"基线"命令是自同一基线处测量的多个标注,必须先创建一个线性标注,再用基线标注。

② 命令执行方式:

- 菜单栏:"标注"→"基线"。
- 工具栏:单击"标注"工具栏中的"基线"按钮( )。
- 命令:DIMBASELINE,快捷命令:DBA。

6)连续标注。

① 功能:"连续"命令是首尾相连的多个标注,必须先创建一个线性标注,再进行连续标注。

② 命令执行方式:

- 菜单栏:"标注"→"连续"。
- 工具栏:单击"标注"工具栏中的"连续"按钮( )。
- 命令:DIMCONTINUE,快捷命令:DCO。

4. 编辑尺寸

1)如果在绘图过程中失误,造成尺寸标注不准确,可以在标注完成后进行修改。

双击尺寸数字,尺寸数字在"多行文字编辑器"中显示,修改为正确的数字,单击"确定"即可。注意:修改完的数字会失去与被测量物体的关联性。

2)如果尺寸界线间距太小,需要移动尺寸数字的位置,可选择尺寸数字,鼠标放在文字的夹点上,在快捷菜单中选取"仅移动文字"或"随引线移动"等命令,然后移动尺寸数字到目标位置单击鼠标左键,如图 3-23 所示。

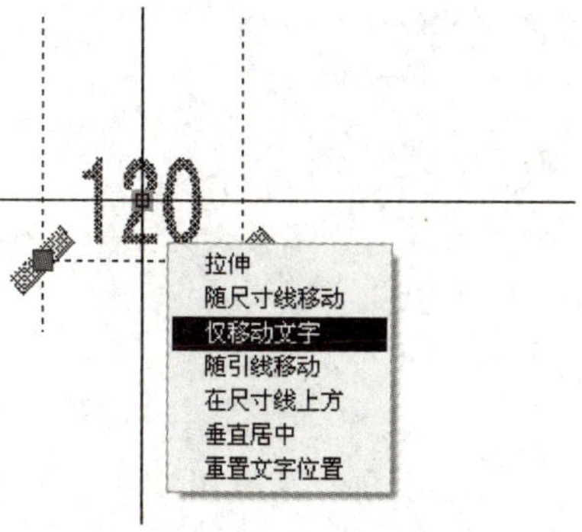

图 3-23

【评价反馈】

对"尺寸标注"操作的评价见表 3-3。

表 3-3　对"尺寸标注"操作的评价

序号	检测项目	评价任务及权重	自评	小组互评	教师评价
1	尺寸标注的正确性	尺寸标注是否完整,缺少1项扣5分(30分)			
2	创建尺寸样式的准确性	尺寸样式是否准确,1项不准确扣5分(30分)			
3	图形布局	图形布局不美观,酌情扣2~5分(10分)			
4	完成时间	规定时间内没完成,每超过10分钟扣2分(10分)			
5	工作纪律和态度	团队协作能力差、不爱护仪器设备和环境,酌情扣10~20分(20分)			
	任务总评	优□　　良□　　中□　　合格□　　不合格□			

【能力拓展】

绘制如图 3-24 所示的屋顶檐口详图（图形比例 1∶20）。

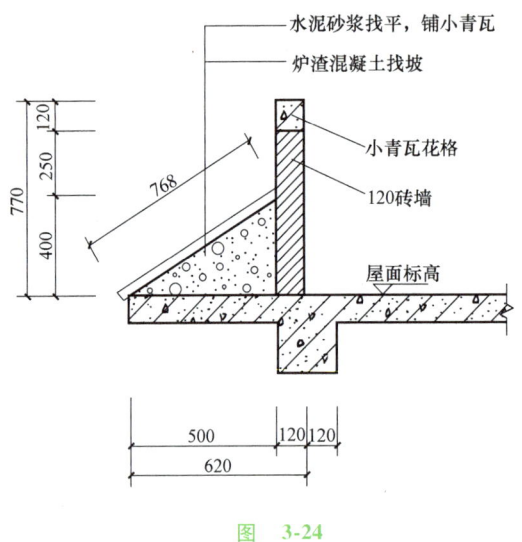

图 3-24

项目四
绘制建筑施工图

【项目概述】

前面已经介绍了 AutoCAD 2020 的基本绘图命令和方法，本项目将以绘制某实验楼一层平面图为例，重点介绍绘制建筑平面图的方法和步骤，目的是使绘图步骤简化，成图质量提高。

任务1　绘制样板图（模板）

【任务描述】

新建一个名为"A3.dwt"的图形样板文件，如图 4-1 所示。

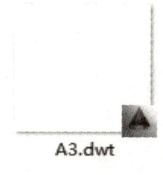

图　4-1

【任务实施】

图形样板文件是指包含有一定绘图环境和专业参数的设置，但并没有图形对象的空白文件，将此空白文件保存为".dwt"格式后就称为样板文件。

在建筑制图中，《房屋建筑制图统一标准》（GB/T 50001—2017）规定图纸分为 A0（1189mm×841mm）、A1（841mm×594mm）、A2（594mm×420mm）、A3（420mm×297mm）、A4（297mm×210mm）五类图纸，而每一类图纸又分为有装订边和无装订边两种，并且图纸还有横放与竖放的区别，所以在实际绘图之前，可以根据需要建立各类图纸的图形样板文件，方便在绘图时进行适当调用，提高绘图效率。鉴于学校识图课程常用 A3 图幅的图纸，这里仅就 A3 图纸的图形样板文件的建立来举例，若之后实际工作过程中需应用 A1、A2 等图纸的图形样板文件，读者可参考 A3 图纸的图形样板文件的建立方法进行处理。

1. 设置绘图界限为 A3

1）调用"图形界限"命令。

2）操作说明　执行命令后，AutoCAD 提示：

重新设置模型空间界限:(系统提示信息)

指定左下角点或［开(ON)/关(OFF)］<0.0000,0.0000>:(提示输入左下角坐标,按<Enter>键默认）

指定右上角点 <420.0000,297.0000>:(提示输入右上角坐标,按<Enter>键默认）

所有命令显示如图 4-2 所示。

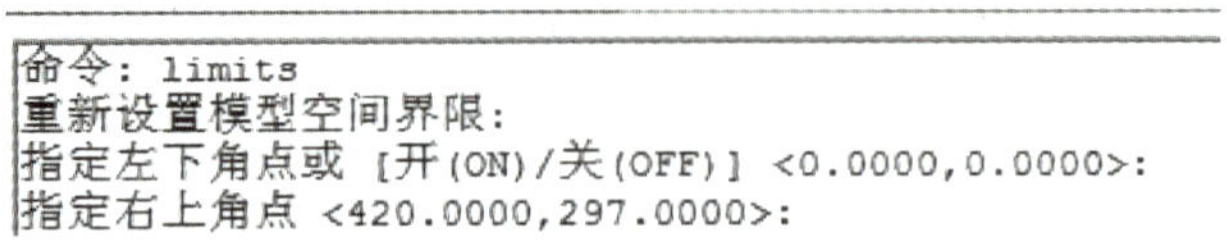

图　4-2

2. 绘图单位设置

建筑工程中，长度类型为"小数"，精度为"0"；角度的类型为"十进制数"，角度以逆时针方向为正，方向以东为基准角度。菜单栏中单击"格式"→"单位"，或在命令行中输入"UNITS"（UN），将弹出"图形单位"对话框，用户可在对话框中进行绘图单位的设置。

3. 设置图层

1）单击"图层特性管理器"，如图 4-3 所示左侧按钮。

图　4-3

2）进入"图层特性管理器"界面，如图 4-4 所示。将光标放置在右侧空白区域，右击，在快捷菜单中选择"新建图层"。

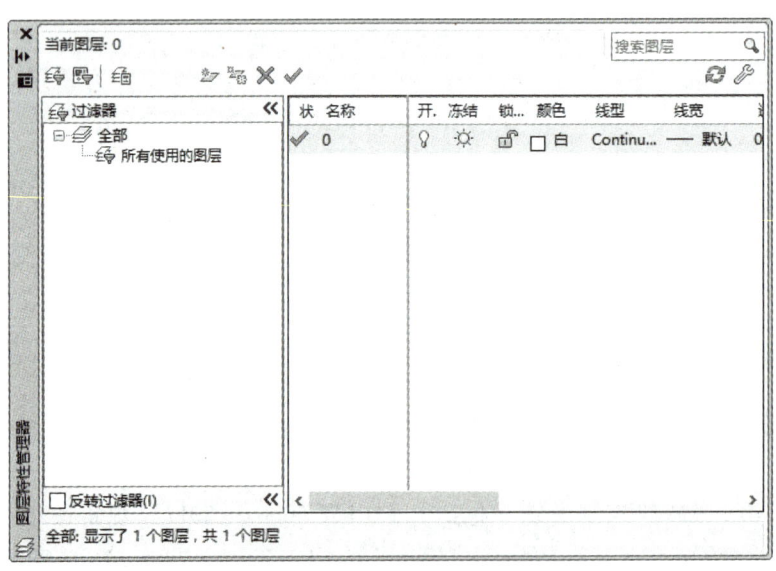

图　4-4

3）设置图层（例）如下：

① 层名：轴线（zx）；颜色：红；线型：Center。

② 层名：墙线（qx）；颜色：绿；线型：Continuous。

③ 层名：门窗（mc）；颜色：黄；线型：Continuous。

④ 层名：标注（bz）；颜色：白；线型：Continuous。
⑤ 层名：图框（tk）；颜色：青；线型：Continuous。
⑥ 层名：细部（xb）；颜色：洋红；线型：Continuous。

图层名称、颜色及线宽可根据具体图形要求自行设置。设置结果如图 4-5 所示。

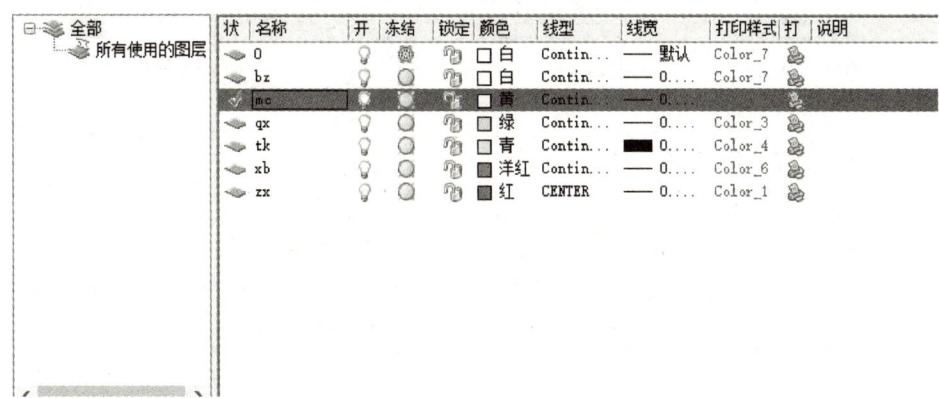

图 4-5

4. 设置文字样式

1）打开如图 4-6 所示的"文字样式"对话框。

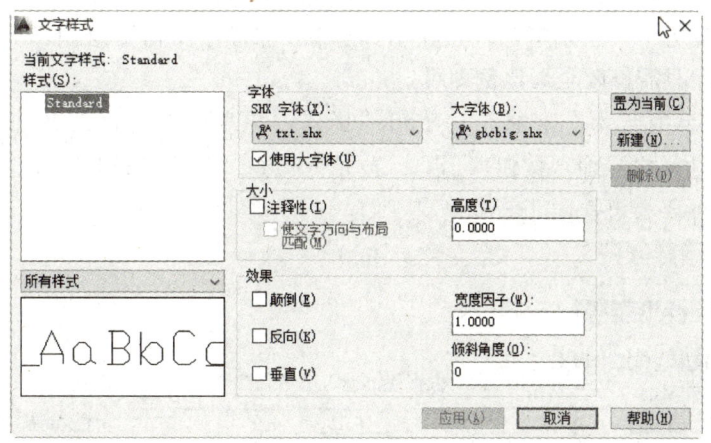

图 4-6

2）根据具体绘图要求设置文字样式，如图 4-7 所示设置"标注"文字样式。

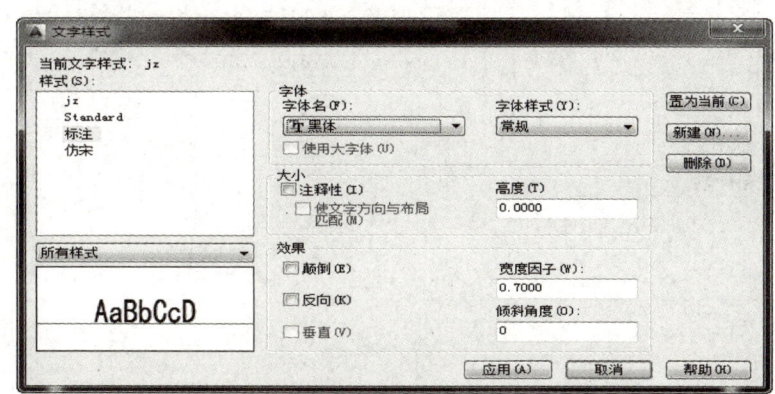

图 4-7

如图 4-8 所示设置"仿宋"文字样式。

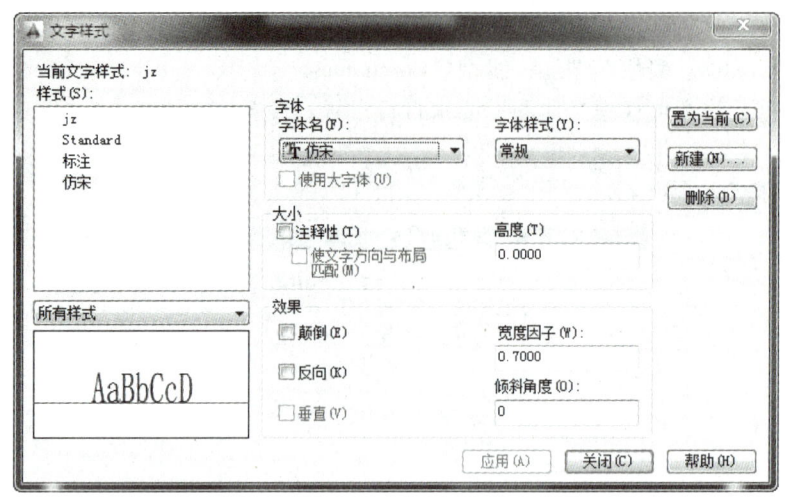

图 4-8

5. 根据图形设置尺寸标注样式

创建建筑标注时,要按建筑图纸的要求输入各种参数,然后设定一个全局比例。第一种思路是按图纸要求的数值输入一套参数,再输入全局比例;第二种思路是把图纸要求的参数按照全局比例放大后再输入,全局比例设为"1"。前者的优点在于:当在一张图纸中需要绘制不同比例的图形时,图纸要求的参数不用改动,只需修改全局比例即可。

1)打开"标注样式管理器"对话框:单击"格式"菜单中的"标注样式"命令,或单击"标注"工具栏中的"标注样式"命令按钮( ),或输入命令"DIMSTYLE",此时屏幕上显示如图 4-9 所示的"标注样式管理器"对话框。

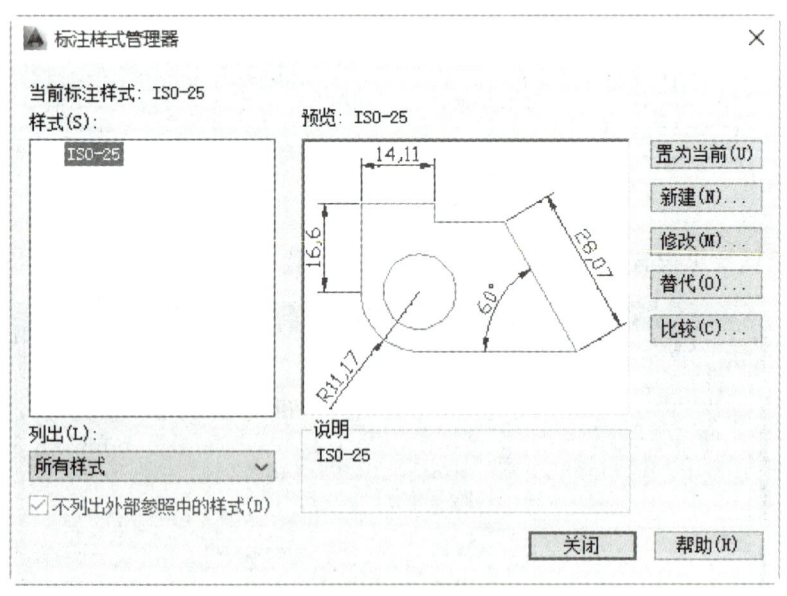

图 4-9

2)单击"新建"创建标注样式,如图 4-10 所示,再单击"继续"按钮,进入"jz"的编辑状态。

3)"jz"的设置包括许多参数,依次设置"标注线""符号和箭头""文字""调整""主单位"。图 4-11 为"标注线"的设置。

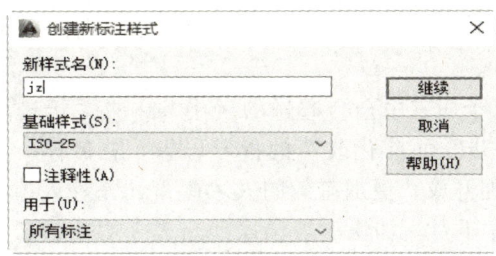

图 4-10

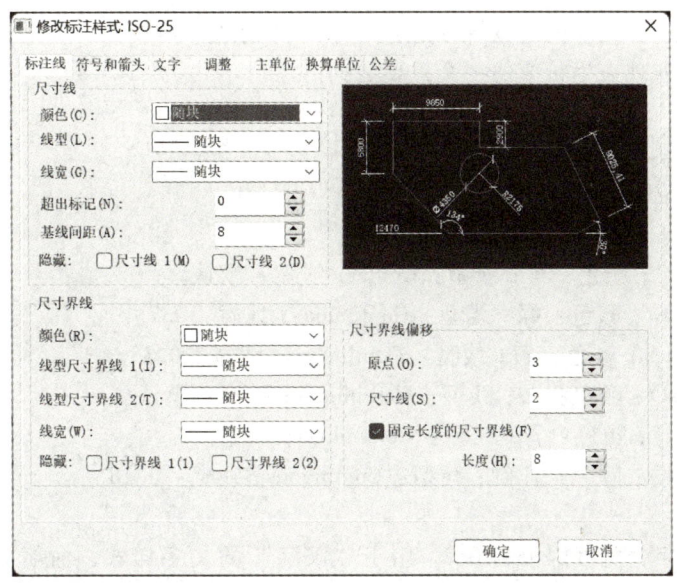

图 4-11

6. 保存

单击"文件"→"保存"或单击菜单栏上的按钮 ![保存], 将文件名改为"A3", 文件类型选为"AutoCAD 图形样板（*.dwt）", 如图 4-12 所示。单击"保存", 完成图形样板文件"A3.dwt"的建立。

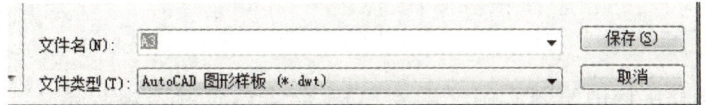

图 4-12

【评价反馈】

对"绘制样板图（模板）"操作的评价见表 4-1。

表 4-1 对"绘制样板图（模板）"操作的评价

序号	检测项目	评价任务及权重	自评	小组互评	教师评价
1	样板图参数的建立	参数建立是否完整,缺少1项扣10分(40分)			
2	样板图保存的准确性	保存格式是否准确(20分)			
3	参数建立是否合理	每项不合理之处酌情扣2~5分(10分)			
4	完成时间	规定时间内没完成,每超过10分钟扣2分(10分)			
5	工作纪律和态度	团队协作能力差、不爱护仪器设备和环境,酌情扣10~20分(20分)			
	任务总评	优□ 良□ 中□ 合格□ 不合格□			

【拓展阅读】

2024 年 7 月 18 日，党的二十届三中全会通过的《中共中央关于进一步全面深化改革　推进中国式现代化的决定》，明确了进一步全面深化改革的指导思想、总目标、重大原则、重大举措、根本保证，强调"实施更加积极、更加开放、更加有效的人才政策，完善人才自主培养机制，加快建设国家高水平人才高地和吸引集聚人才平台。加快建设国家战略人才力量，着力培养造就战略科学家、一流科技领军人才和创新团队，着力培养造就卓越工程师、大国工匠、高技能人才，提高各类人才素质。建设一流产业技术工人队伍。"

对于新时代青年而言，成才的道路纵横通达，学习并精通一门技能，向着大国工匠、大国巧匠的目标扎实前行，不失为实现人生价值的一个重要方向。

【能力拓展】

自行设置参数，建立名为"A4.dwt"的样板图。

1. 图层设置要求

1）层名：轴线（zx）；颜色：红；线型：Center；线宽：默认。
2）层名：墙线（qx）；颜色：绿；线型：Continuous；线宽：0.7。
3）层名：门窗（mc）；颜色：黄；线型：Continuous；线宽：0.35。
4）层名：标注（bz）；颜色：白；线型：Continuous；线宽：默认。
5）层名：图框（tk）；颜色：青；线型：Continuous；线宽：1。
6）层名：细部（xb）；颜色：洋红；线型：Continuous；线宽：0.18。

2. 文字设置

所有字体均为直体字，宽度因子为 0.7。用于"汉字"的文字样式，命名为"HZ"，字体名选择"仿宋"，语言为"CHINESE_GB2312"；用于"数字与字母"的文字样式，命名为"XT"，字体名选择"simplex.shx"，大字体选择"HZTXT"。

任务 2　绘制实验楼底层平面图

【任务描述】

本任务通过某实验楼平面图绘制实例（图 4-13），结合建筑制图规范要求，详细介绍建筑平面施工图的基本绘制方法和技巧。通过学习，掌握轴网、墙体、各类柱子、门窗、楼梯等基本构件的绘制方法，以及如何进行尺寸和文字标注。

需要说明的是，平面图中各构件的绘制方法不是唯一的，读者应根据具体图形的不同特点来选择简便和快捷的绘制方式，注意熟悉快捷键的使用，只有多进行实践，才能熟能生巧。

【任务实施】

建筑平面图绘制的一般方法是：根据要绘制的图形对绘图环境进行设置，然后确定柱网，绘制墙体、门窗、阳台、楼梯、雨篷、踏步、散水、设备，标注初步尺寸和必要的说明文字等。

1. 设置绘图环境

1）双击桌面上的 AutoCAD 2020 图标，进入绘图界面。
2）设置绘图区域。菜单栏单击"格式"→"图形界限"，或者直接输入"LIMITS"快捷命令，根据提示进行操作，将图形界限设为<42000，29700>。
3）设置图框和标题栏。输入缩放快捷命令"SC"，将图框和标题栏放大 100 倍。
4）显示全部绘图区域。

项目四 绘制建筑施工图

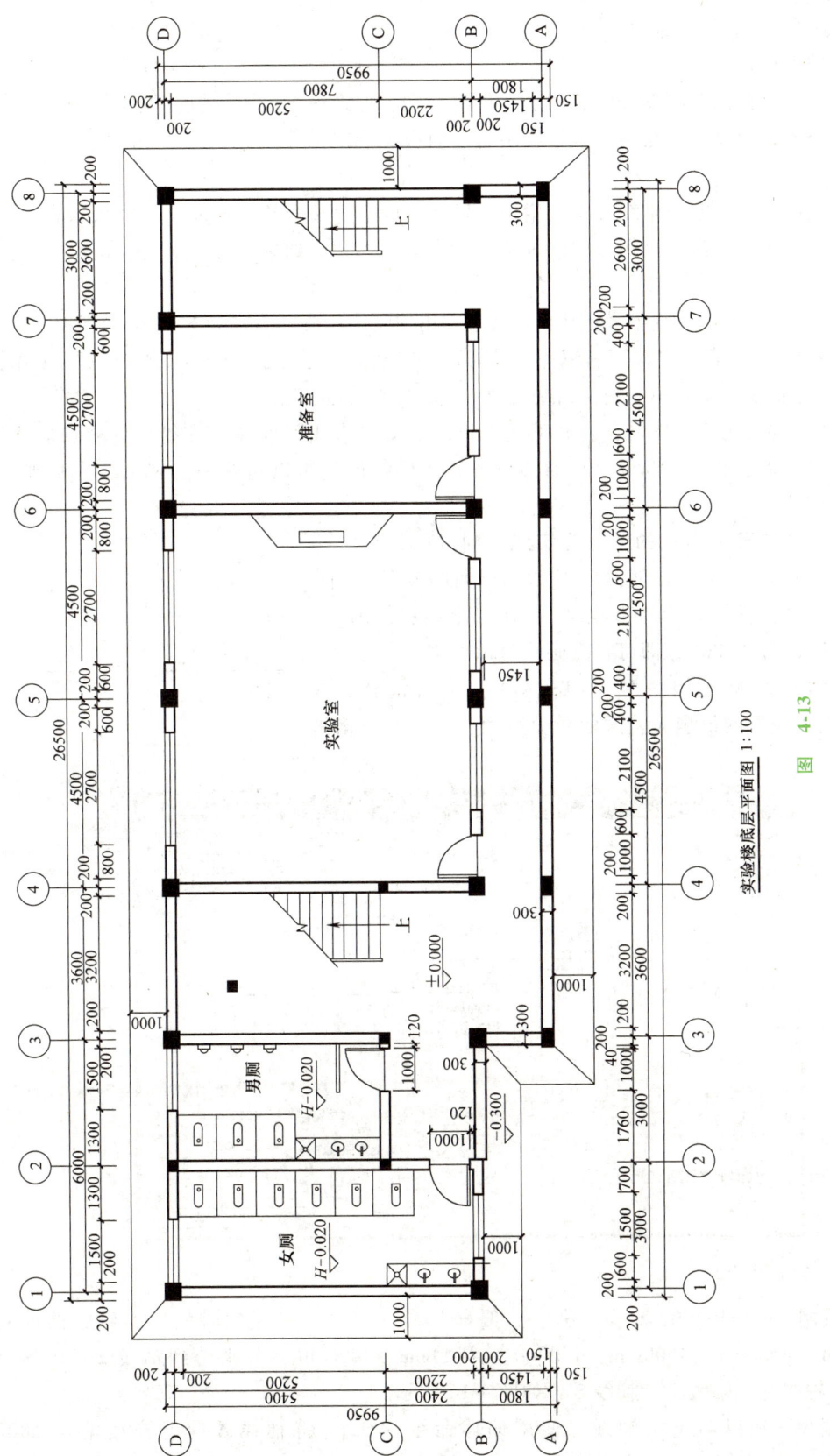

图 4-13 实验楼底层平面图 1:100

5）修改标题栏中的文本。

6）修改图层及线型比例。

7）设置文字样式和标注样式。

8）完成设置后保存。

注意：虽然绘图之前已对绘图界限、图层、标注及文字样式等进行了设置，但在具体绘图过程中，仍可能需要进行修改，以避免在绘图时因设置不合理而影响绘图。

2. 绘制轴线

建筑平面图绘制一般从定位轴线开始。确定了轴线就确定了整个建筑物的承重体系和非承重体系，以及建筑物房间的开间、进深、楼板、柱网等细部的布置。所以，绘制轴线是使用 AutoCAD 进行建筑绘图的基本功之一。

定位轴线用细点画线绘制，其编号标注在轴线端部用细实线绘制的直径为 8mm 的圆圈内。横向轴线编号用阿拉伯数字 1、2、3 等，从左至右编写；纵向轴线编号用大写拉丁字母 A、B、C 等，从下至上编写，大写拉丁字母中的 I、O、Z 不能用作轴线编号，以免与数字相混淆。

1）将"轴线"层设为当前图层，打开正交方式，使用"直线"命令，在绘图区域点取适当点作为轴线基点，绘制一条水平直线和一条竖直直线，整个轴线网就是以这两条定位轴线为基础生成的，如图 4-14 所示。

绘制轴线时，若屏幕上出现的线型为实线，则可以执行"格式｜线型"命令，弹出"线型管理器"对话框，如图 4-15 所示。在"线型过滤器"中选择"显示所有线型"，在"全局比例因子"中进行设置，如设置为"300"，即可将点画线显示出来。

此外，还可以用线型比例命令"LTSCALE"进行调整。在"全局比例因子"中设置的值越大，线的间隙越大，用户可根据需要选用设定值。

图 4-14

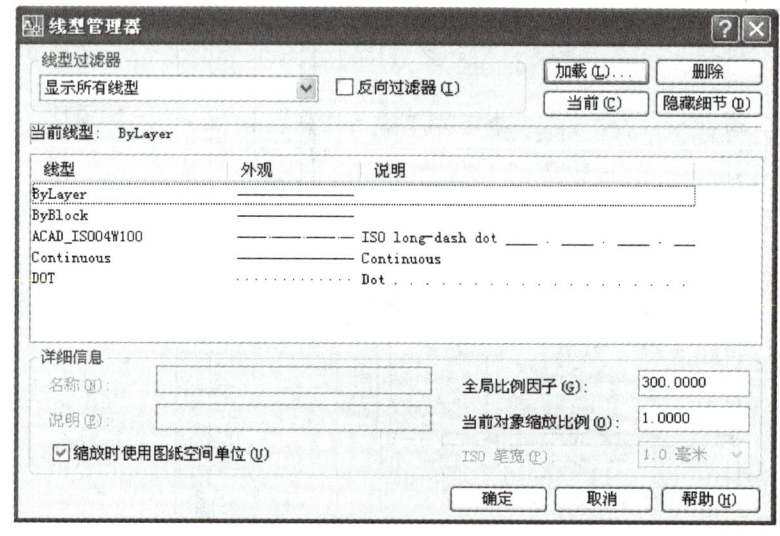

图 4-15

2）绘制轴线网——横向定位轴线。执行"偏移"命令，将①号竖向轴线以连续方式向右偏移 3000mm、3000mm、3600mm、4500mm、4500mm、4500mm、3000mm，分别得到轴线②、轴线③、轴线④、轴线⑤、轴线⑥、轴线⑦、轴线⑧，如图 4-16 所示。

3）绘制轴线网——纵向定位轴线。使用偏移命令"O"，将轴线Ⓐ向上连续偏移 1800mm、2400mm、5400mm，分别得到轴线Ⓑ、轴线Ⓒ、轴线Ⓓ，如图 4-17 所示。至此，得到部分轴网图。

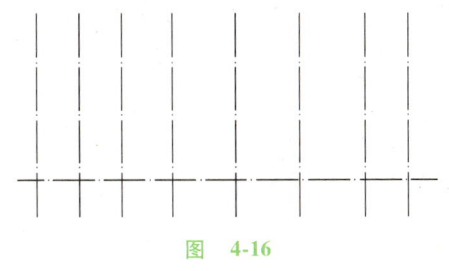

图 4-16

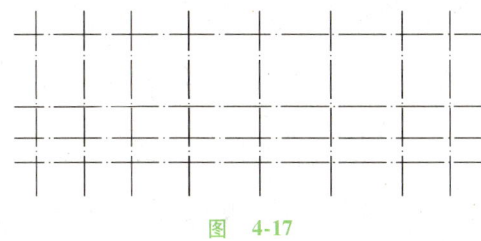

图 4-17

3. 绘制框架柱

1）将"kz（框架柱）"图层设为当前层。

2）框架柱的绘制。单击"矩形"命令或输入"RECTANG"（REC），绘制 400mm×400mm 和 400mm×300mm 的矩形，代表柱子的截面轮廓，用"图案填充"命令进行图案填充。柱子的绘制过程如图 4-18 所示。

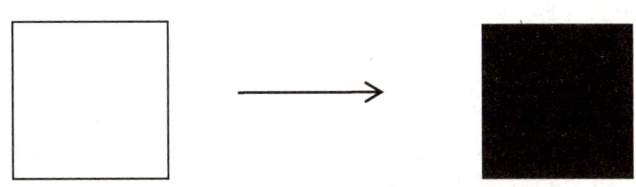

图 4-18

执行"复制"命令或输入"COPY"（CO 或 CP），将绘制好的柱子复制到对应的地方，注意使用"对象捕捉"命令准确对正。运用同样的方法绘制 400mm× 300mm 及 240mm×240mm 的柱子，结果如图 4-19 所示。

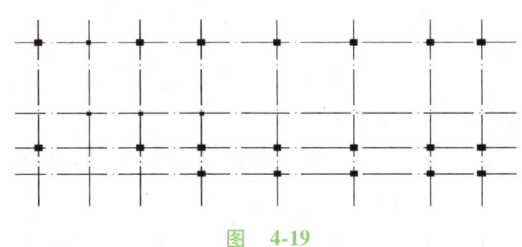

图 4-19

4. 绘制墙体

1）将"qx（墙线）"图层设为当前层。

2）设置多线样式。单击菜单栏中的"格式"→"多线样式"命令，弹出"多线样式"对话框。新样式名为"QT"，在"新建多线样式：QT"对话框中设置"240"墙体的样式，结果如图 4-20 所示。

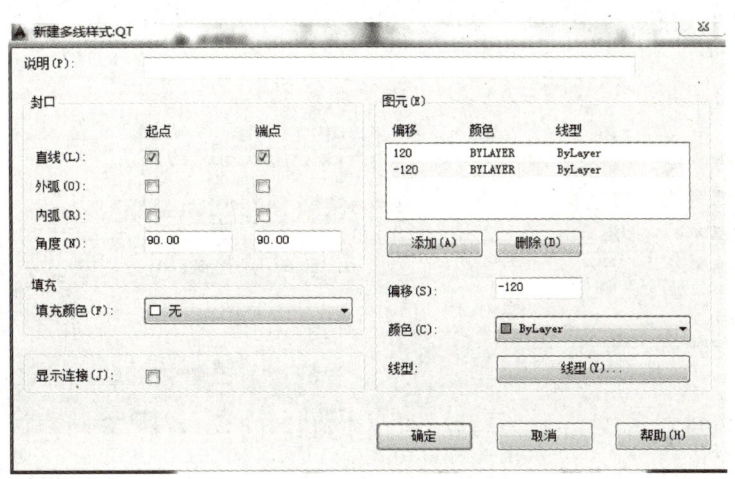

图 4-20

3）绘制及修改墙体。在墙体图层运用"多线"命令绘制墙体，绘制时采用正中对齐，并将多线比例设置为"1"，如图 4-21 所示。绘制墙体前可预先运用轴线偏移的方法确定门窗的位置，墙体绘制时便可直接预留出门窗洞口。

修改墙体：关闭轴线图层。双击用"多线"命令绘制的墙体，弹出"多线编辑工具"对话框。多

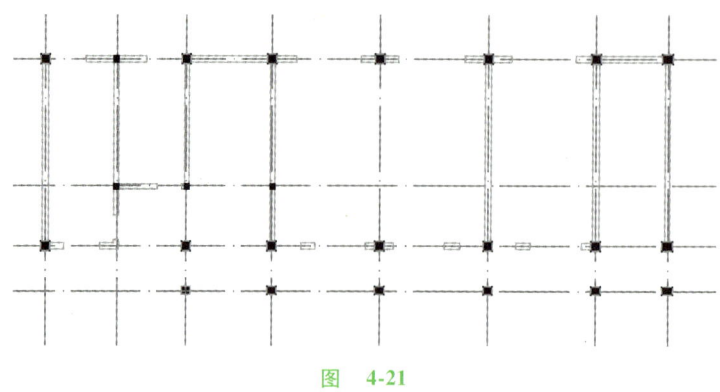

图 4-21

线编辑可对十字接头、T形接头、角点等进行修正。如图4-22所示为T形接头，采用"T形打开"对接头进行修正，如图4-23所示。

图 4-22　　　　　　　　　　　　　图 4-23

本建筑为框架结构，柱将墙交接部分遮住，故可不对墙体进行编辑修改，首层平面图墙体绘制效果图如图4-21所示。

注意：若未预先预留门窗洞口，需在墙体绘制完成后运用"修剪"命令修剪门窗洞口。

5. 绘制门窗

1）将"mc（门窗）"图层设为当前图层。

2）设置多线样式。在本施工图中窗户采用"三线式"，采用"多线"命令绘制。

单击菜单栏中的"格式"→"多线样式"，弹出"多线样式"对话框。在"新建多线样式：C"对话框中设置"C"窗户的样式，设置结果如图4-24所示。

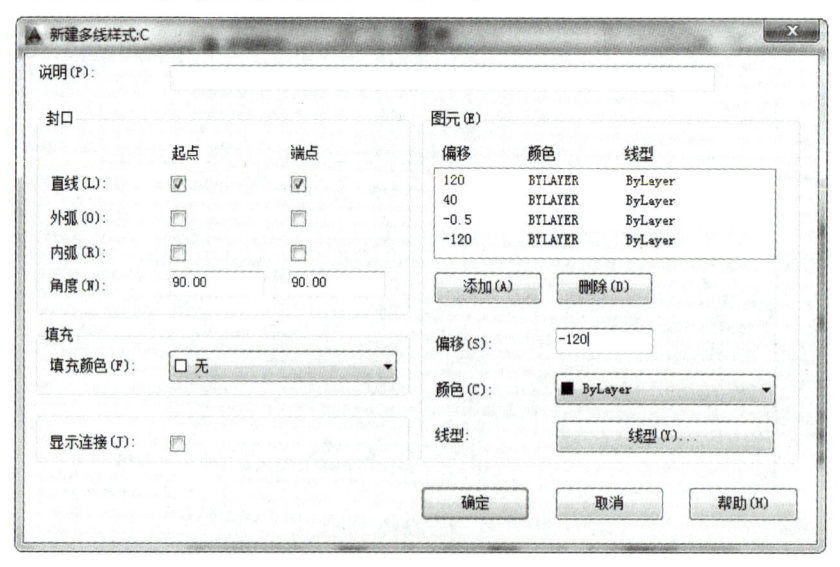

图 4-24

3）绘制窗户。在"mc（门窗）"图层运用"多线"命令绘制窗户，绘制时采用正中对齐，并将多线比例设为"1"，窗户的绘制结果如图4-25所示。

4）门的绘制。门及门的开启轨迹主要运用"直线"命令和"圆"命令进行绘制，再采用建图块

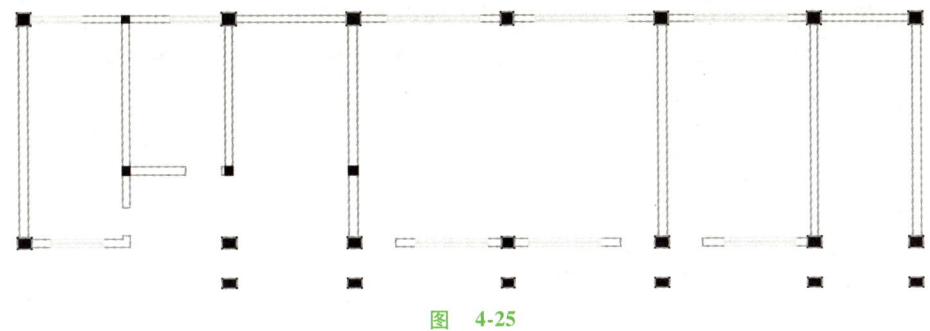

图 4-25

和插入图块的方法完成其他门及开启轨迹绘制。绘图步骤如图 4-26 所示。

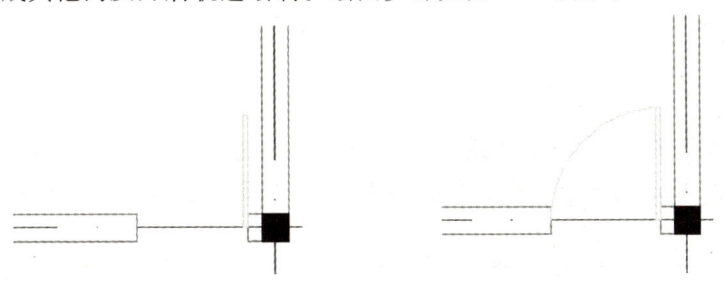

图 4-26

将已绘制好的门建成图块,插入全部门后的效果如图 4-27 所示。

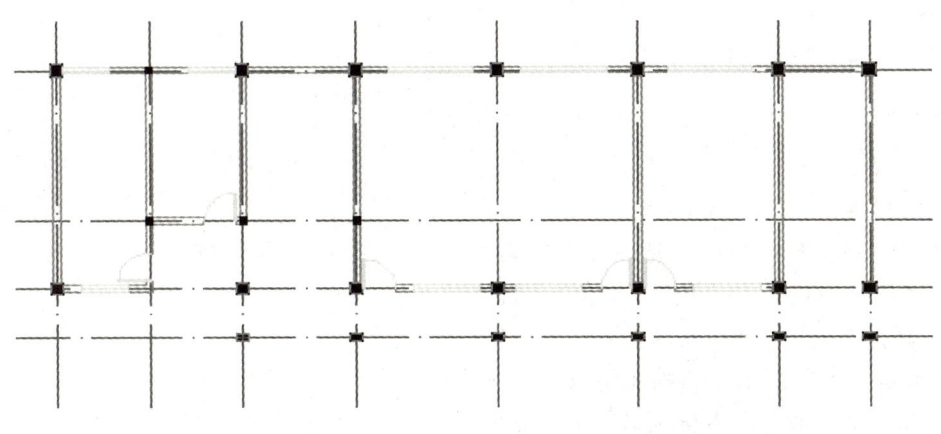

图 4-27

6. 绘制楼梯

根据楼梯平面形式的不同,常见的楼梯可分为直跑楼梯、双跑直楼梯、多跑直楼梯等。在本例中,楼梯为双跑平行楼梯,由平台、梯段、栏杆、扶手组成。在绘制楼梯时,只需在楼梯间墙体所限制的区域内按设计位置绘出楼梯踏步线、扶手、箭头及折断线等。本例中首层平面楼梯只能表现一小半。

1)将楼梯图层设置为当前图层。

2)从 A 点起楼梯间墙绘线交于 B 点,得到第一根踏步线,如图 4-28 所示。

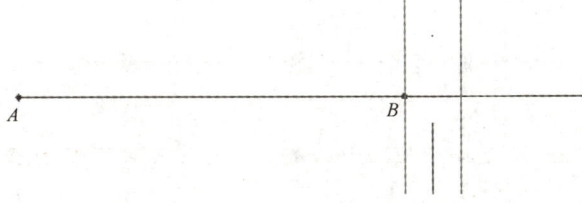

图 4-28

用"偏移"命令继续绘制踏步线，再绘制扶手，如图 4-29 及图 4-30 所示。

3）绘制折断符号及箭头。关闭正交状态；在左梯段中部偏下位置绘斜线，用"直线"命令绘折线，修剪多余线条，绘制结果如图 4-31 所示。

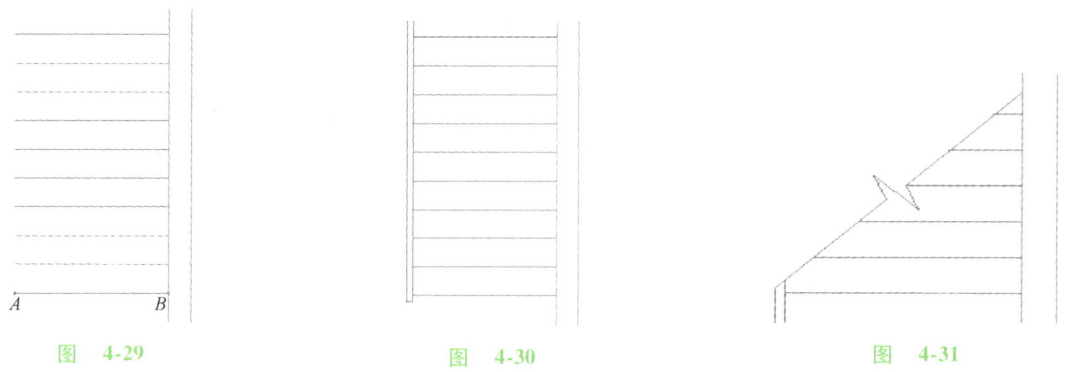

图 4-29　　　　　　　图 4-30　　　　　　　图 4-31

表示上下行方向的箭头可用多段线绘制：定义起点线宽为 0mm，定义端点线宽为 60mm，长度为 300mm；接着画线宽为 0mm 的适当长度的直线。命令执行过程及绘图结果如图 4-32 及图 4-33 所示。

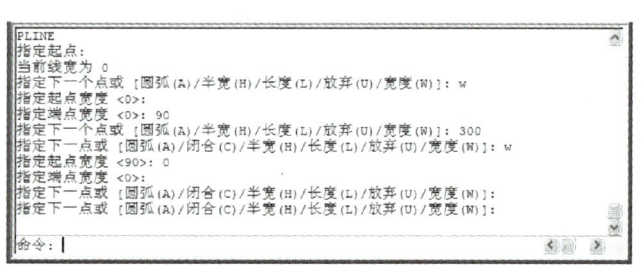

图 4-32　　　　　　　图 4-33

7. 绘制其他部分

1）绘制卫生间器具。蹲便器及小便器等器具，利用"矩形""圆""椭圆""直线""圆角""偏移"等命令完成绘制，绘制结果如图 4-34 所示。

2）绘制台阶。台阶由平台和踏步组成，本例中平台宽度为 1530mm，室内外高差为 300mm，故设两级踏步；因阳台挑出宽度超过 1500mm，故需加设 300mm×400mm 的柱子。

加设的柱子在绘制柱网时已完成，本部分绘制平台时只需依据轴线在对应层用直线绘制，再将直线偏移绘制踏步，如图 4-35 所示。

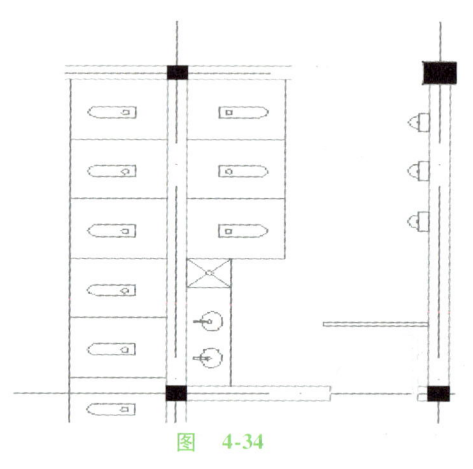

图 4-34

3）绘制散水。建筑规范要求散水宽度不得小于 600mm，本例中建筑散水宽度为 1000mm。绘制时先将轴线偏移 1120mm，再对应图层用直线绘制完成，如图 4-36 及图 4-37 所示。

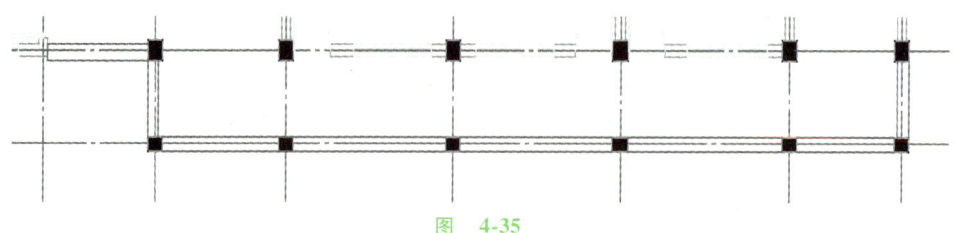

图 4-35

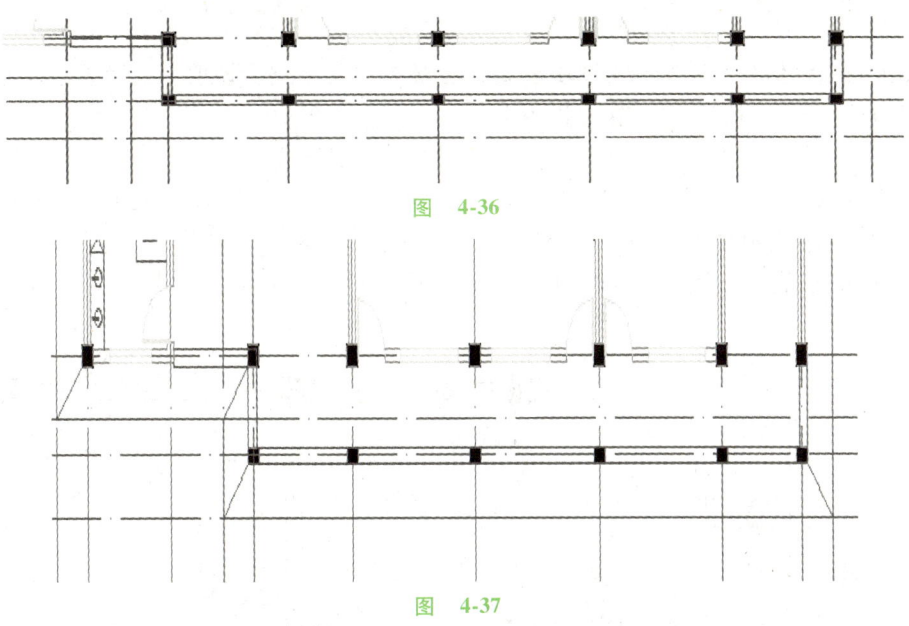

图 4-36

图 4-37

8. 尺寸标注

根据建筑制图标准的规定，平面图上的尺寸一般分为三道尺寸，即总尺寸、轴线定位尺寸和细部尺寸。轴号圆直径参照绘图标注取 8mm，数字及字母高度设置为 5mm。标注时可采用从细部到总体的顺序，也可采用从总体到细部的顺序。一般使用"线性""对齐"（主要用于斜向尺寸的标注）、"连续""基线"等命令进行尺寸标注。在本例中，以Ⓐ轴墙体标注为例，采用从细部到总体的顺序，主要选择"线性""连续""基线"命令，选取轴线Ⓐ和轴线①的交点为起点，选取窗户左侧的墙体节点为终点，进行尺寸标注；再通过"基线"命令标注出三道尺寸，如图 4-38 和图 4-39 所示。

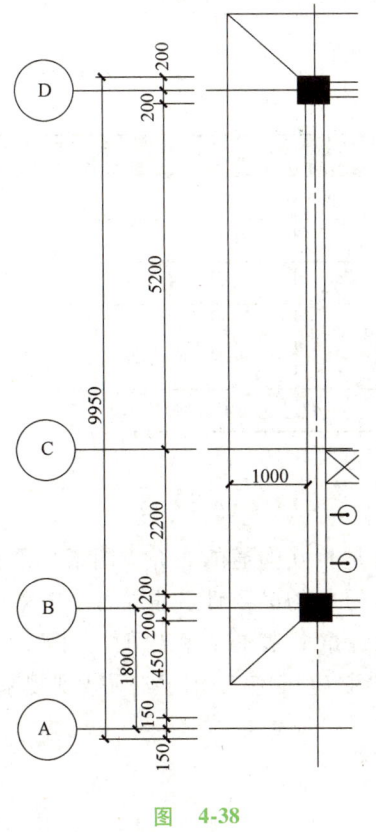

图 4-38

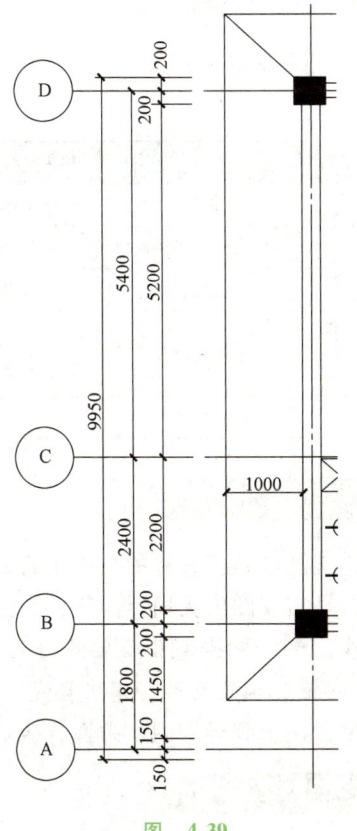

图 4-39

9. 文字标注

为传达施工图设计信息，建筑施工图中需要标注必要的文字进行说明。文字标注的内容包括图名及比例、房间功能划分、门窗符号、楼梯说明等。

操作如下：

新建"TXT（文字）"图层，并将其设为当前层；将"文字样式"对话框中所设置的名为"jz"的文字样式作为当前的文字样式；单击菜单栏中的"绘图"→"文字"→"单行文字"，在需要添加文字的地方选择一个合适的区域输入文字说明，如图4-40所示。

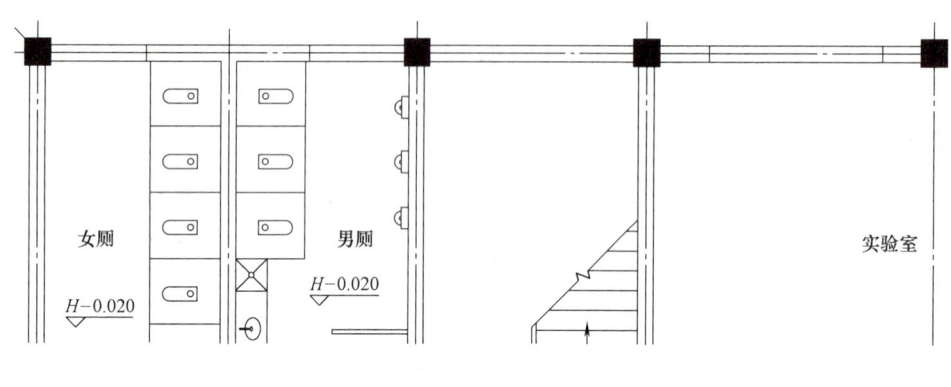

图 4-40

10. 整理施工图

设置图框及标题栏，将绘制好的建筑施工图放在图纸合适位置，在标题栏内填入要表达的项目及内容。

【评价反馈】

对"绘制某实验楼底层平面图"操作的评价见表4-2。

表 4-2 对"绘制某实验楼底层平面图"操作的评价

序号	检测项目	评价任务及权重	自评	小组互评	教师评价
1	样板图的建立	参数建立是否完整，缺少1项扣2分（10分）			
2	平面图是否绘制完整	不完整的每项扣5分（60分）			
3	完成时间	规定时间内没完成，每超过10分钟扣2分（10分）			
4	工作纪律和态度	团队协作能力差、不爱护仪器设备和环境，酌情扣10~20分（20分）			
	任务总评	优□ 良□ 中□ 合格□ 不合格□			

【拓展阅读】

建筑图纸是工程界的技术语言，语言是交流合作的基础，图形是相互沟通的媒介，图纸标准化的目的，是实现图纸无国界。因此，必须充分认识国家标准在制图学习中的必要性、重要性、时效性和适用性，树立标准意识，要遵守标准、运用标准；认识到"国家标准"就是工程中的"法"，以及"有法必依、执法必严、违法必究"的道理和重要性。在用CAD绘制建筑施工图时必须做到规范化、标准化，认识到标准的严肃性，执行标准的重要性。

【能力拓展】

绘制平面图4-41。

项目四 绘制建筑施工图

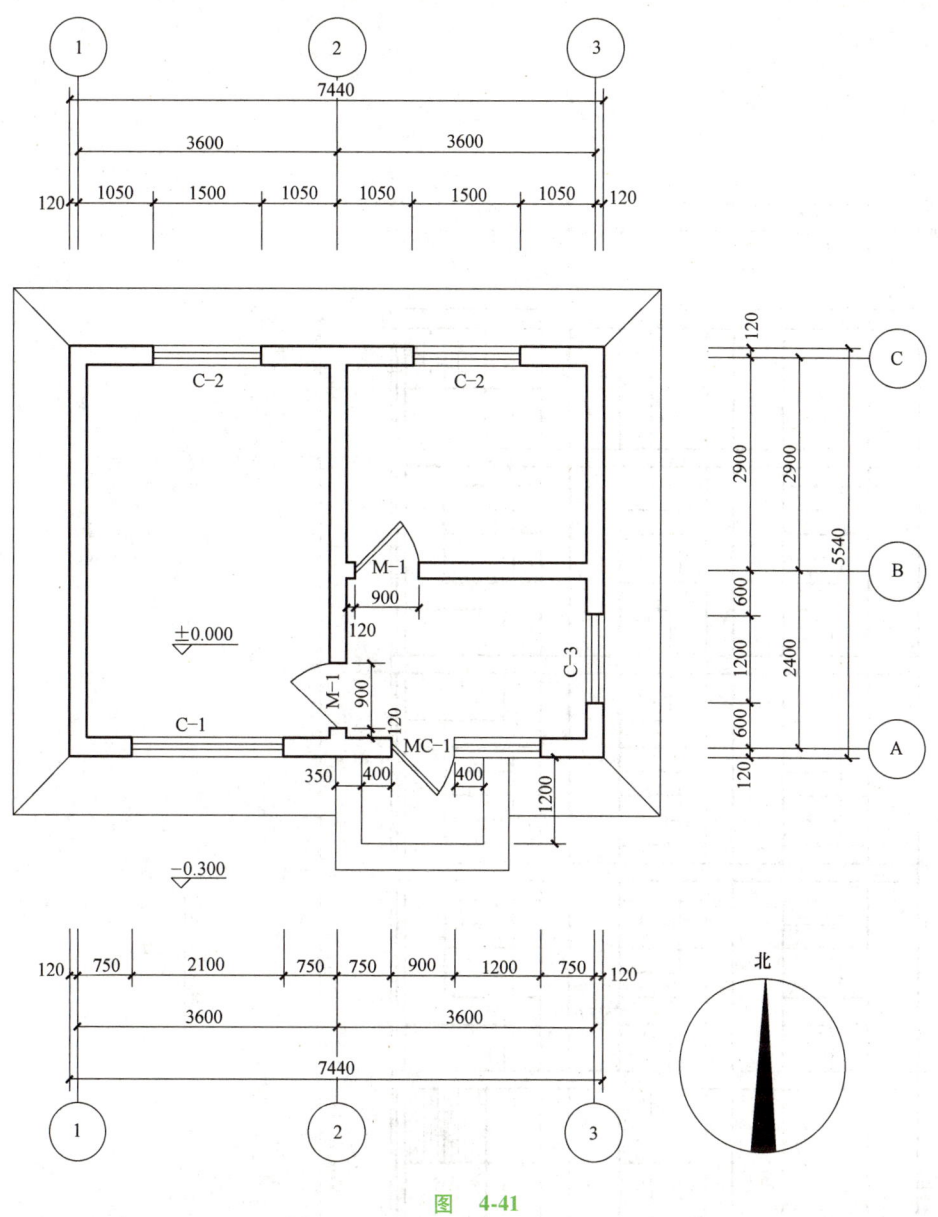

图 4-41

任务 3　绘制实验楼立面图

【任务描述】

本任务通过某实验楼立面图绘制实例（图 4-42），结合建筑制图规范要求，详细介绍建筑立面施工图的基本绘制方法和技巧。通过学习，掌握建筑立面外轮廓、门窗、阳台、雨篷等基本部分的绘制方法，以及如何进行标高标注、尺寸和文字标注。

应根据具体图形的不同特点来选择简便和快捷的绘图方式，注意熟悉快捷键的使用，多进行实践，才能熟能生巧。

【任务实施】

建筑立面图的绘制将所学命令与实际工程相结合，让学生在学中做、在做中学，轻松掌握 CAD 软件的使用。立面图绘制内容包括：表现建筑的外貌形状，反映阳台、雨篷、台阶等的形式和位置，建

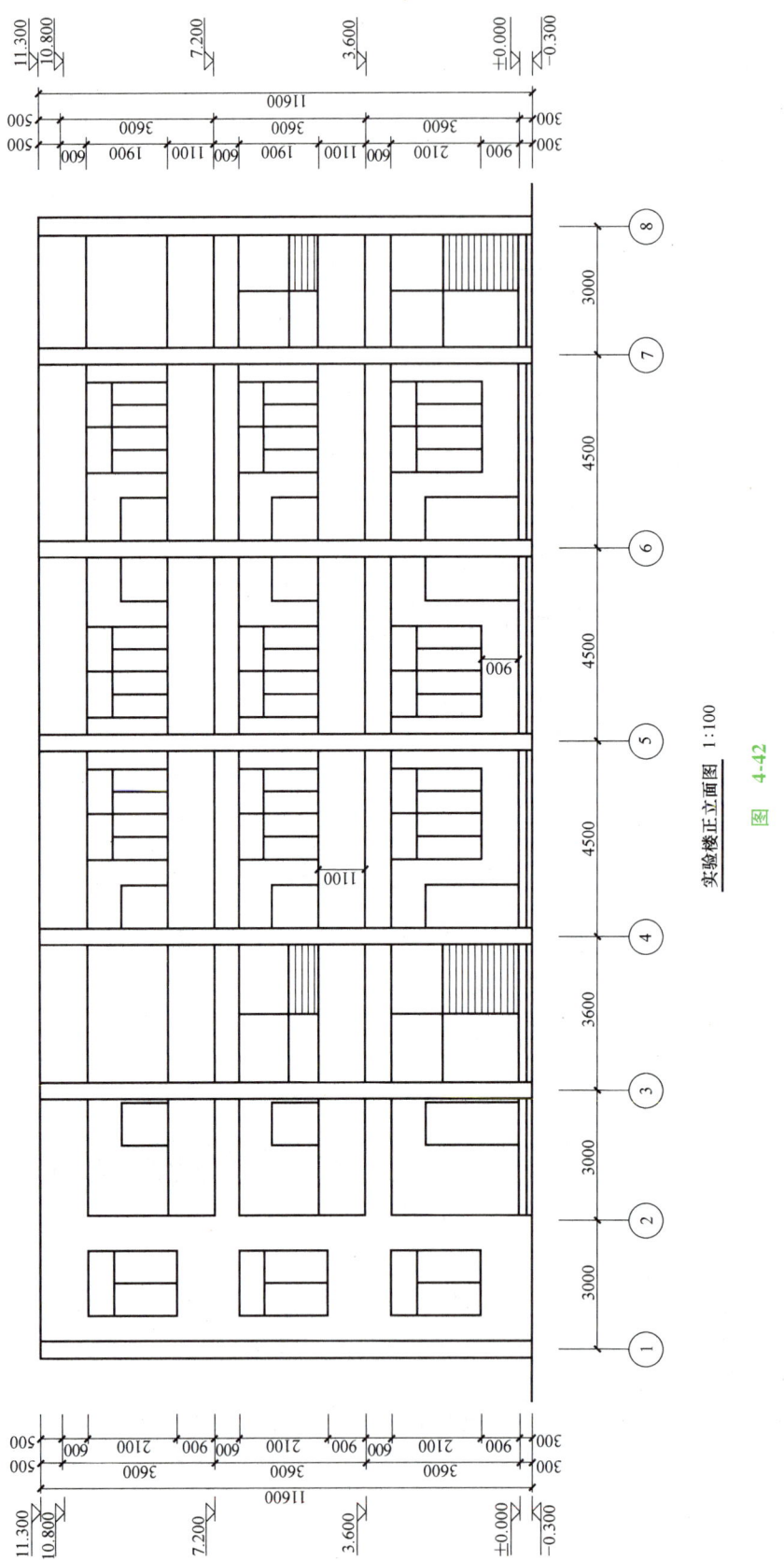

图 4-42 实验楼正立面图 1:100

筑的外部装饰做法等。

1. 设置绘图环境

1）使用样板创建新图形文件。单击菜单栏中的"文件"，打开之前已新建好的样板文件"A3.dwt"，单击"打开"，进入 AutoCAD 2020 绘图界面，如图 4-43 及图 4-44 所示。

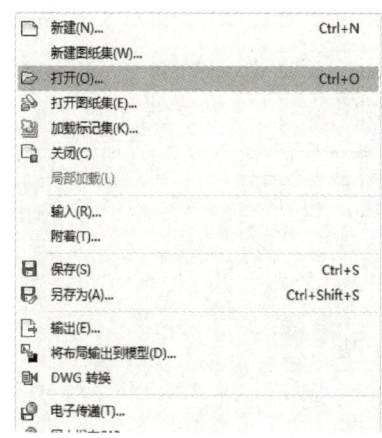

图　4-43

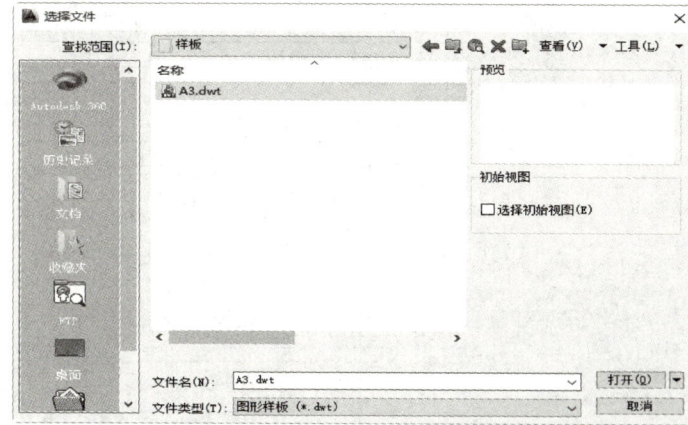

图　4-44

2）设置绘图区域。在菜单栏中单击"格式"→"图形界限"或者直接输入"LIMITS"快捷命令，根据提示进行操作，将图形界限设为"<42000,29700>"。

3）设置图框和标题栏。输入缩放快捷命令"SC"，将图框和标题栏放大 100 倍。

4）显示全部绘图区域。

5）修改标题栏中文本。

6）修改图层及线型比例。在命令行输入线型比例命令"LTS"并按<Enter>键，将全局比例因子设置为"100"。注意：在扩大了图形界限的情况下，为使点画线能正常显示，须将全局比例因子按比例进行修改。

7）设置文字样式和标注样式。

8）完成设置后另存为"某实验楼正立面图.dwg"。

注意：虽然绘图之前已对绘图界限、图层、标注及文字样式等进行了设置，但在具体绘图过程中，仍可能需进行修改，以避免在绘图时因设置不合理而影响绘图。

2. 绘制辅助线

1）将"辅助线"层设置为当前层。单击状态栏中的"正交模式"按钮，打开正交状态。

2）执行"直线"命令，在图幅内适当的位置绘制水平基准线和竖直基准线。

3）按照图 4-45 和图 4-46 所示的尺寸，利用"偏移"命令，绘制出全部辅助线。

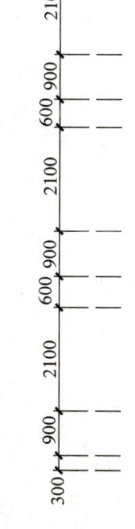

图　4-45

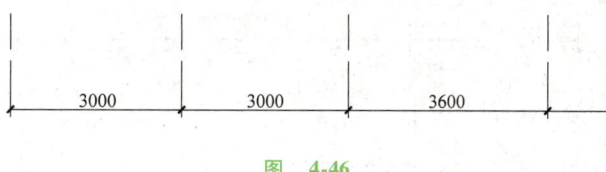

图　4-46

绘制完成的辅助线如图 4-47 所示。

3. 绘制地坪线

绘制地坪线：输入多段线命令"PL"，输入"w"并按<Enter>键，设置线宽为"50"，绘制地坪线。绘制完成的地坪线如图 4-48 所示。

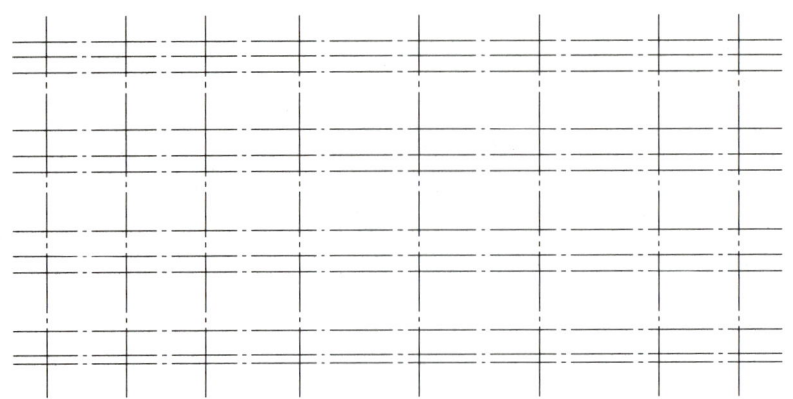

图 4-47

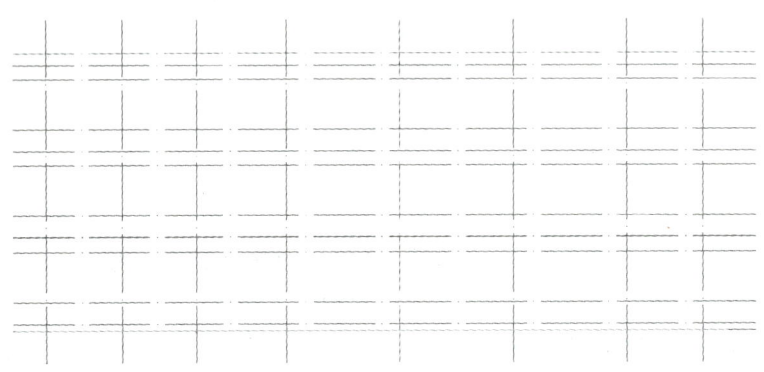

图 4-48

4. 绘制外廊线及柱子立面

1）打开设置好的粗实线图层，绘制外轮廓线，如图 4-49 所示。

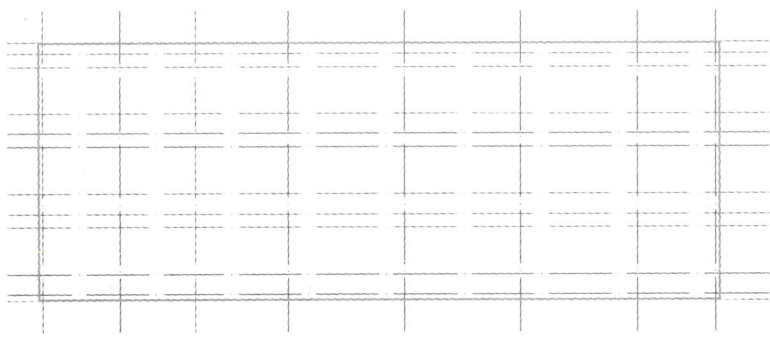

图 4-49

2）绘制柱子立面，如图 4-50 所示。

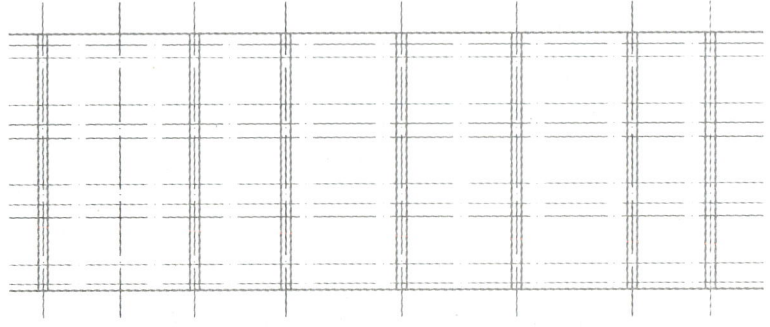

图 4-50

5. 绘制台阶

1) 台阶有 2 级踏步，每级高为 150mm。

2) 绘制时先作与地坪线重合的辅助线，再通过"偏移"命令（O）进行两次线段的偏移，如图 4-51 所示。

图 4-51

3) 锁定轴线图层，删掉与地坪线重合的辅助线，利用"修剪"命令（TR）对与柱交接部分的多余线段进行修剪，完成后如图 4-52 所示。

图 4-52

6. 绘制门

1) 打开"门窗"图层。

2) 先绘制一樘门，尺寸为 2200mm×1000mm，如图 4-53 所示。

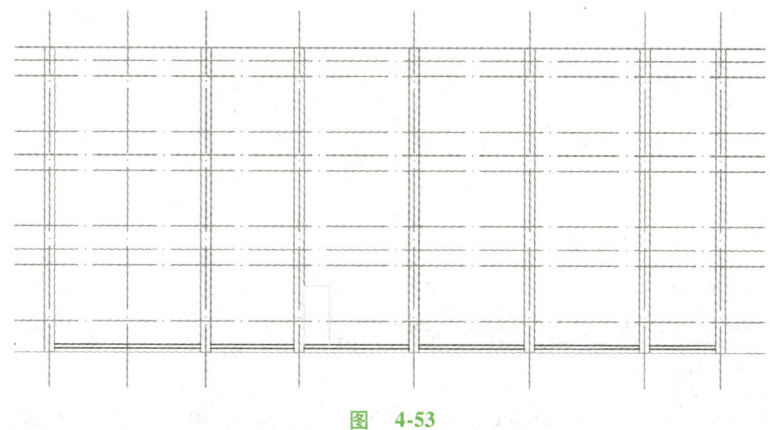

图 4-53

3) 利用"阵列"命令（AR）绘制左侧两列三行门，通过工具栏打开如图 4-54 所示子菜单，或者输入命令（图 4-55）绘制门，绘制结果如图 4-56 所示。

4) 复制一樘门到第三根柱子右侧，再利用"阵列"命令（AR）绘制右侧两列三行门，如图 4-57 和图 4-58 所示。

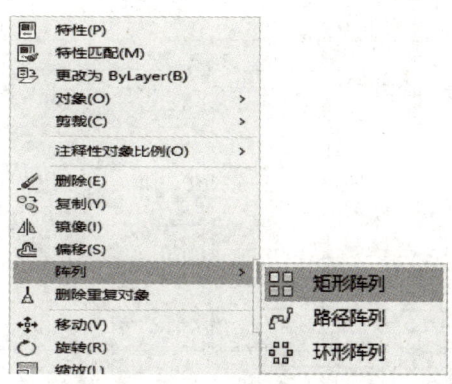

图 4-54

选择夹点以编辑阵列或[关联(AS)/基点(B)/计数(COU)/间距(S)/列数(COL)/行数(R)/层数(L)/退出(X)]<退出>: R

ARRAYRECT 输入行数数或[表达式(E)]<3>:

ARRAYRECT 指定行数之间的距离或[总计(T) 表达式(E)]<3300.0000>: 3600

选择夹点以编辑阵列或[关联(AS)/基点(B)/计数(COU)/间距(S)/列数(COL)/行数(R)/层数(L)/退出(X)]<退出>: COL

ARRAYRECT 输入列数数或[表达式(E)]<4>: 2

输入列数数或[表达式(E)]<4>: 2

ARRAYRECT 指定列数之间的距离或[总计(T) 表达式(E)]<1500.0000>: -5040

ARRAYRECT 删除定义对象？[是(Y) 否(N)]<是>: N

图 4-55

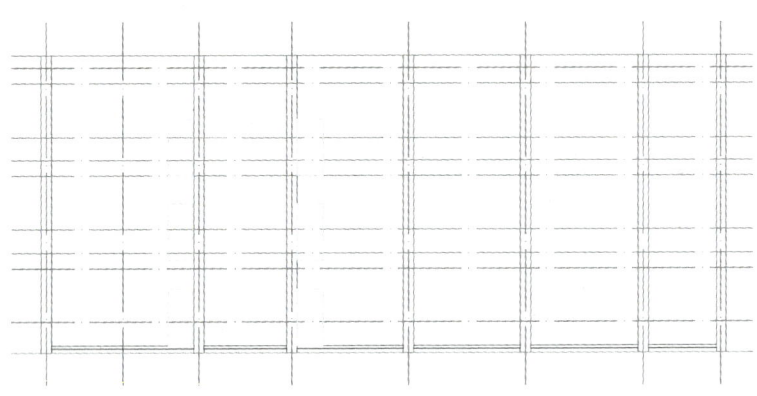

图 4-56

输入行数数或[表达式(E)]<3>:

ARRAYRECT 指定行数之间的距离或[总计(T) 表达式(E)]<3300.0000>: 3600

列数之间的距离或[总计(T)/表达式(E)]<1500.0000>: -1400

ARRAYRECT 选择夹点以编辑阵列或[关联(AS)/基点(B)/计数(COU)/间距(S)/列数(COL)/行数(R)/层数(L)/退出(X)]<退出>: R

择夹点以编辑阵列或[关联(AS)/基点(B)/计数(COU)/间距(S)/列数(COL)/行数(R)/层数(L)/退出(X)]<退出>: COL

ARRAYRECT 输入列数数或[表达式(E)]<4>: 2

删除定义对象？[是(Y)/否(N)]<否>: N

图 4-57

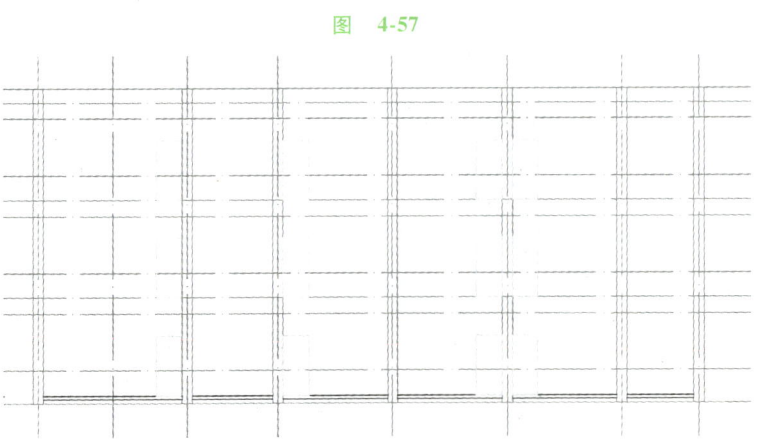

图 4-58

7. 绘制窗

1）绘制如图 4-59 所示窗户。

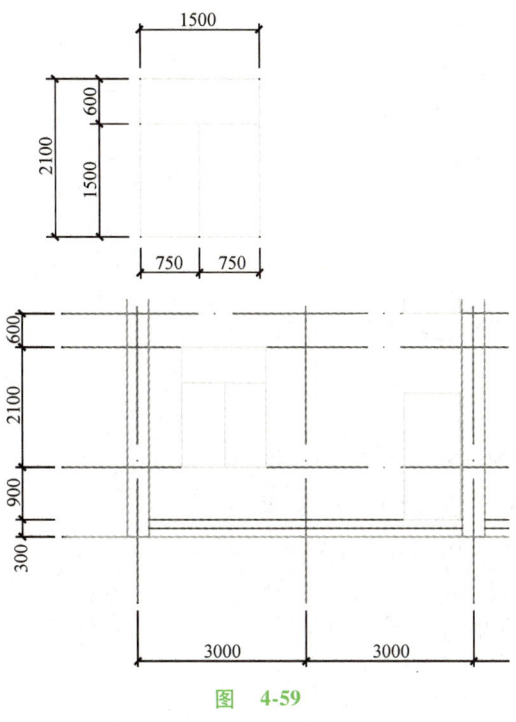

图 4-59

2）利用"阵列"命令绘制一列三行共 3 个窗户，行偏移距离设置为 3600mm。绘制完成如图 4-60 所示。

3）绘制窗户，如图 4-61 所示。

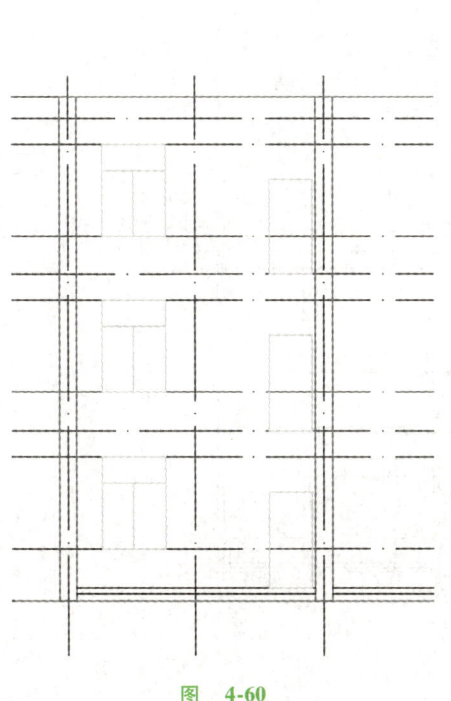

图 4-60

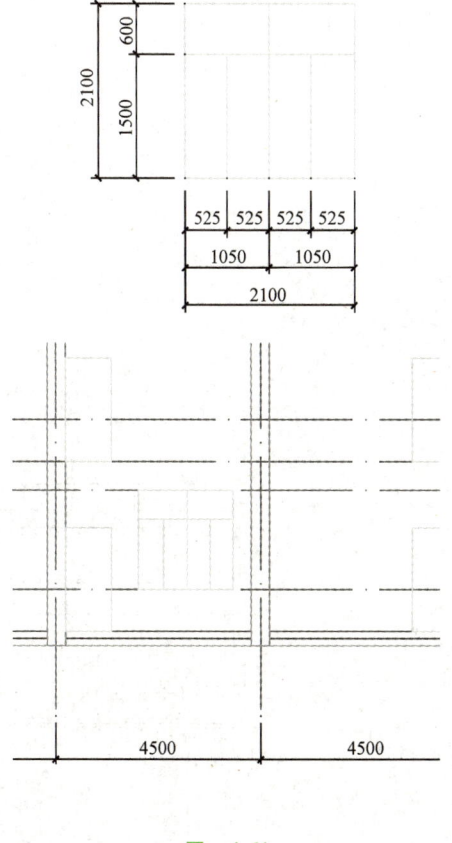

图 4-61

4）执行"阵列"命令,设置行偏移距离为3600mm,列偏移距离为3300mm,绘制两列三行共6个窗户。绘制完成如图4-62所示。

5）最右侧一列窗户用"复制"命令(CO)。复制一列三行窗户,粘贴在距离⑦号轴线600mm的位置,绘制结果如图4-63所示。

8. 绘制阳台等其他部分轮廓线

1）执行"直线"命令(L)绘制轮廓线,绘制结果如图4-64所示。

2）利用"修剪"命令(TR)修剪多余线段,结果如图4-65所示。

9. 绘制楼梯

1）本建筑中楼梯类型均为双跑平行楼梯,每个梯段踏步数均为12,踏步高为150mm,左侧楼梯梯段宽为1600mm,右侧楼梯梯段宽为1300mm。

2）绘制踏步时采用阵列的方法(步骤与绘制门窗相同),绘制结果如图4-66所示。

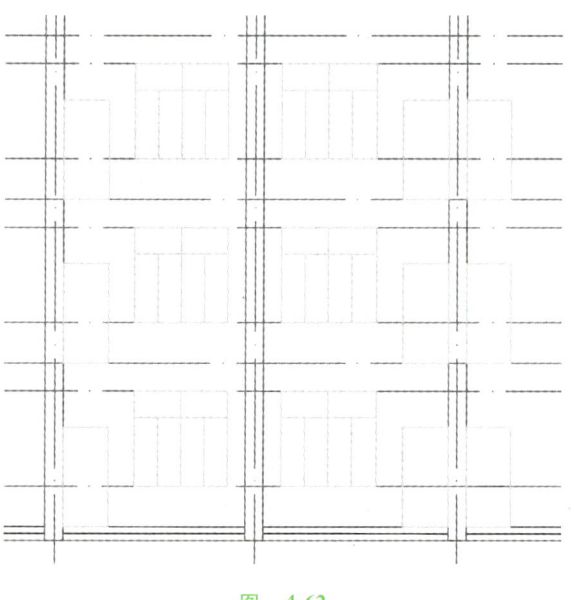

图 4-62

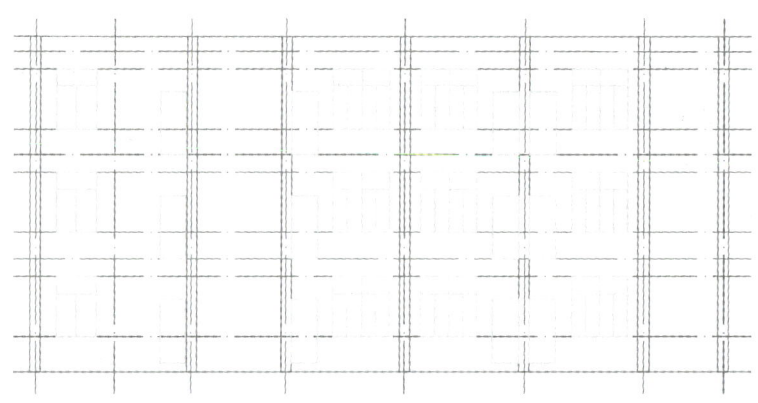

图 4-63

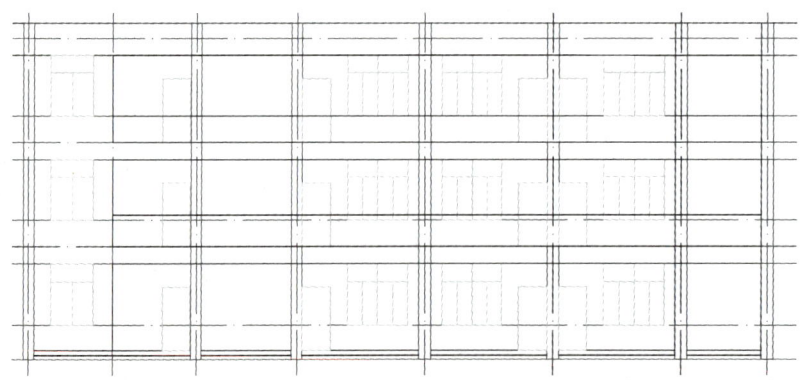

图 4-64

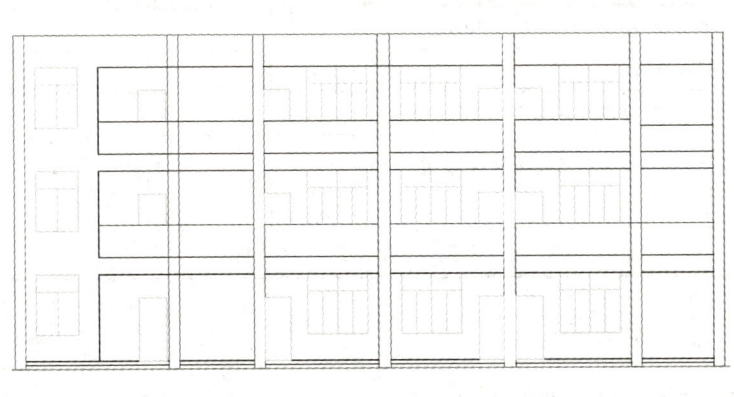

图 4-65　　　　　　　　　　　　　　图 4-66

10. 尺寸标注

立面图细部尺寸、层高尺寸、总高度尺寸和轴号的标注方法与平面图完全相同。细部尺寸在绘制辅助线之后已完成，只需完成其余标注即可。

打开"（标注）bz"图层，标注方法同平面图，完成后如图 4-67 所示。

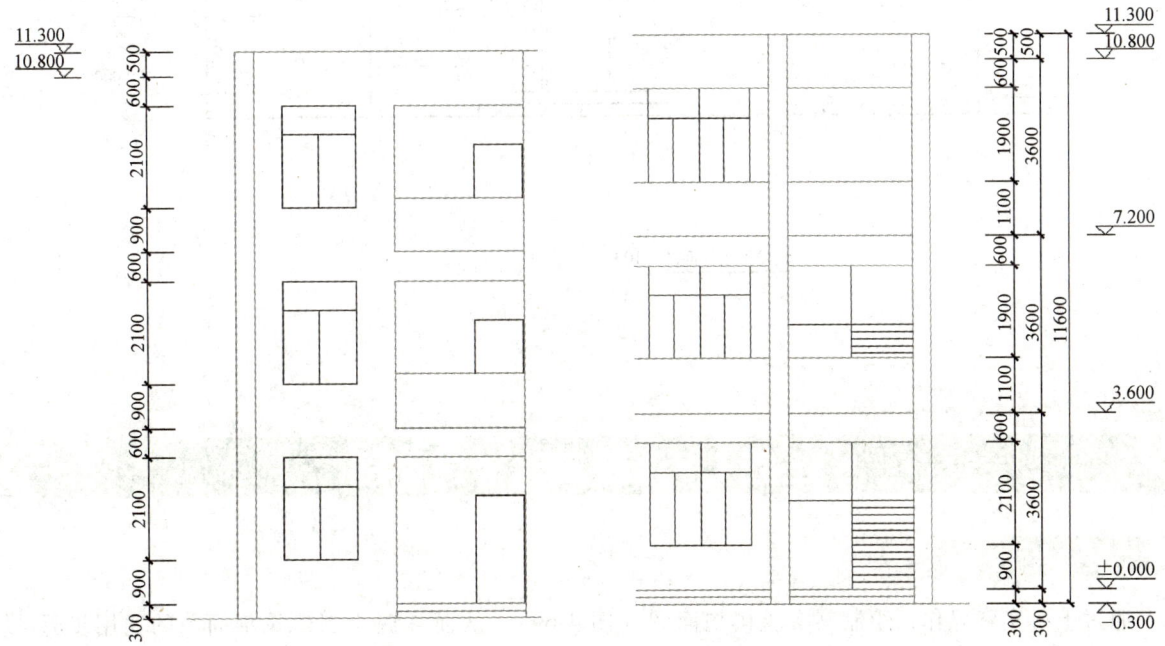

图 4-67

11. 整理立面图

将绘制好的立面图（图 4-42）放入图框内。

12. 保存

单击 或者 <Ctrl+S> 保存已完成的立面图。

【评价反馈】

对"绘制某实验楼立面图"操作的评价见表 4-3。

表 4-3　对"绘制某实验楼立面图"操作的评价

序号	检测项目	评价任务及权重	自评	小组互评	教师评价
1	样板图的建立	参数建立是否完整,缺少 1 项扣 2 分(10 分)			
2	立面图是否绘制完整	不完整的每项扣 5 分(60 分)			
3	完成时间	规定时间内没完成,每超过 10 分钟扣 2 分(10 分)			
4	工作纪律和态度	团队协作能力差、不爱护仪器设备和环境,酌情扣 10~20 分(20 分)			
	任务总评	优□　　良□　　中□　　合格□　　不合格□			

【能力拓展】

绘制如图 4-68 所示立面图,绘制过程中部分尺寸参照图 4-41。

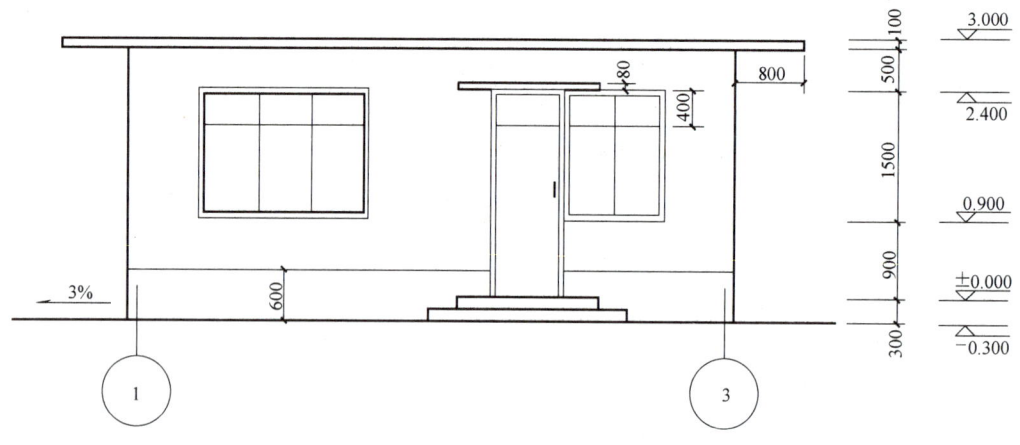

收发室正立面图 1:100

图　4-68

任务 4　绘制实验楼剖面图

【任务描述】

通过上机实践操作,绘制某实验楼剖面图(图 4-69),从而掌握绘制建筑剖面图的通用步骤、方法和技巧。

【任务实施】

建筑剖面图是依据建筑平面图上标明的剖切位置和投射方向,假定用垂直方向的切平面将建筑切开后得到的正投影图。

建筑剖面图主要表示房屋的内部结构、分层情况、各层高度、楼面和地面的构造以及各配件在垂直方向上的相互关系等内容。

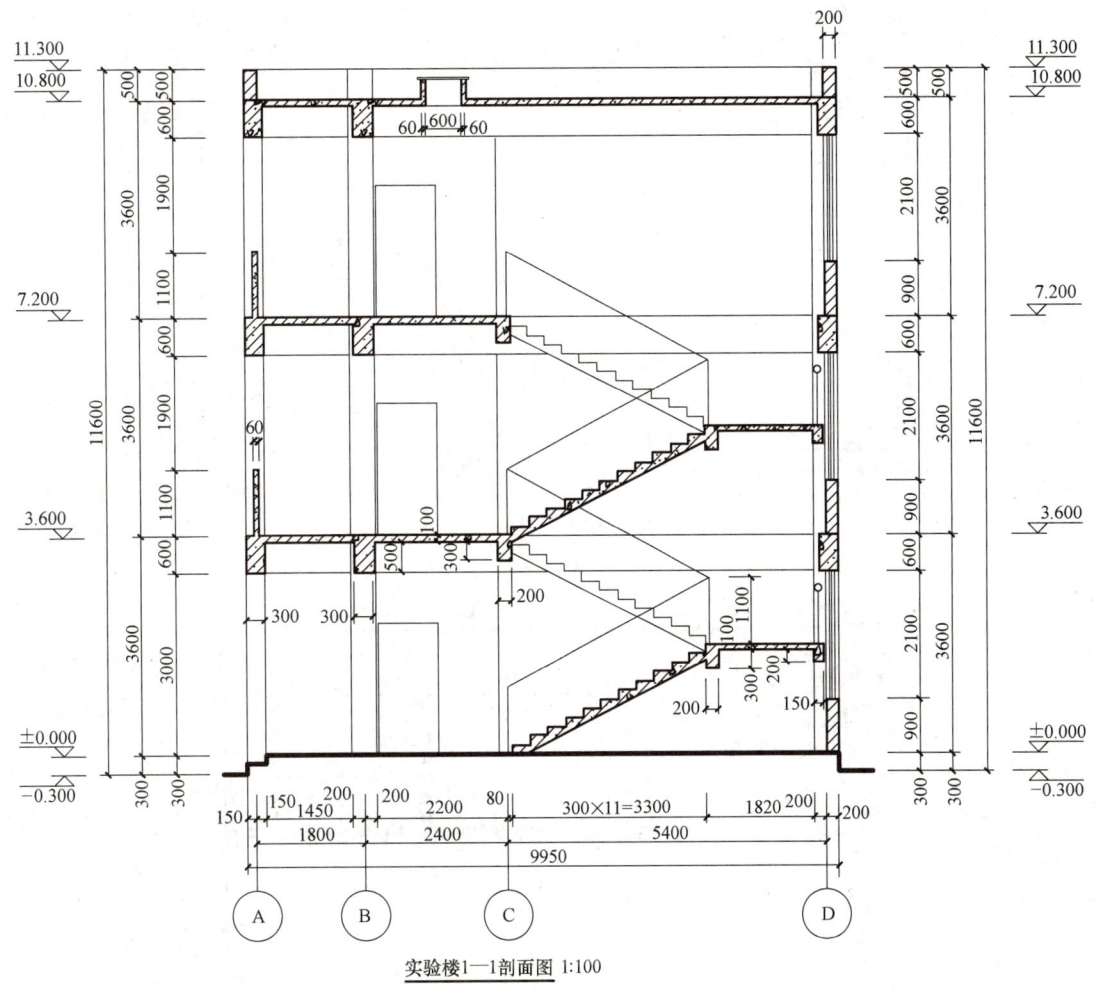

图 4-69

房间层高和净高的确定依据是：室内家具设备、人体活动、采光通风、结构类型、照明、技术条件及室内空间比例等。

1. 建筑剖面图的绘制内容

1）剖切到的室内外地坪线用加粗实线绘制。

2）剖切到的各部位的位置、形状，如楼板层、屋顶层、内外墙、楼梯梯段等，用粗实线绘制。

3）剖切到的次要的、不受力的建筑构造和未剖切到的可见部分的位置、形状，如剖切到的门窗和未剖切到的楼梯梯段、楼梯栏杆、楼梯扶手、踢脚板、门窗等，用中实线绘制。

4）室内和室外尺寸的标注、标高、定位轴线、详图索引符号、图例等，用细实线绘制。

2. 绘图环境的设置

（1）新建图层

1）在命令行中输入"LA"后按<Enter>键，弹出"图层特性管理器"窗口，如图 4-70 所示。

2）新建 5 个空白图层，如图 4-71 所示。

3）根据要求建立图层，如图 4-72 所示。

①"辅助线"图层：颜色为"红"，线型为"CENTER"，线宽为"默认"，不打印，用于作绘图辅助线。

②"加粗线"图层：颜色为"洋红"，线型为"连续"，线宽为"1.00mm"，用于绘制室内外地坪线。

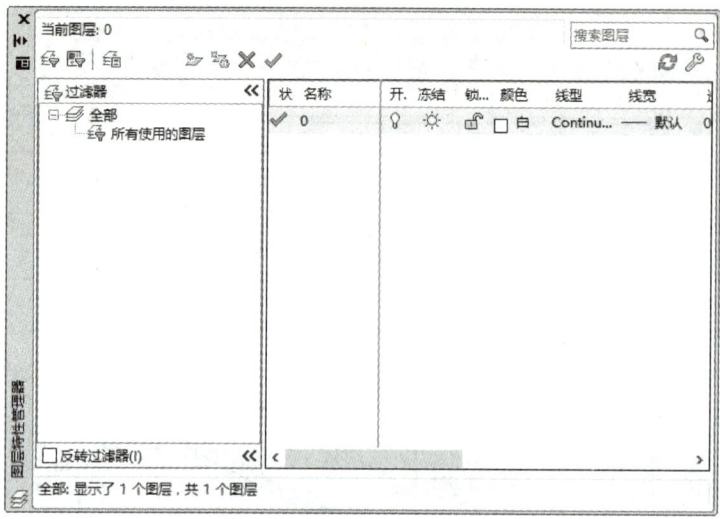

图 4-70

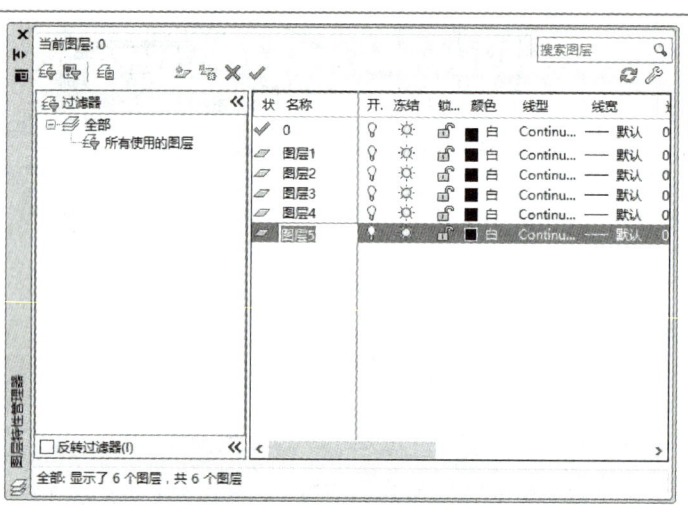

图 4-71

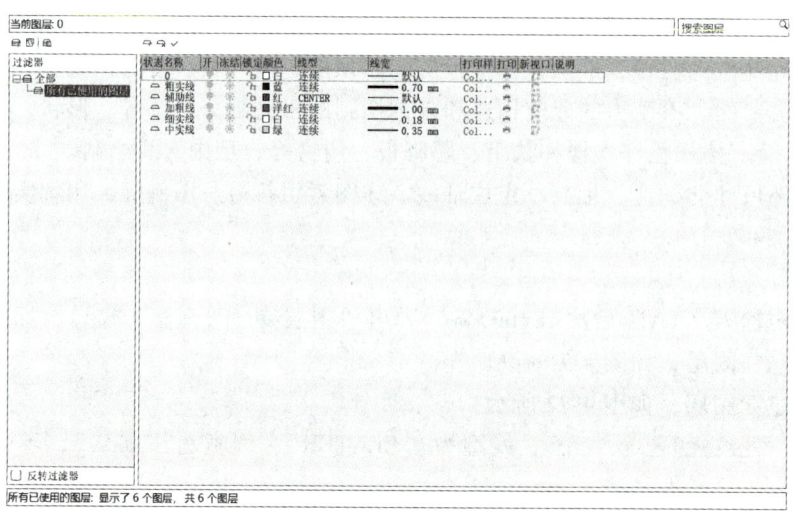

图 4-72

③ "粗实线"图层：颜色为"蓝"，线型为"连续"，线宽为"0.70mm"，用于绘制被剖切到的建筑构造（如墙、梁、柱、板、楼梯等）。

④ "中实线"图层：颜色为"绿"，线型为"连续"，线宽为"0.35mm"，用于绘制被剖切到的次要建筑构造（如门扇、窗扇等）和未剖切到但可见的轮廓线。

⑤ "细实线"图层：颜色为"白"，线型为"连续"，线宽为"0.18mm"，用于标注尺寸、标高、定位轴线、详图索引符号和填充图例等。

（2）设置文字样式

1）命令行输入"ST"后按<Enter>键，弹出"文字样式"对话框，如图4-73所示。

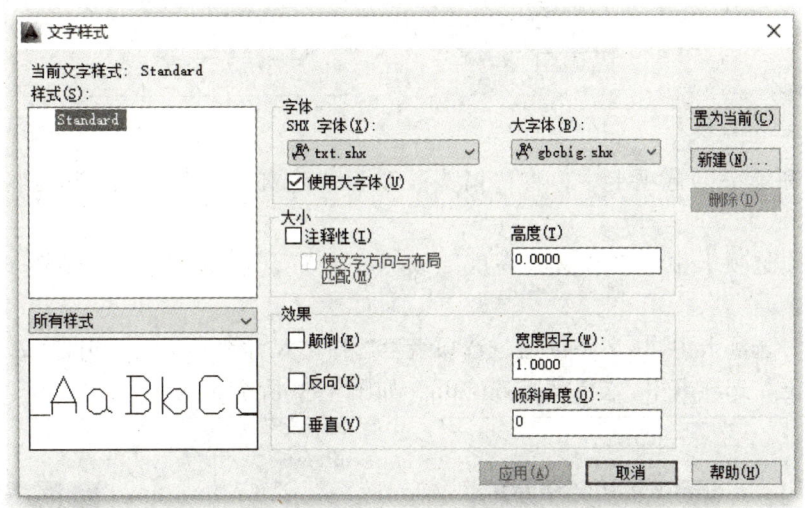

图 4-73

2）新建"汉字"样式，如图3-4所示。

3）设置"字体名"为"仿宋"，"宽度因子"为"0.7000"，如图4-74所示。

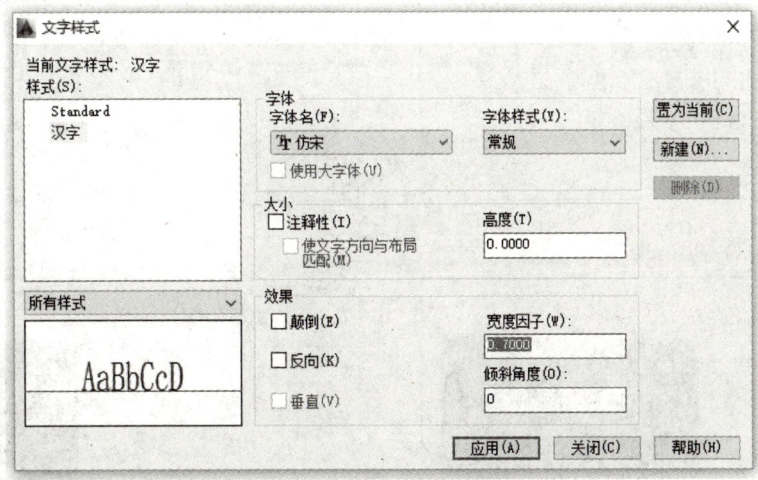

图 4-74

（3）设置标注样式

1）命令行输入"D"后按<Enter>键，弹出"标注样式管理器"对话框，如图4-75所示。

2）新建"建筑"样式，如图3-16所示。

3）单击"继续"按钮后，弹出"修改标注样式：ISO-25"对话框。在"标注线"选项卡中修改参数，如图4-76所示。

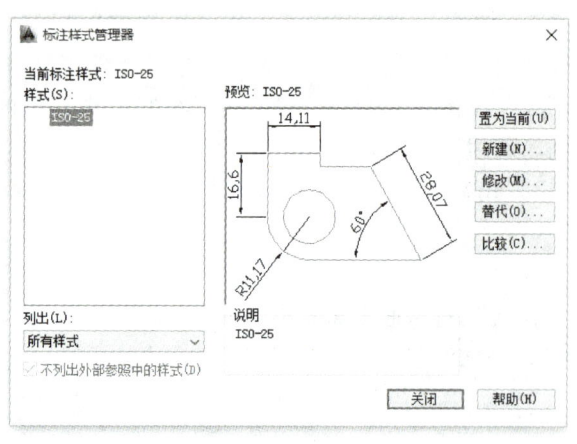
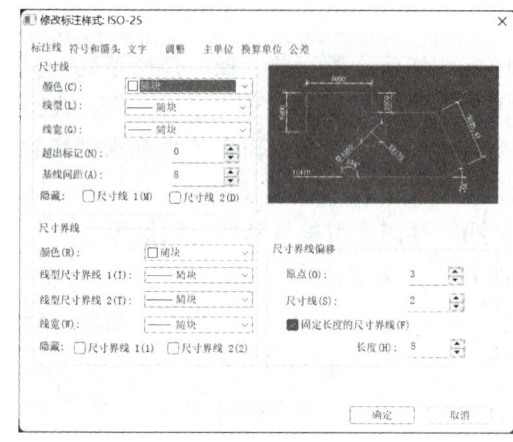

图　4-75　　　　　　　　　　　　　　　　　图　4-76

4）在"符号和箭头"选项卡中，将"箭头"改为"建筑标记"，"箭头大小"改为"2"，如图 4-77 所示。

5）在"文字"选项卡中，将"文字高度"改为"2.5"，"文字垂直偏移"改为"0.02"，如图 4-78 所示。

6）在"调整"选项卡中，"文字位置"选项组里选择"尺寸线旁边"，如图 4-79 所示。

7）在"主单位"选项卡中，"精度"选"0"，如图 4-80 所示。

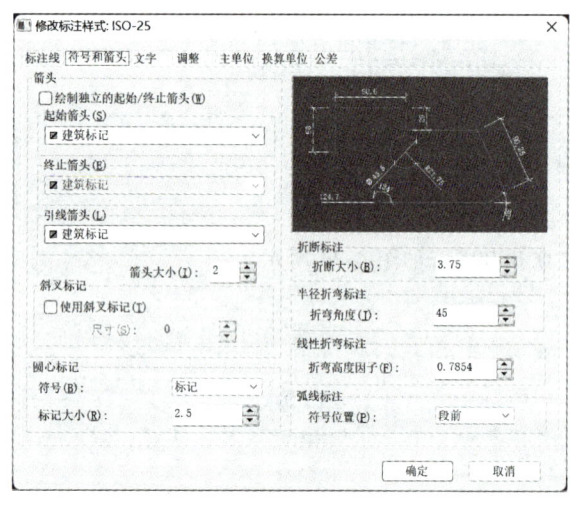
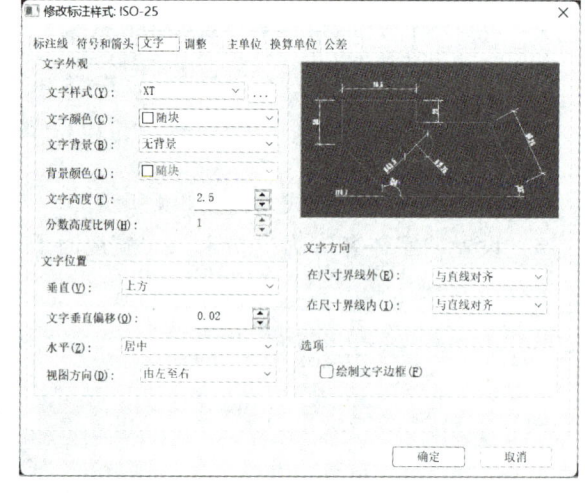

图　4-77　　　　　　　　　　　　　　　　　图　4-78

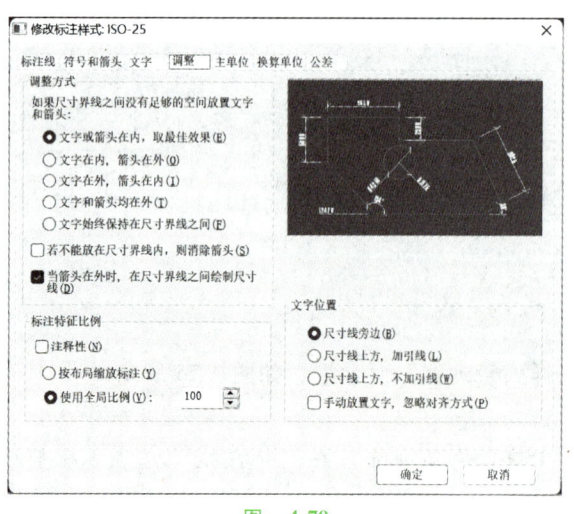
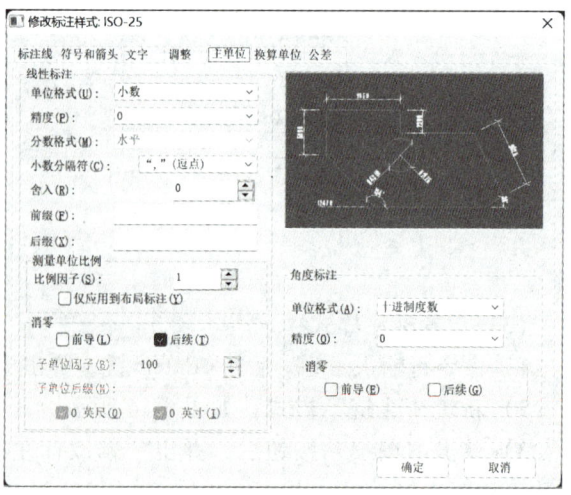

图　4-79　　　　　　　　　　　　　　　　　图　4-80

8）将"建筑"样式置为当前，如图 4-81 所示。

3. 绘制剖面图的步骤

（1）绘制剖面图辅助线

1）从已绘制好的平面图和立面图中复制剖面图需要的尺寸标注并放到新位置，如图 4-82 所示。

2）在"辅助线"图层上，根据标注尺寸，用"直线"命令（L）绘制横向和竖向辅助线，用"偏移"命令（O）根据轴线尺寸和层高尺寸绘制其余辅助线，如图 4-83 所示。

（2）绘制室内外地坪线及台阶　切换到"加粗线"图层，用"直线"命令绘制室内外地坪线及台阶，如图 4-84 所示。

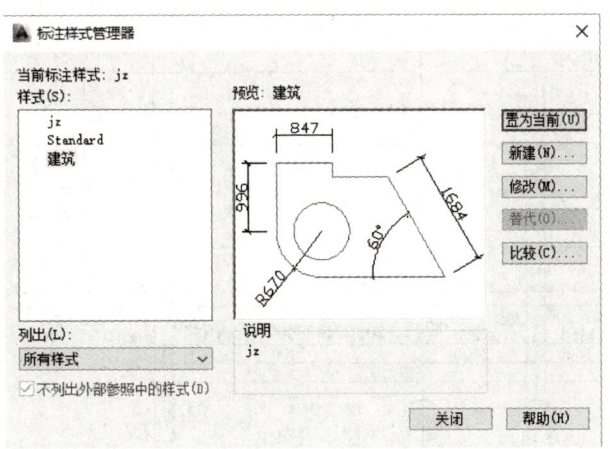

图 4-81

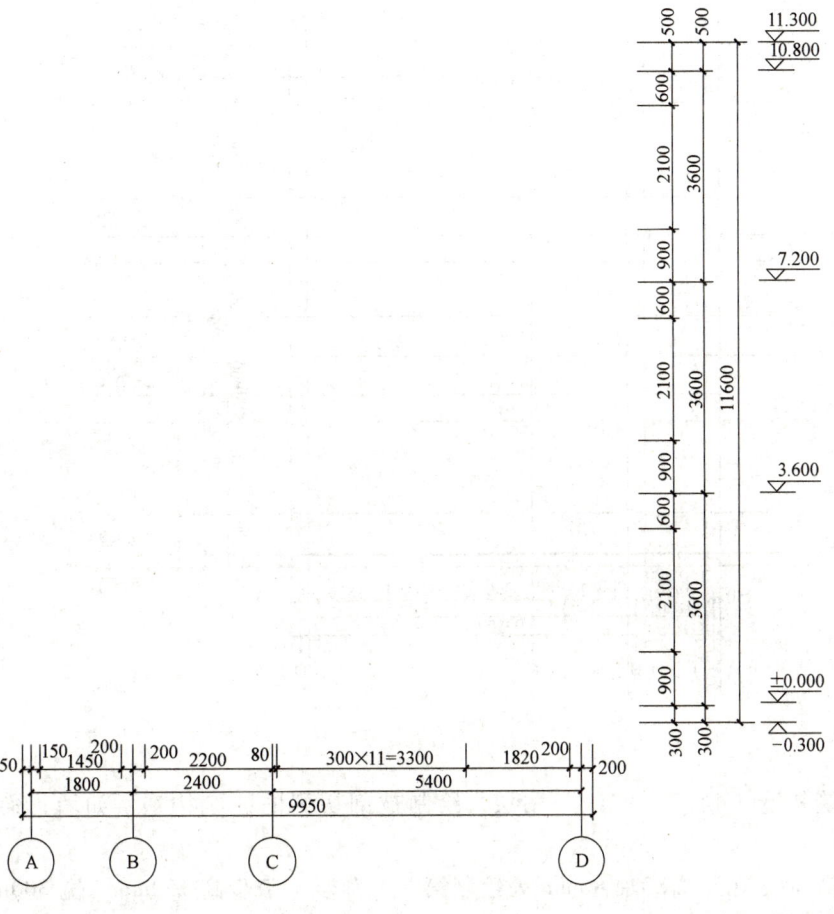

图 4-82

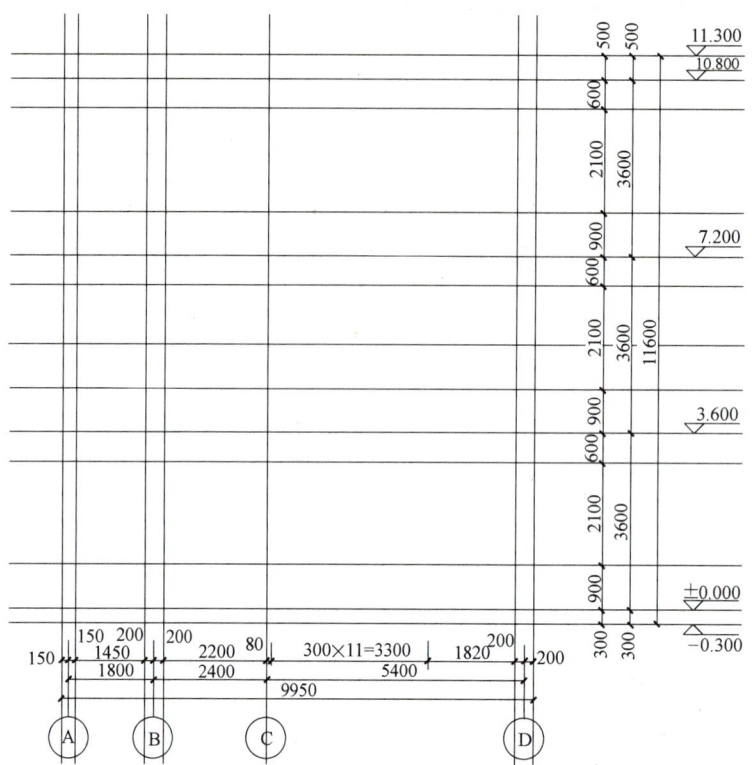

图 4-83

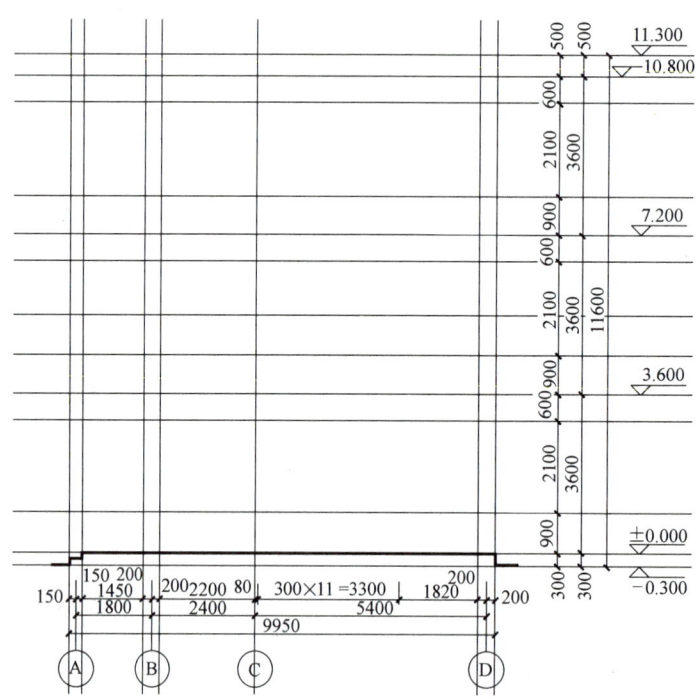

图 4-84

（3）绘制建筑构造　换"粗实线"图层，绘制被剖切到的建筑构造，如墙、梁、柱、板、楼梯等。

1）用"直线"命令在距离Ⓒ轴80mm处绘制第一个踏步，踏步高150mm、宽300mm，如图4-85所示。

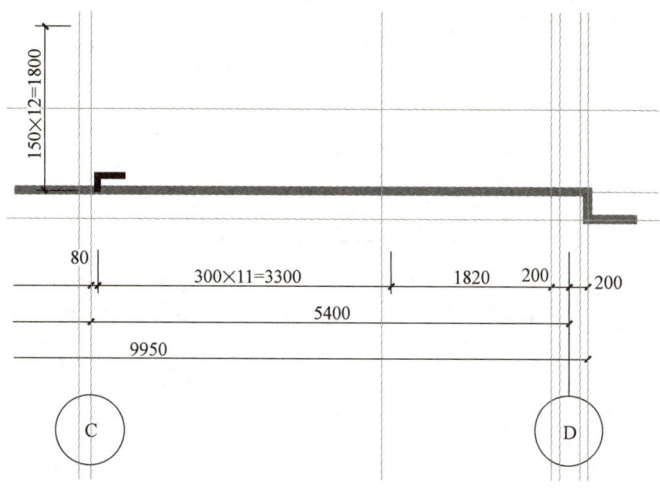

图 4-85

2）用"复制"命令绘制其余踏步，如图 4-86 所示。

3）用"直线"命令绘制休息平台，如图 4-87 所示。

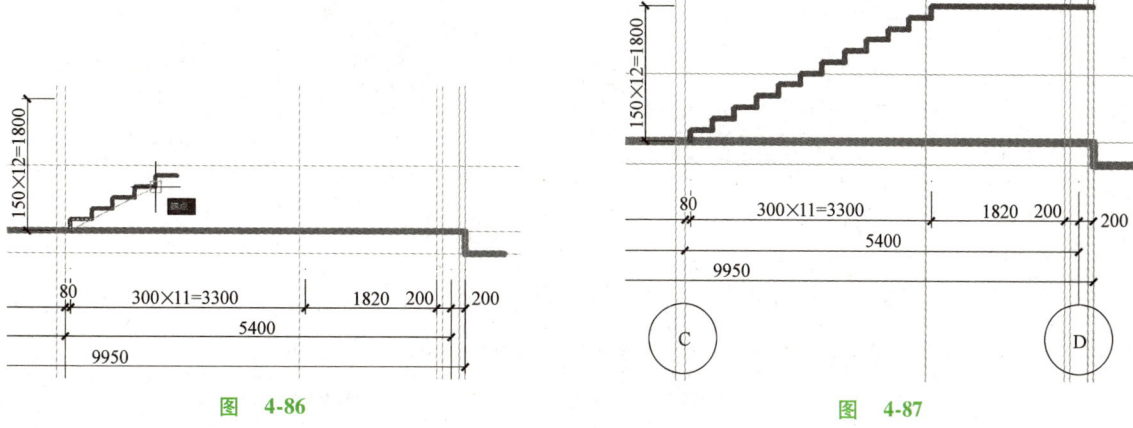

图 4-86　　　　　　　　　图 4-87

4）用"直线"命令连接本梯段的第一个踏步至最后一个踏步，如图 4-88 所示。

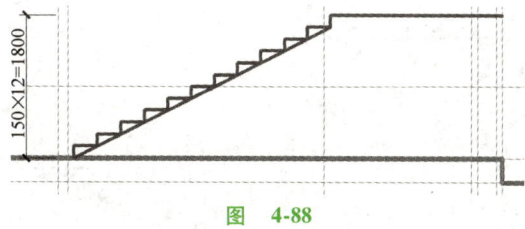

图 4-88

5）用"偏移"命令，输入偏移距离 150mm，偏移出梯段底板线，如图 4-89 所示。

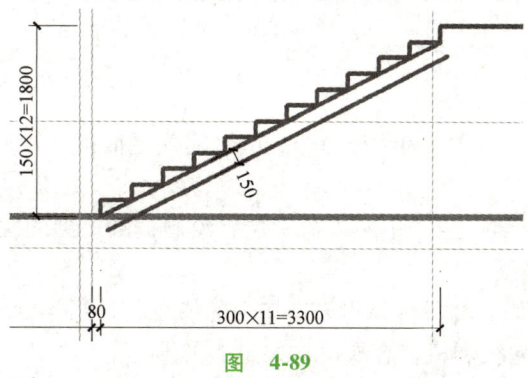

图 4-89

6）用"直线"命令绘制休息平台板和梯梁，如图4-90所示。

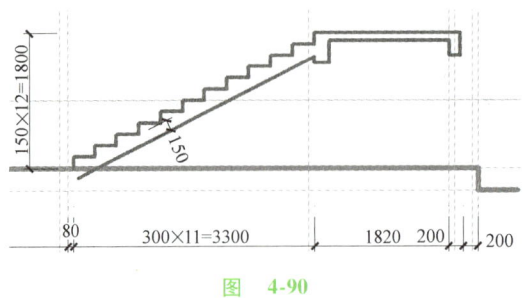

图 4-90

7）复制一层梯段至二层，如图4-91所示。

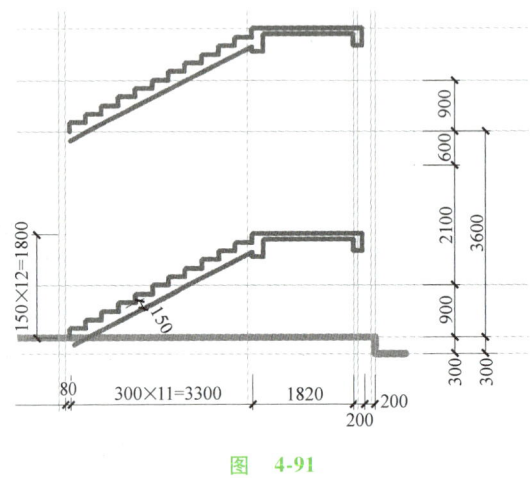

图 4-91

8）用"直线"命令绘制其余楼板、梁、墙，如图4-92所示。

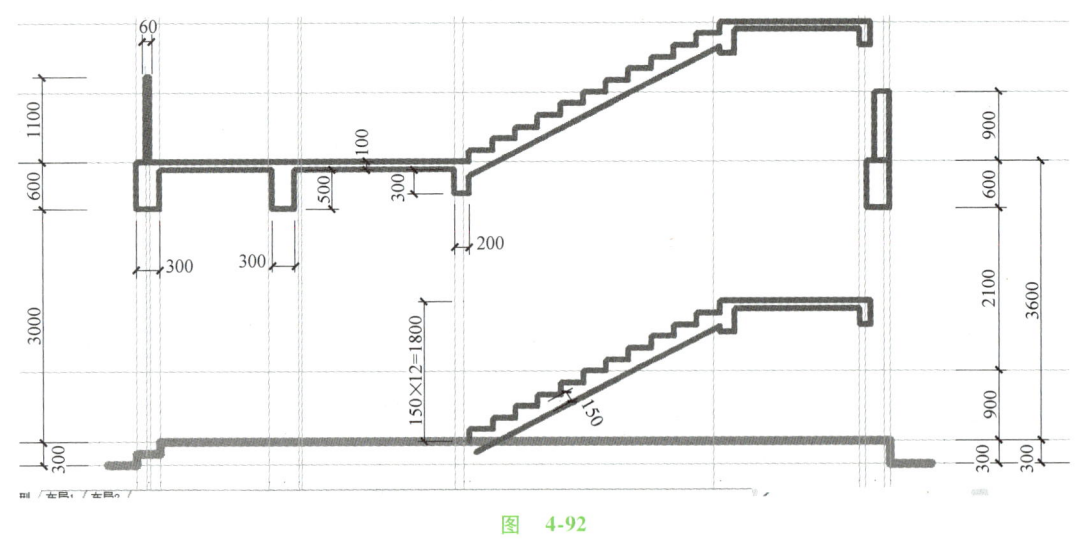

图 4-92

9）灵活运用前面学过的各种绘图和编辑命令，绘制完成屋面板、检修孔，以及其余被剖切到的结构受力构件，如图4-93所示。

（4）绘制次要建筑构造 切换至"中实线"图层，绘制被剖切到的次要建筑构造（如门扇、窗扇等）和未剖切到但可见的轮廓线。

1）用"镜像"命令，从既有梯段镜像出未剖切到的梯段，如图4-94所示。

2）绘制未剖切到的梯段底板和栏杆、扶手，如图4-95所示。

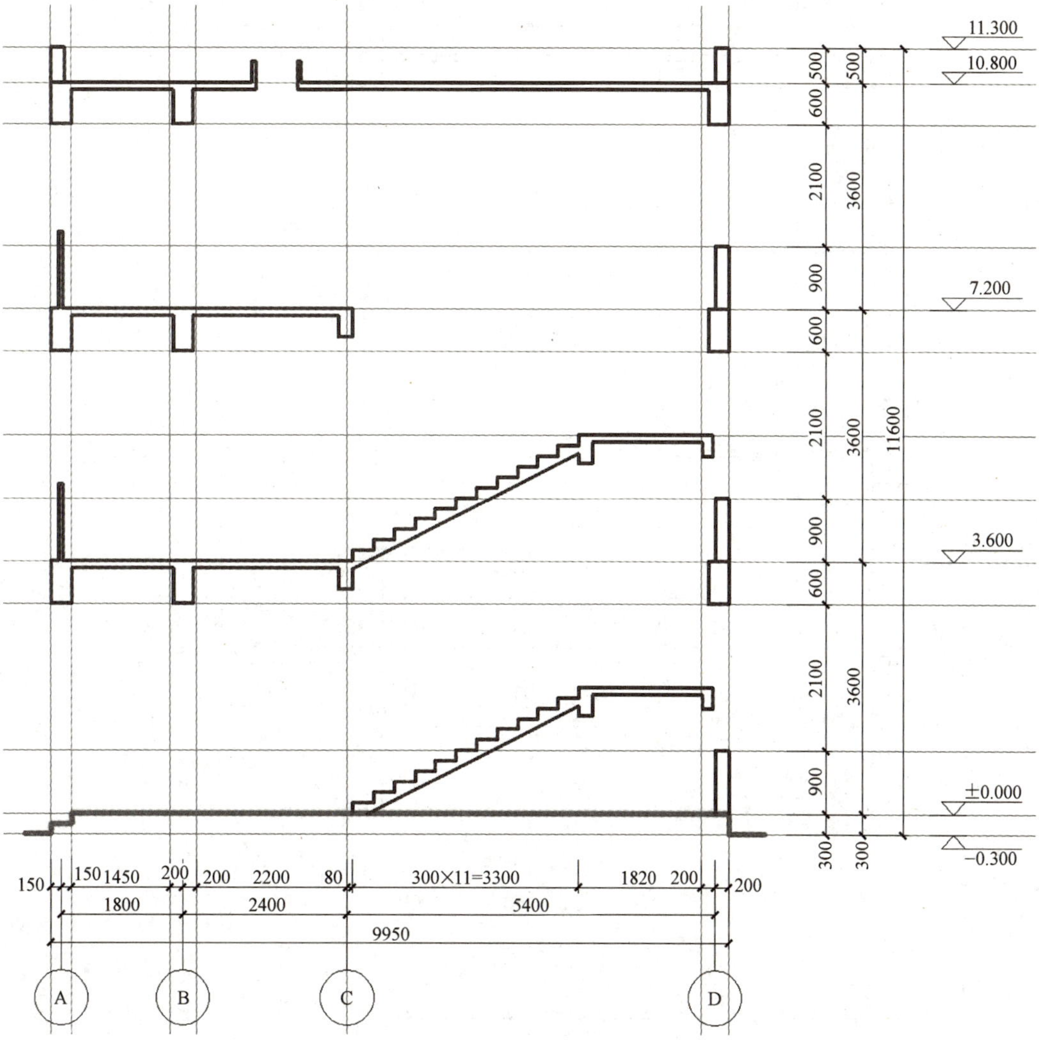

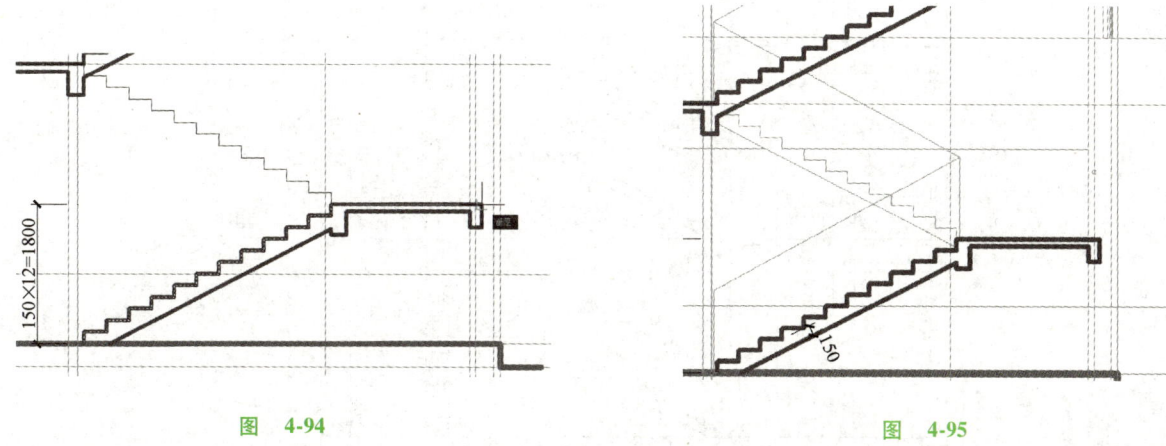

图 4-93

图 4-94

图 4-95

3) 绘制其余被剖切到的门窗, 以及未剖切到但可见的轮廓, 如图 4-96 所示。

(5) 关闭"辅助线"图层 关闭"辅助线"图层, 如图 4-97 所示。

(6) 图案填充 切换至"细实线"图层, 用"图案填充"命令选取合适的比例绘制"砖墙""钢筋混凝土"图例, 如图 4-98 所示。

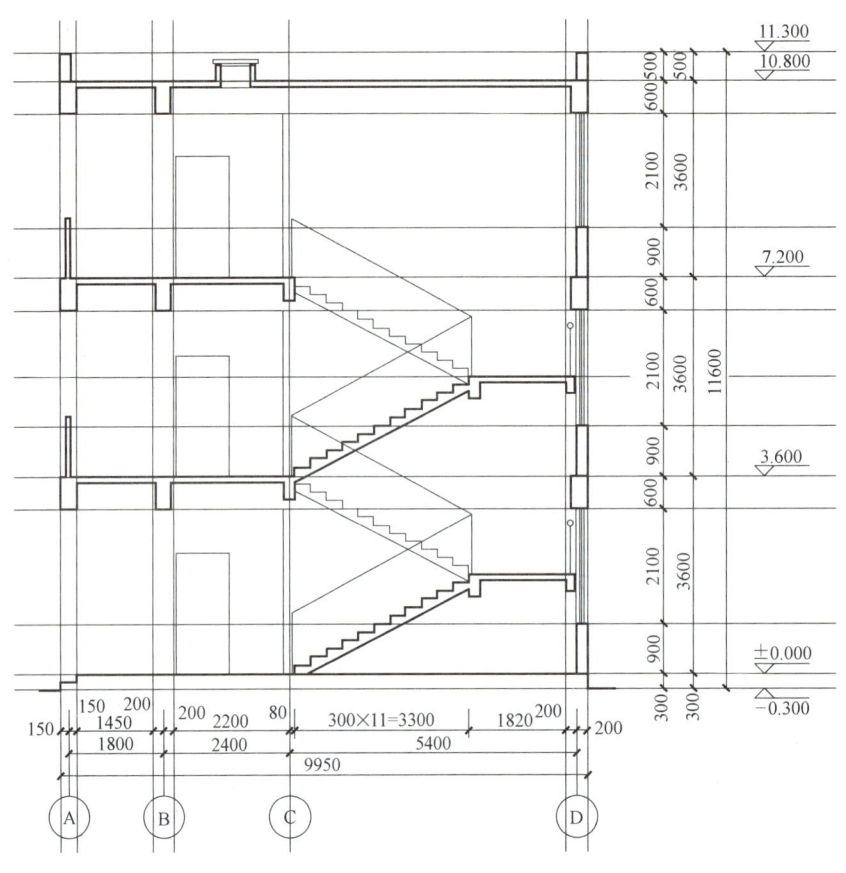

图 4-96

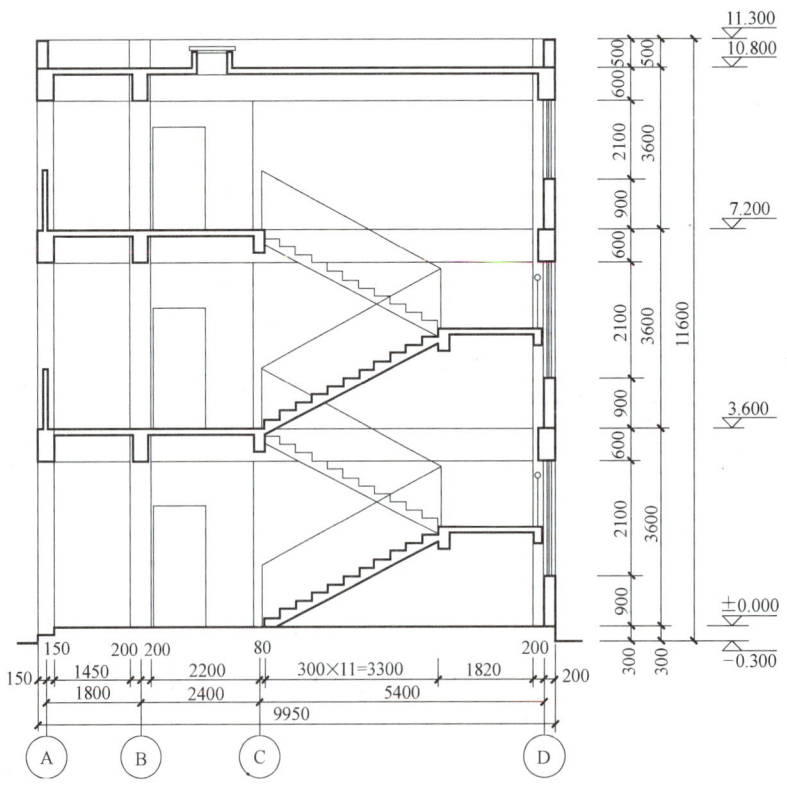

图 4-97

项目四 绘制建筑施工图

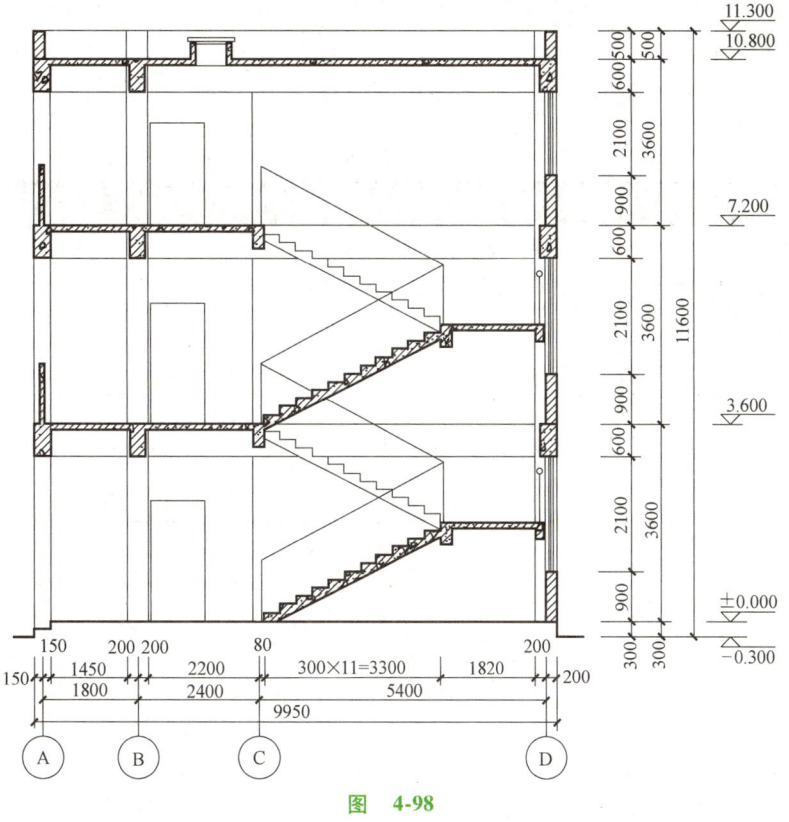

图 4-98

（7）完成剖面图　标注其余尺寸，输入图名，完成剖面图，如图 4-99 所示。

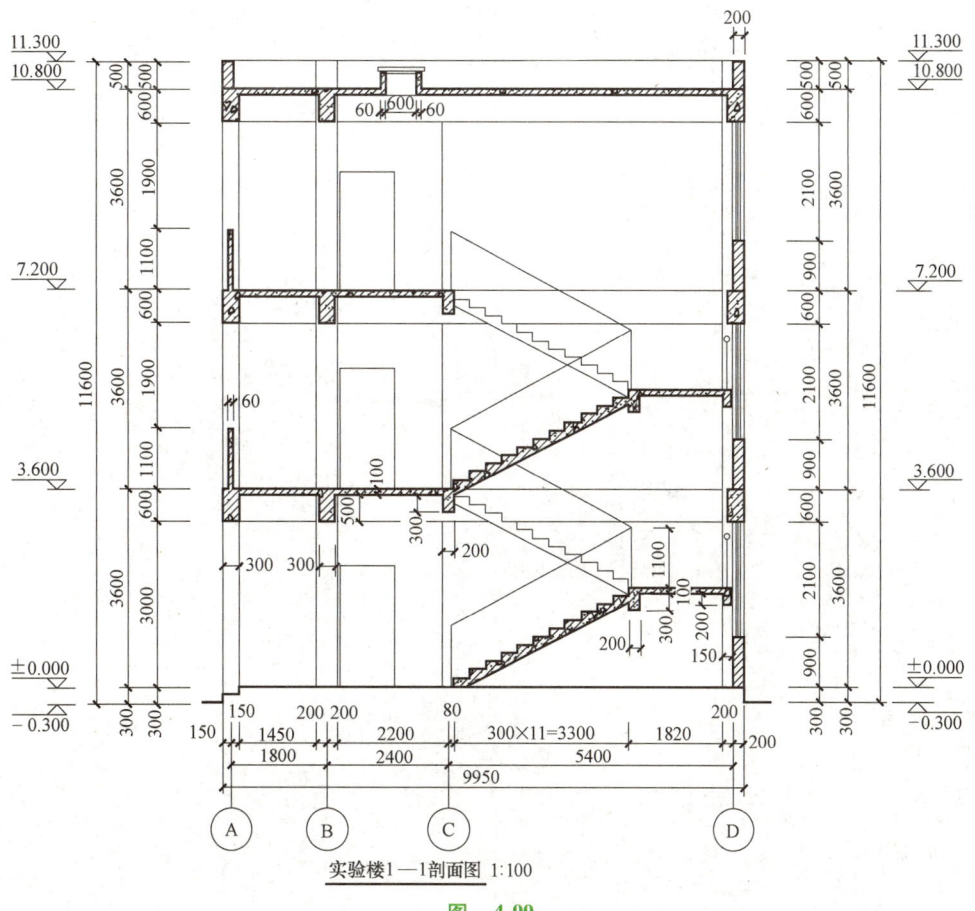

实验楼1—1剖面图 1:100

图 4-99

95

【评价反馈】

对"绘制某实验楼建筑剖面图"操作的评价见表 4-4。

表 4-4 对"绘制某实验楼建筑剖面图"操作的评价

序号	检测项目	评价任务及权重	自评	小组互评	教师评价
1	图形绘制的完整性	图形绘制是否完整,缺少1项扣5分(30分)			
2	图形绘制的准确性	图形绘制是否准确,1项不准确扣5分(30分)			
3	图形布局	图形布局不美观,酌情扣2~5分(10分)			
4	完成时间	规定时间内没完成,每超过10分钟扣2分(10分)			
5	工作纪律和态度	团队协作能力差、不爱护仪器设备和环境,酌情扣10~20分(20分)			
任务总评		优□ 良□ 中□ 合格□ 不合格□			

项目五
绘制楼梯、墙身详图

【项目概述】

建筑详图是对建筑的细部或构配件用较大的比例（如 1：20、1：10、1：5、1：2、1：1 等）将其形状、大小、材料和做法，按正投影图的画法，详细地表示出来的图样。

详图的表示方法，视细部的构造复杂程度而定，有时只需一个剖面详图就能表达清楚（如墙身剖面图），有时还需另加平面详图（如楼梯间、卫生间等）或立面详图（如门窗）。

本项目以某实验楼的楼梯详图和外墙身详图为例，通过绘制步骤的示范讲解，使读者熟悉建筑详图的绘制方法。

详图线型的选用与剖面图相同。

任务 1 绘制实验楼楼梯详图

【任务描述】

通过上机实践操作，绘制某实验楼的楼梯详图，如图 5-1 所示。

【任务实施】

楼梯的构造一般较复杂，所以需要另画详图表示。

楼梯详图主要表示楼梯的类型、结构形式、各部位的尺寸及装修做法，是楼梯施工放样的主要依据。

楼梯详图一般包括平面详图，剖面详图及栏杆、扶手大样图等，这些图样应尽可能画在同一张图纸内。其中，平面详图、剖面详图的比例要一致，以便对照读图；栏杆、扶手大样图的比例要大些，以便表达清楚该部分的构造情况。

1. 楼梯详图的绘制内容

1）楼梯平面详图：一般每层楼应对应画出楼梯平面详图；但三层以上的建筑，若中间各层楼梯都相同，通常只画出底层、中间层和顶层楼梯平面详图。楼梯平面详图中，除注出楼梯间的开间和进深尺寸、楼地面和平台面的标高尺寸外，还需要注出各细部的详细尺寸。通常把梯段长度尺寸与踏面数、踏面宽的尺寸合并写在一起。通常，底层、中间层和顶层楼梯平面详图画在同一张图纸内，并互相对齐，这样既便于识读，又可省略一些重复的尺寸。

2）楼梯剖面详图：应表达出建筑的层数，楼梯的梯段数、步级数，以及楼梯的类型及其结构形式；应注明地面、平台面、楼面等的标高和梯段、栏杆的高度尺寸等。

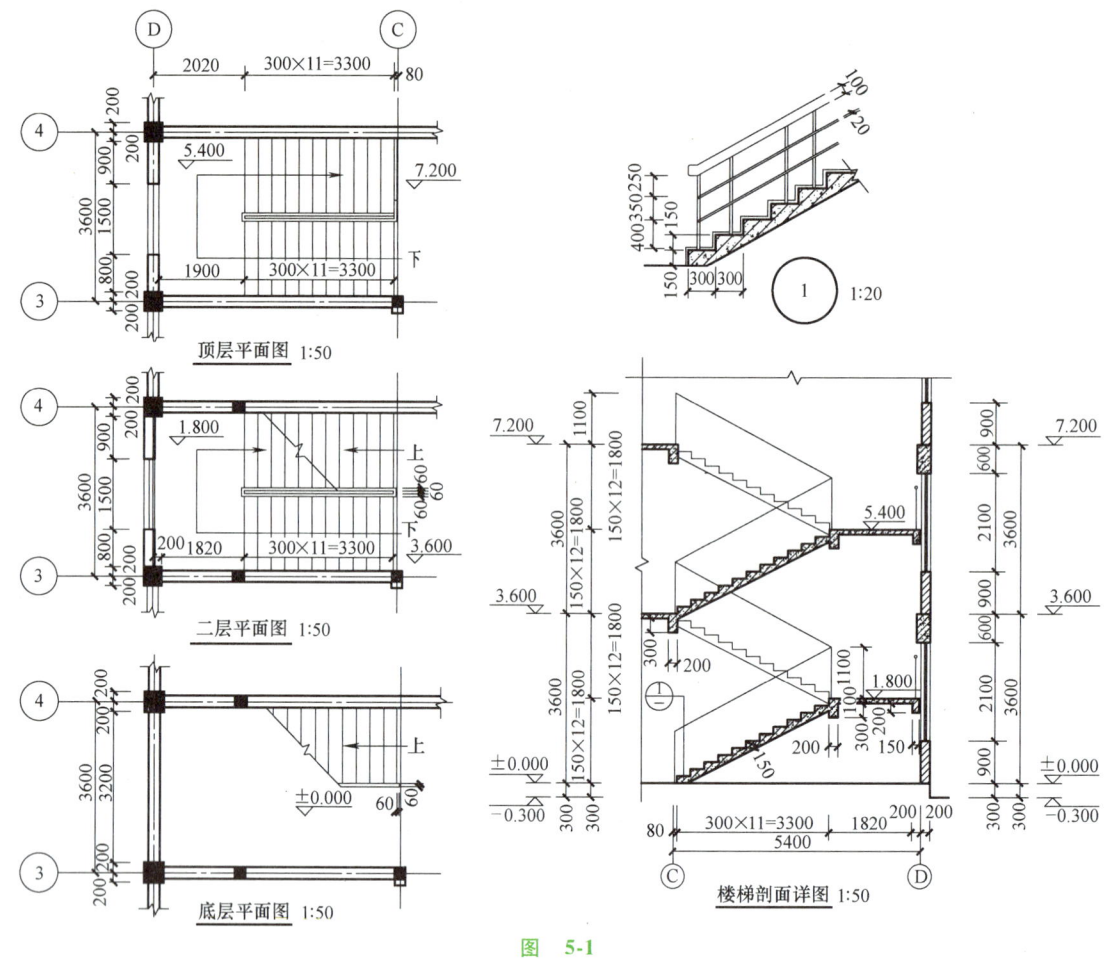

图 5-1

3）栏杆、扶手大样图用更大的比例画出它们的形式、大小、材料，以及构造情况等。

2. 绘制楼梯平面详图

1）调出已绘制好的实验楼底层、二层和顶层平面图，复制在旁边，在"辅助线"图层，用"矩形"命令画矩形，框出要截取的楼梯平面详图的部分，如图 5-2 所示。

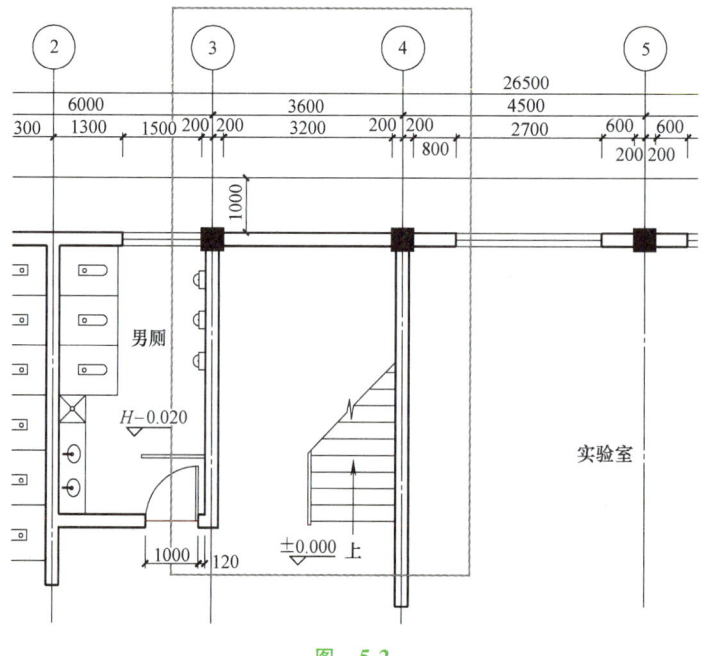

图 5-2

2）将截取框复制到二层和顶层平面图的相同位置上，如图 5-3 所示。

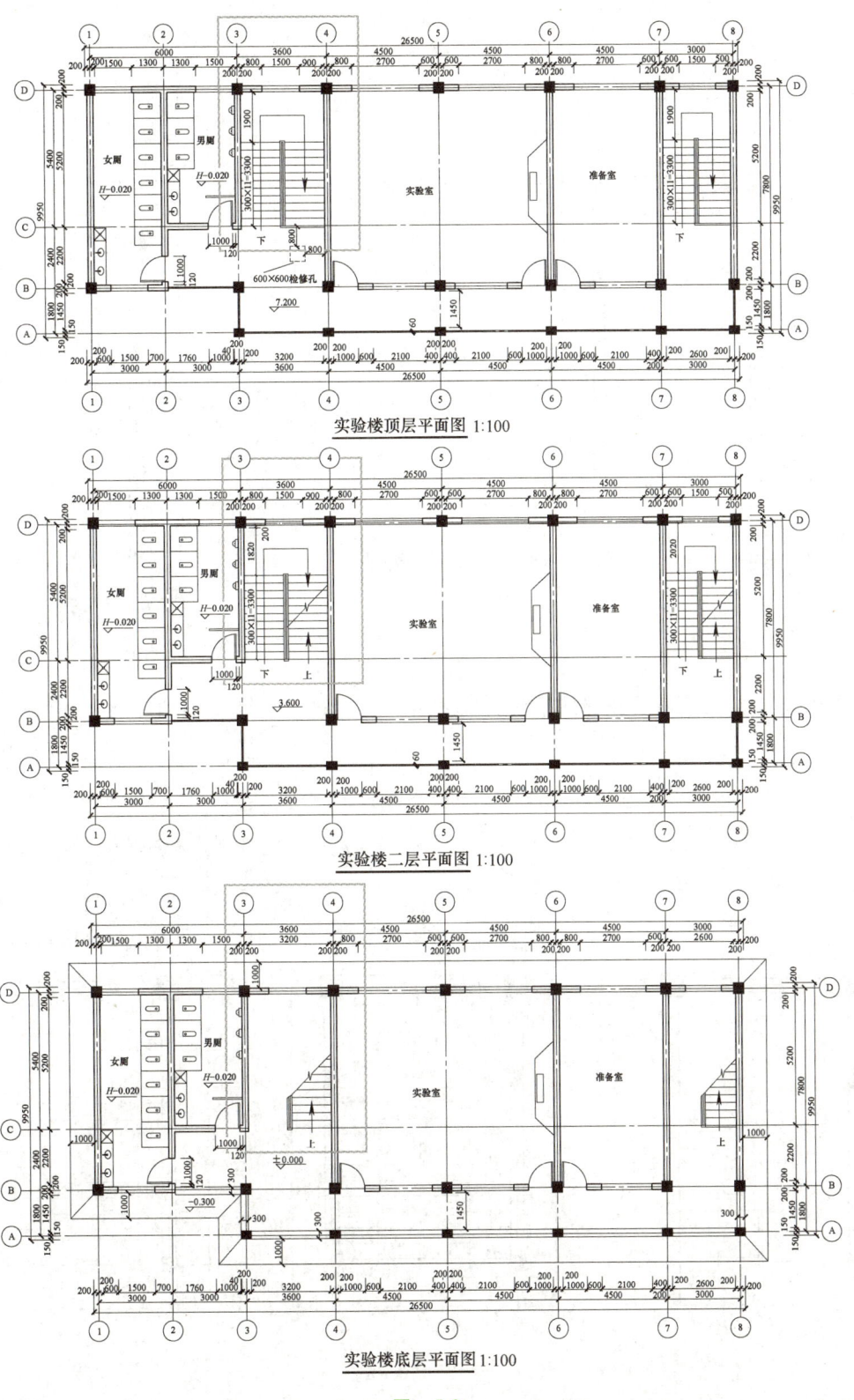

图 5-3

3）用"分解"命令将与截取框相交的多线（如门、窗）分解；再用"修剪"命令，将截取框周围的线全部剪掉，如图 5-4 所示。

4）将截取框之外不需要的部分删除，如图 5-5 所示。

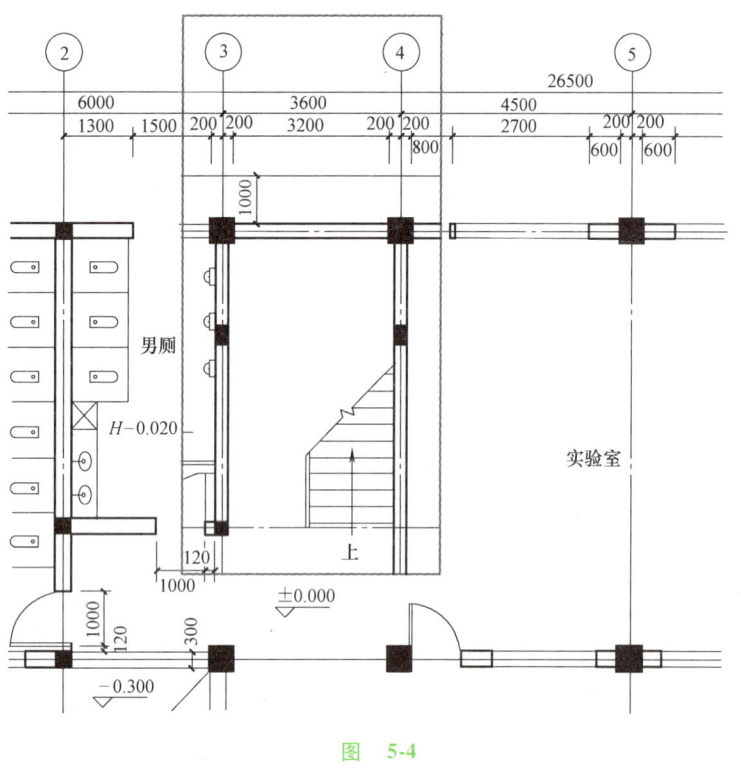
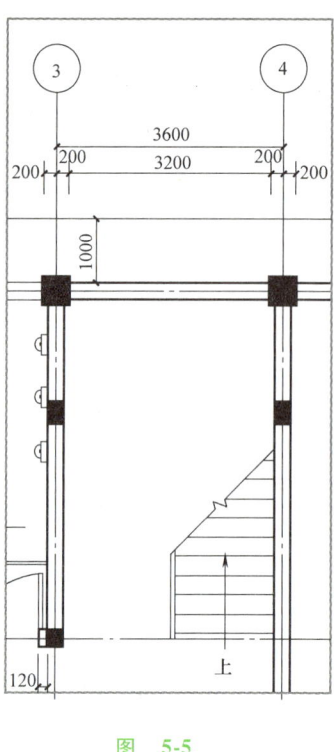

图 5-4   图 5-5

5) 用同样方法将其余两层楼梯的平面截取之后，用"移动"命令移动并列在一起，并对齐，如图 5-6 所示。

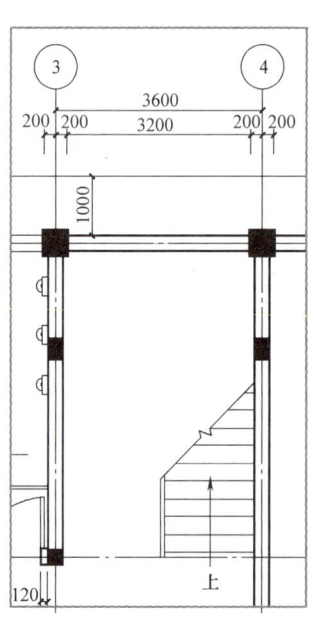
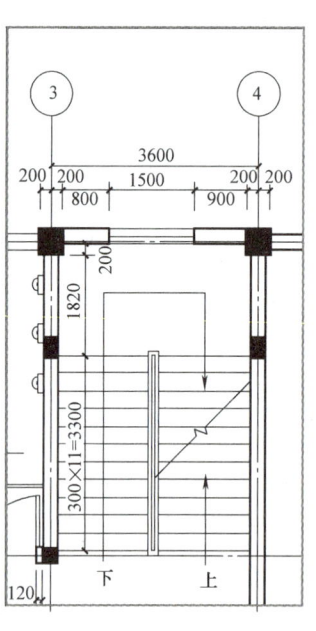
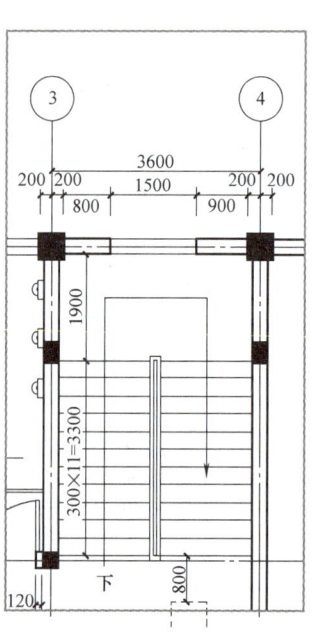

图 5-6

6) 用"旋转"命令将三图同时逆时针旋转 90°，如图 5-7 所示。
7) 删除与楼梯无关的内容和截取框，在墙和窗处用"细实线"图层画折断符号，如图 5-8 所示。
8) 将折断符号复制到另外两个图，标注楼梯井、栏杆、扶手尺寸，标注ⓒ、ⓓ轴线编号，标注标高，输入图名和比例，完成楼梯平面详图的绘制，如图 5-9 所示。

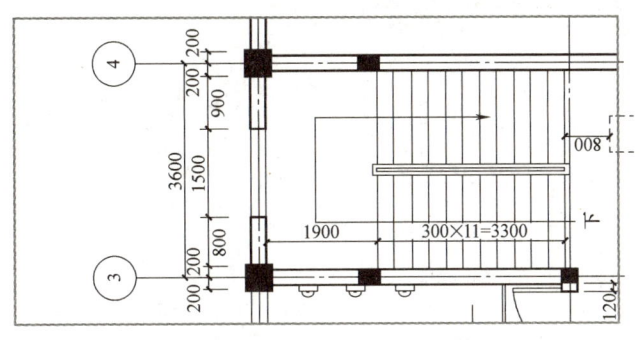

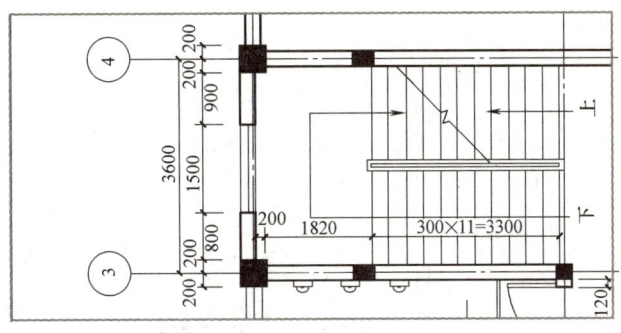

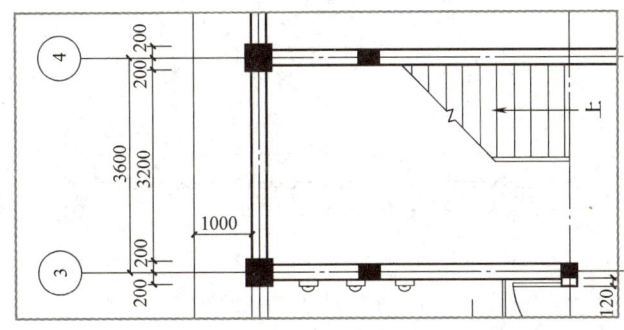

图 5-7

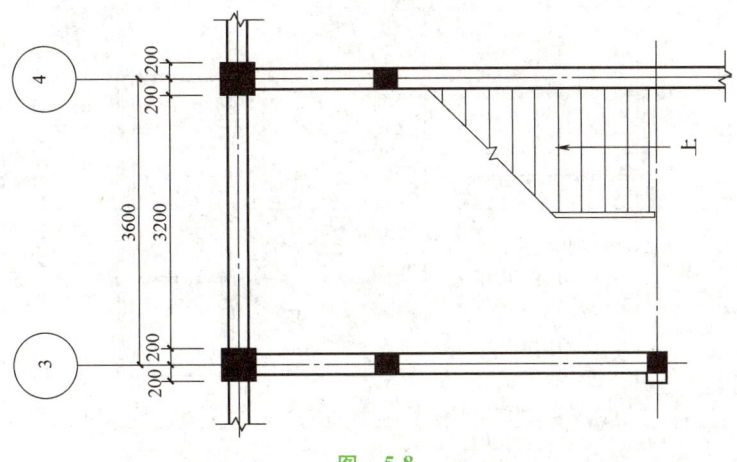

图 5-8

3. 绘制楼梯剖面详图

1）调出已绘制好的实验楼剖面图，复制在旁边，在"辅助线"图层，用"矩形"命令绘制矩形，框出要截取的楼梯剖面详图的部分，如图 5-10 所示。

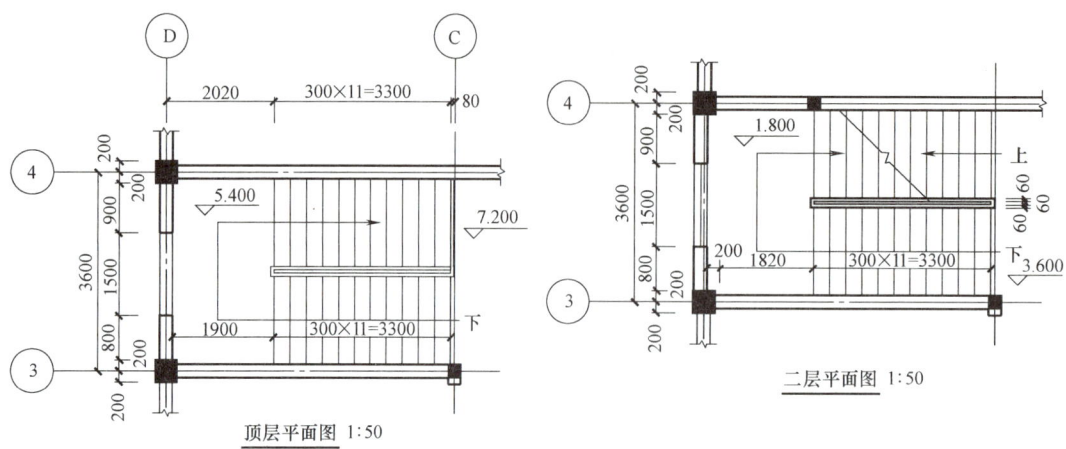

顶层平面图 1:50

二层平面图 1:50

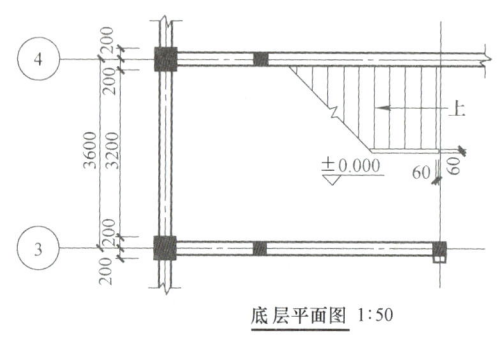

底层平面图 1:50

图 5-9

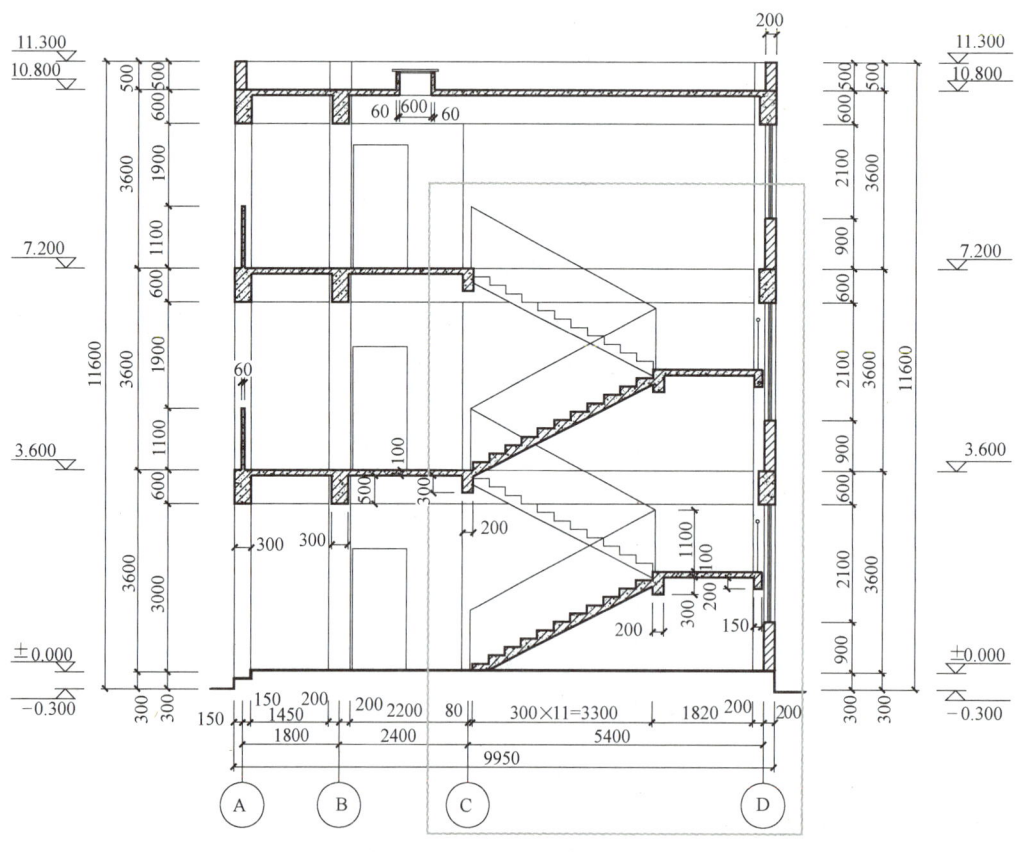

实验楼1—1剖面图 1:100

图 5-10

2）用"修剪"和"删除"命令删除截取框外的部分，留下标注、标高和图名，如图 5-11 所示。

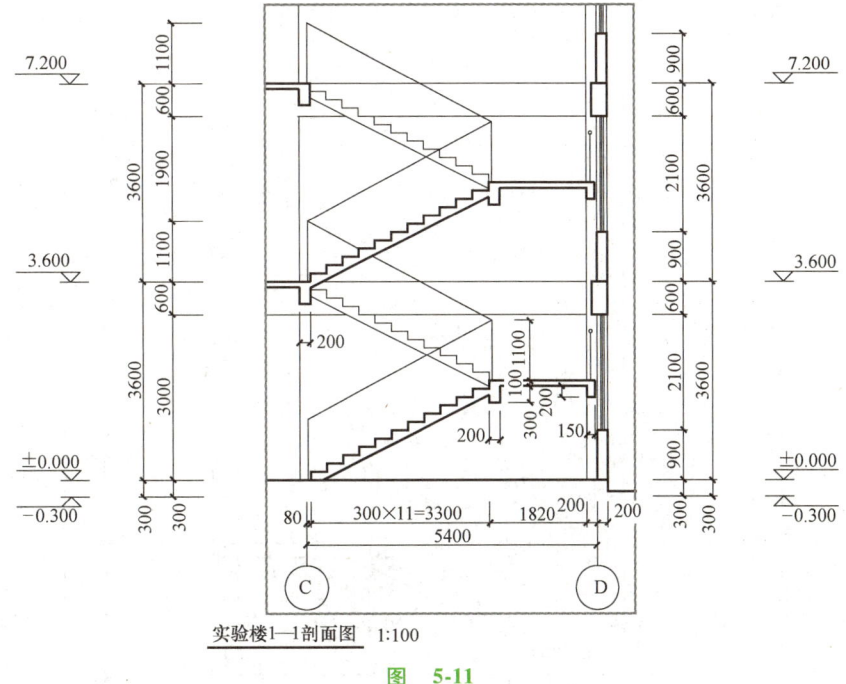

图 5-11

3）删除截取框，用"细实线"图层绘制折断线，用"移动"命令将左侧标注移至折断线旁，如图 5-12 所示。

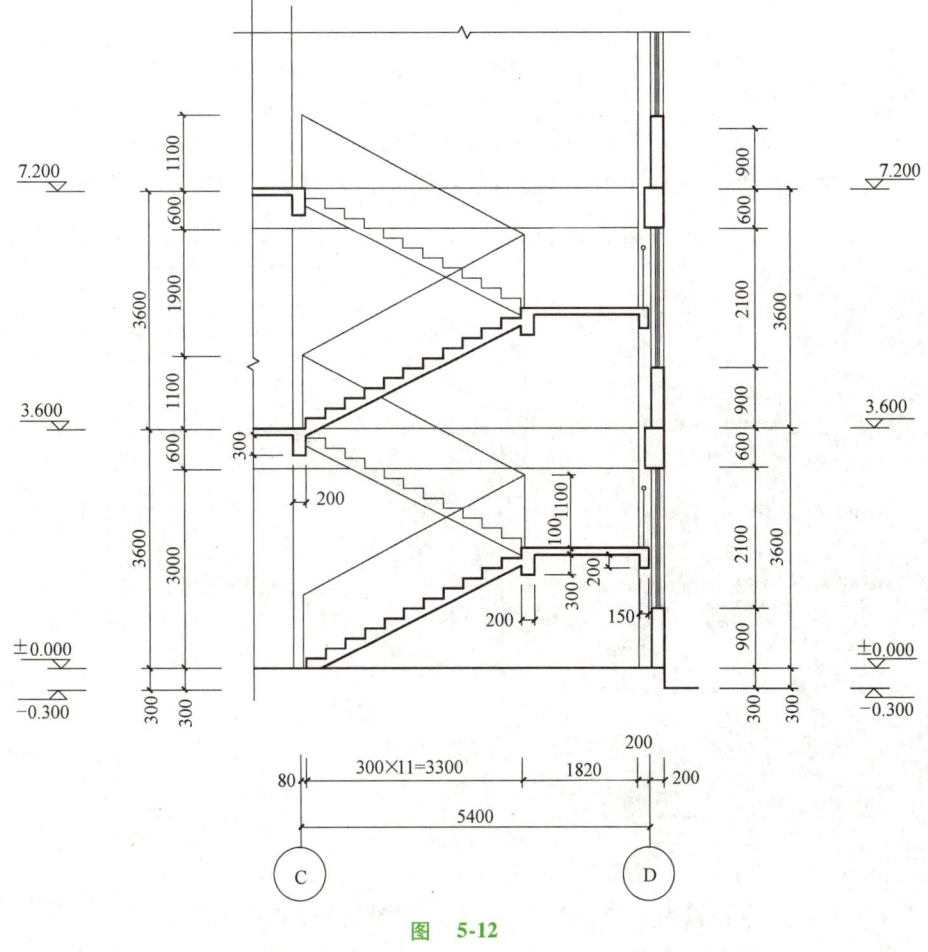

图 5-12

4）删除左侧最里面一道尺寸，重新标注休息平台尺寸，如图 5-13 所示。

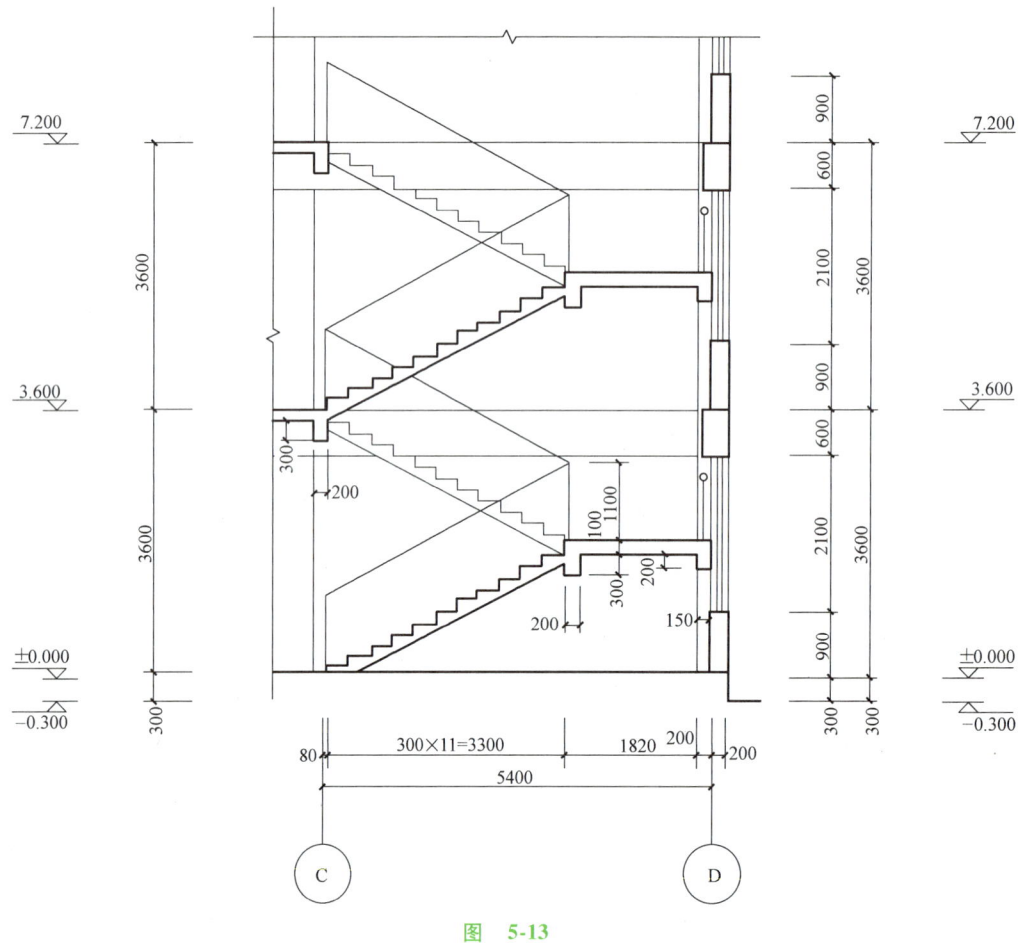

图 5-13

5）调出"特性"对话框，选中一个梯段的竖向尺寸，如图 5-14 所示。

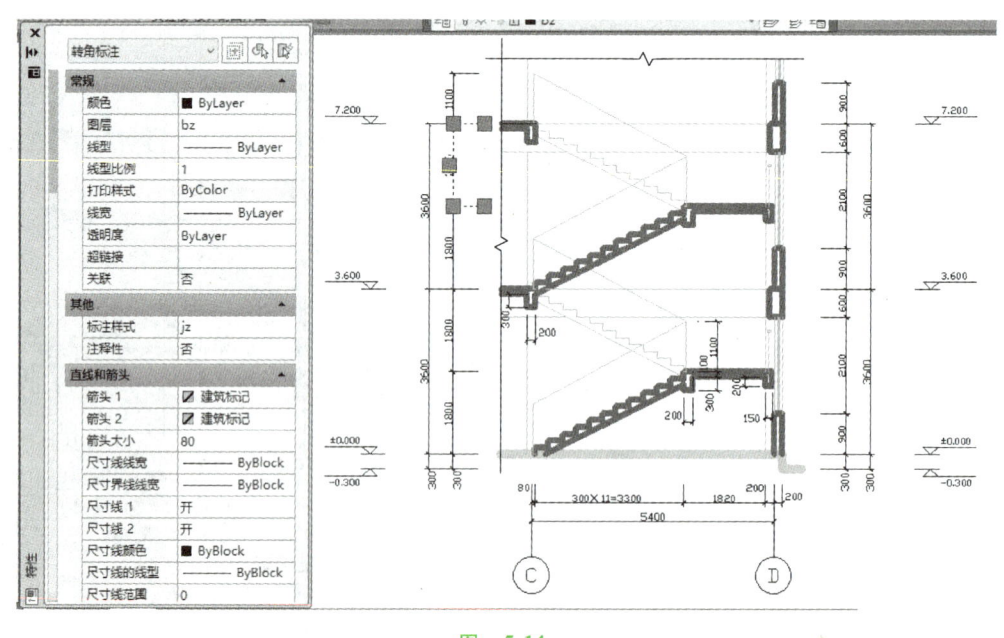

图 5-14

6）在"文字替代"一栏输入"150×12＝1800"，如图 5-15 所示。

图 5-15

7）文字替换后的结果如图 5-16 所示。

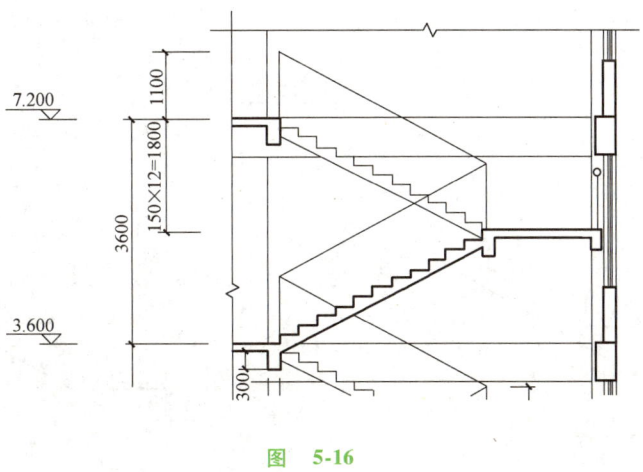

图 5-16

8）将替换后的标注复制到其余梯段，休息平台处添加标高，输入图名和比例，填充图例，楼梯剖面详图绘制完成，如图 5-17 所示。

4. 绘制楼梯栏杆、扶手大样图

1）在"粗实线"图层，按照踏步尺寸用"直线"命令绘制出一部分梯段，如图 5-18 所示。

2）在"细实线"图层，绘制踏步抹灰层，并绘制栏杆的第一根立杆，如图 5-19 所示。

3）用"偏移"命令绘制栏杆、扶手和横杆，如图 5-20 所示。

4）用"复制"命令绘制栏杆的其余立杆，用"修剪"命令修剪，如图 5-21 所示。

5）标注细部尺寸，填充图例，输入图名和比例，楼梯栏杆、扶手大样图绘制完成，如图 5-22 所示。

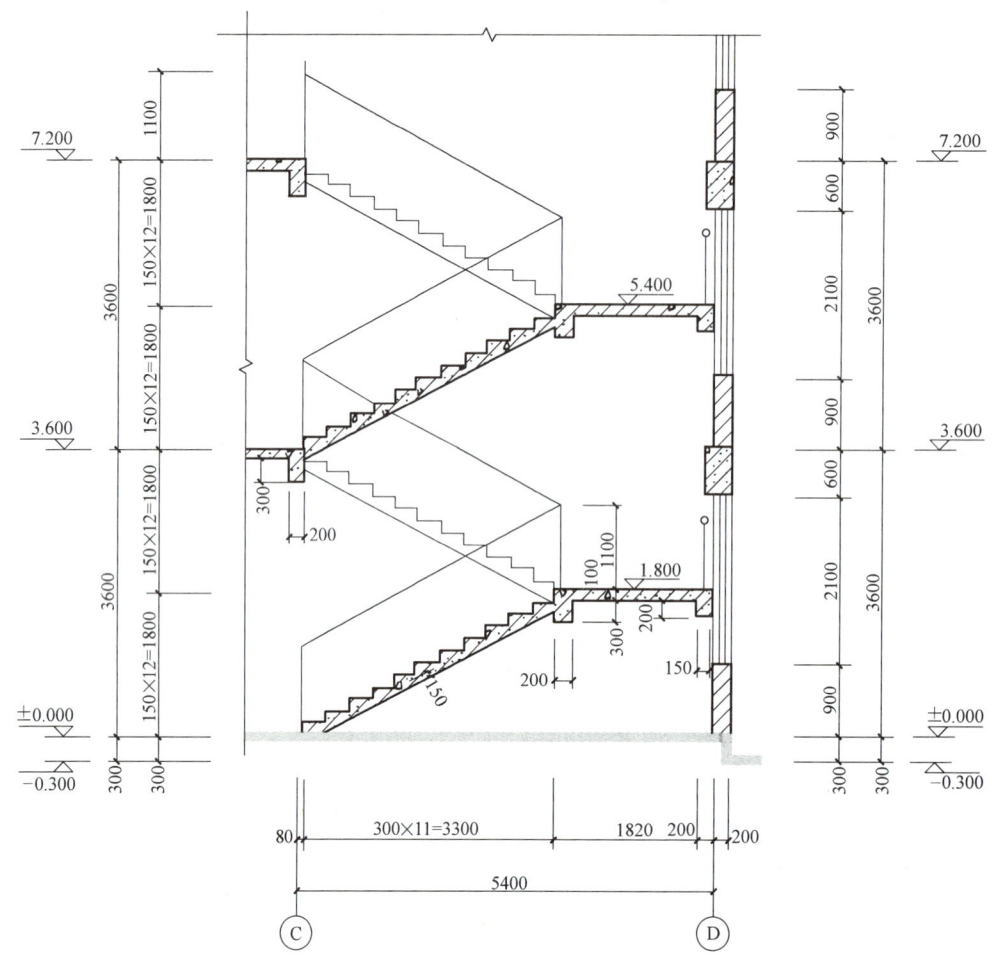

楼梯剖面详图 1:50

图 5-17

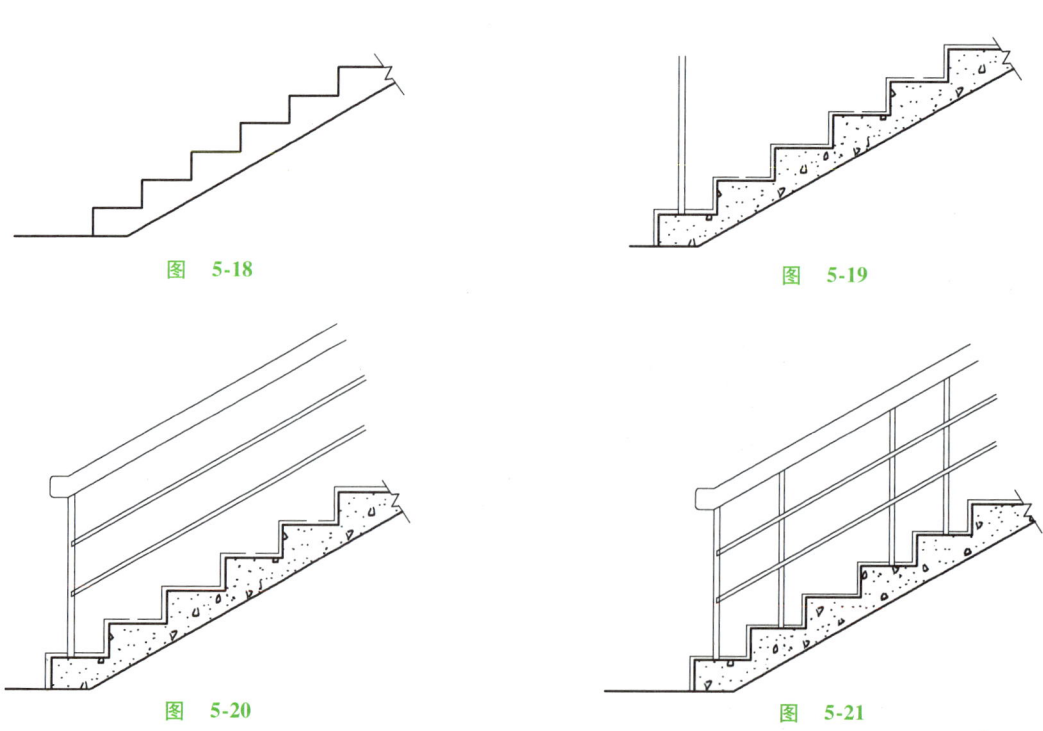

图 5-18

图 5-19

图 5-20

图 5-21

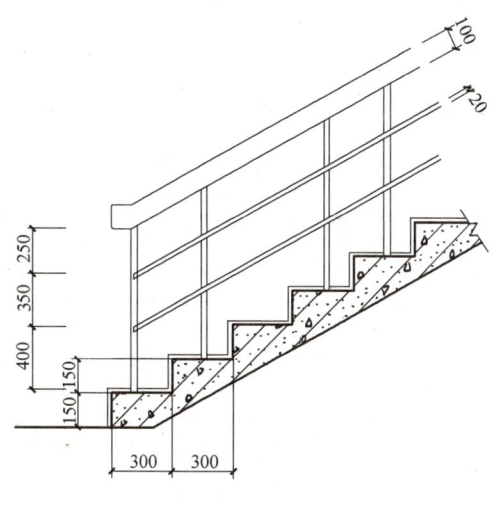

图 5-22

【评价反馈】

对"绘制某实验楼的楼梯详图"操作的评价见表 5-1。

表 5-1　对"绘制某实验楼的楼梯详图"操作的评价

序号	检测项目	评价任务及权重	自评	小组互评	教师评价
1	图形绘制的完整性	图形绘制是否完整,缺少 1 项扣 5 分(30 分)			
2	图形绘制的准确性	图形绘制是否准确,1 项不准确扣 5 分(30 分)			
3	图形布局	图形布局不美观,酌情扣 2~5 分(10 分)			
4	完成时间	规定时间内没完成,每超过 10 分钟扣 2 分(10 分)			
5	工作纪律和态度	团队协作能力差、不爱护仪器设备和环境,酌情扣 10~20 分(20 分)			
	任务总评	优□　良□　中□　合格□　不合格□			

任务 2　绘制实验楼外墙身详图

【任务描述】

通过上机实践操作,绘制某实验楼的外墙身详图,如图 5-23 所示。

【任务实施】

外墙身详图实际上是建筑剖面图的局部放大图,它表达建筑的屋面、楼面、地面和檐口的构造,楼板与墙的连接,门窗顶、窗台、勒脚、散水等处的构造,是施工的重要依据。

外墙身详图用较大比例(如 1∶20)绘制。

多层建筑中,若中间层情况一样,可只画底层、一个中间层、顶层来表示外墙身详图,一般在窗洞中间处断开,形成三个节点详图的组合。

1)调出已绘制好的剖面图,复制到旁边,将复制的剖面图的右侧高度尺寸和标高右移至旁边,如图 5-24 所示。

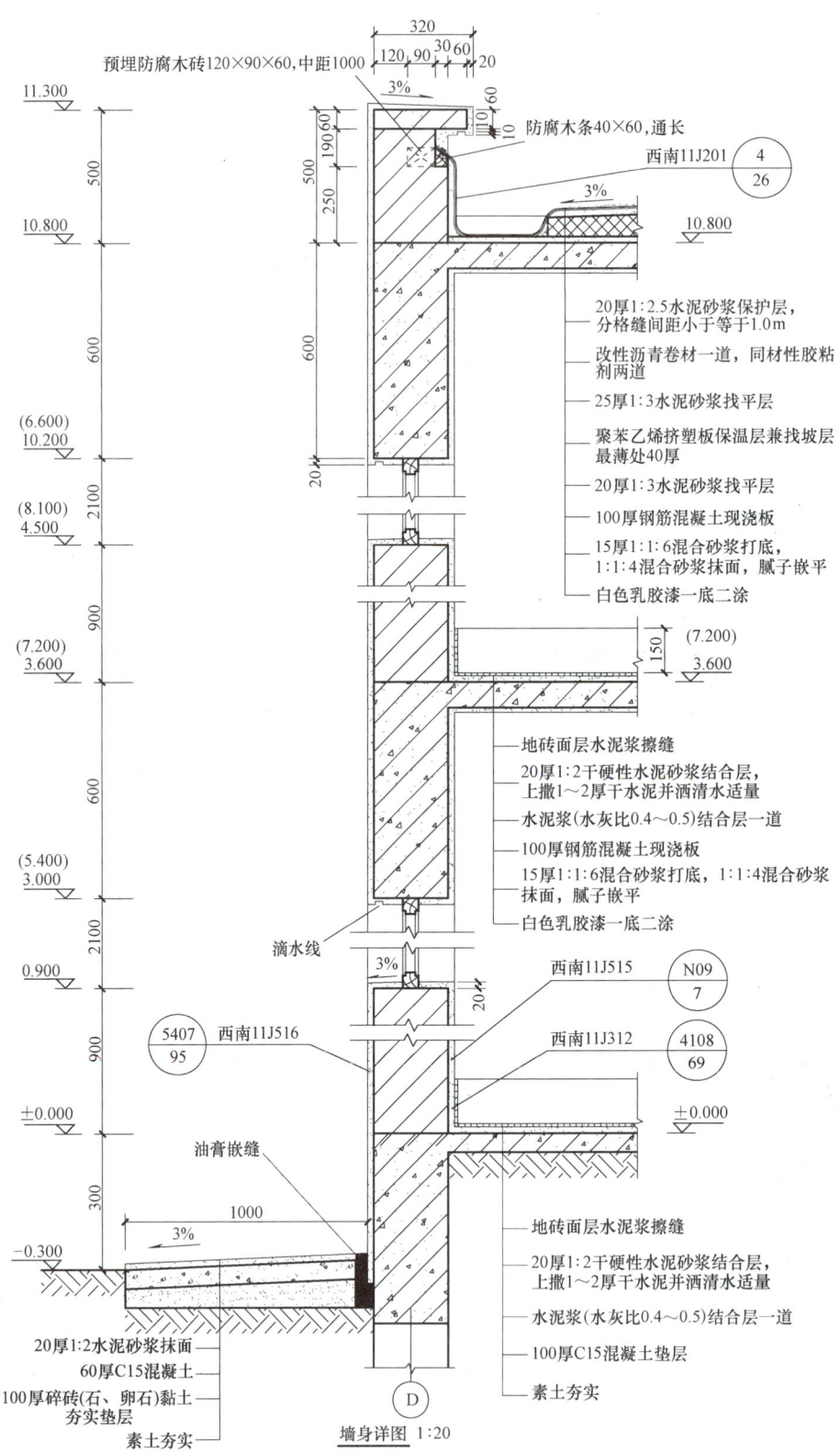

图 5-23

项目五 绘制楼梯、墙身详图

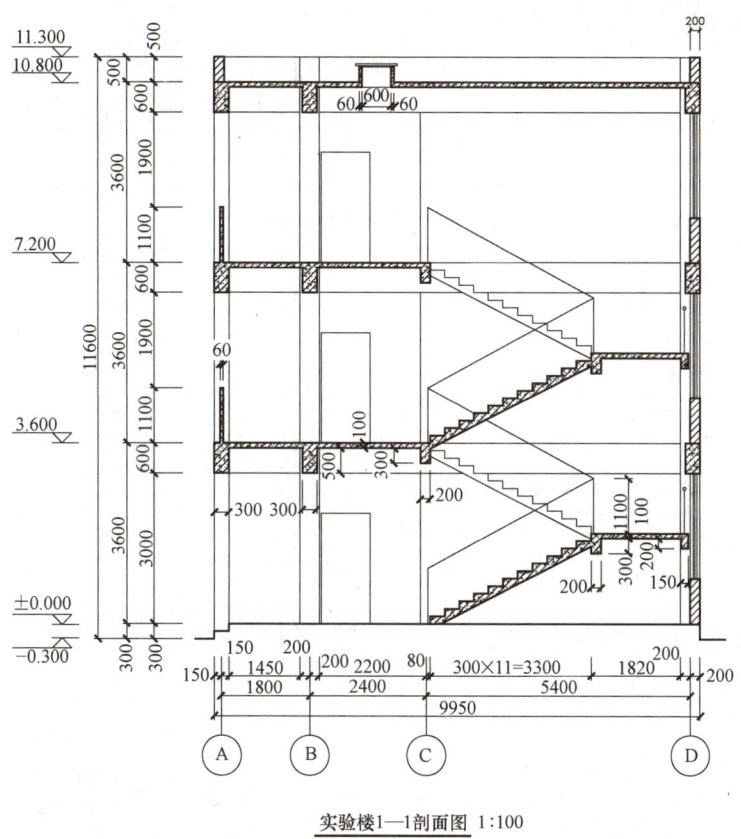
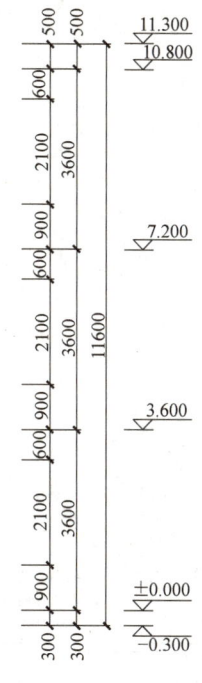

实验楼1—1剖面图 1:100

图 5-24

2）在"粗实线"图层，用"直线"和"偏移"命令绘制剖切到的外墙，如图5-25所示。

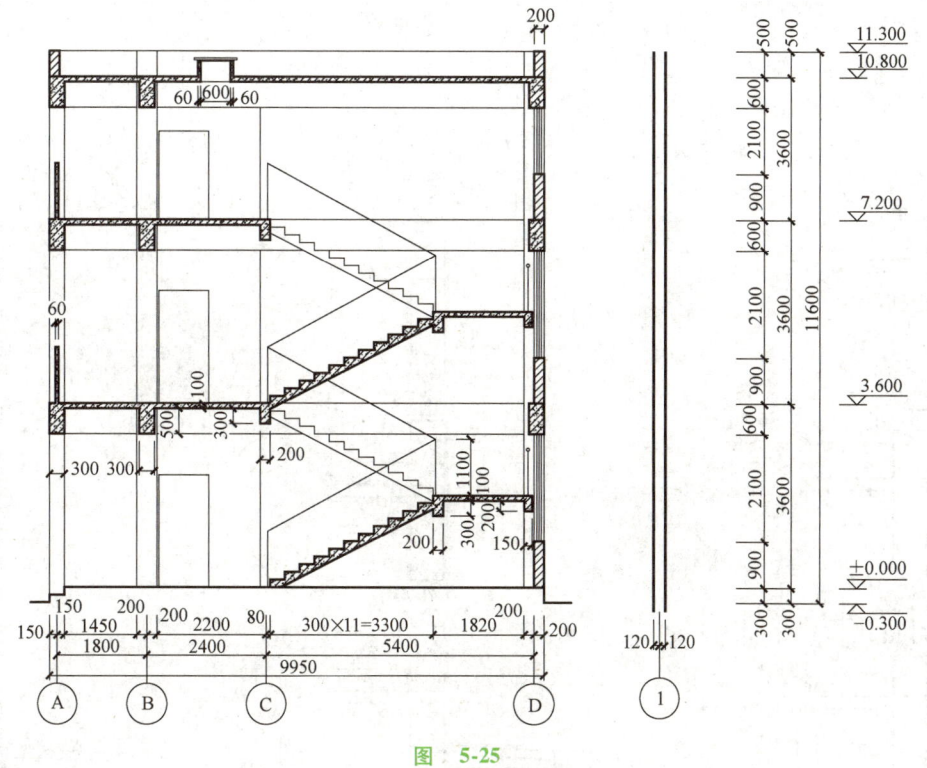

图 5-25

3）用"粗实线"图层，绘制梁、地面、楼板、屋顶结构层，如图5-26、图5-27所示。

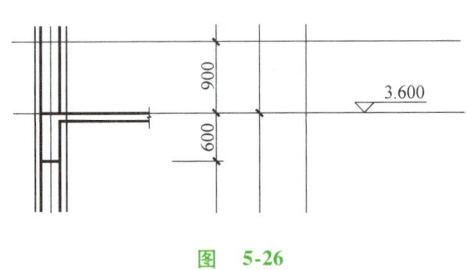

图 5-26

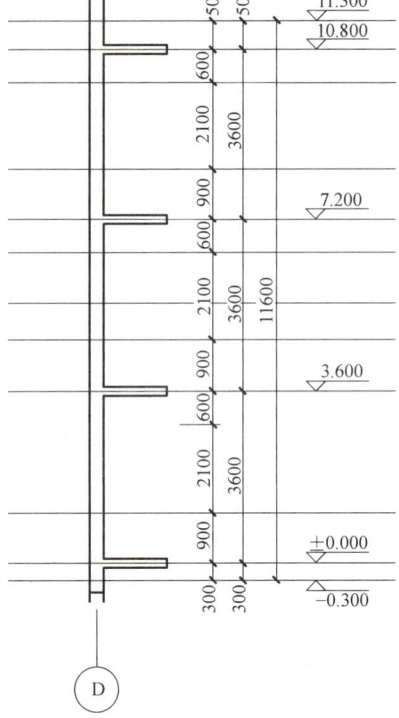

图 5-27

4）用"细实线"图层，绘制窗户、墙，如图 5-28 所示。

5）将窗户、墙相同的部分截断、省略，压缩成三个墙身节点大样图对齐的样式，如图 5-29 所示。

6）用"细实线"图层，绘制墙内外抹灰层，以及地面、楼面抹灰层，室外散水，如图 5-30 所示。

7）用"细实线"图层绘制图例，如图 5-31 所示。

8）标注尺寸、标高、轴线编号，如图 5-32 所示。

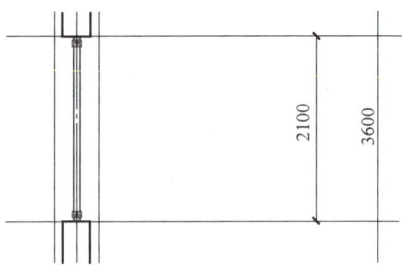

图 5-28

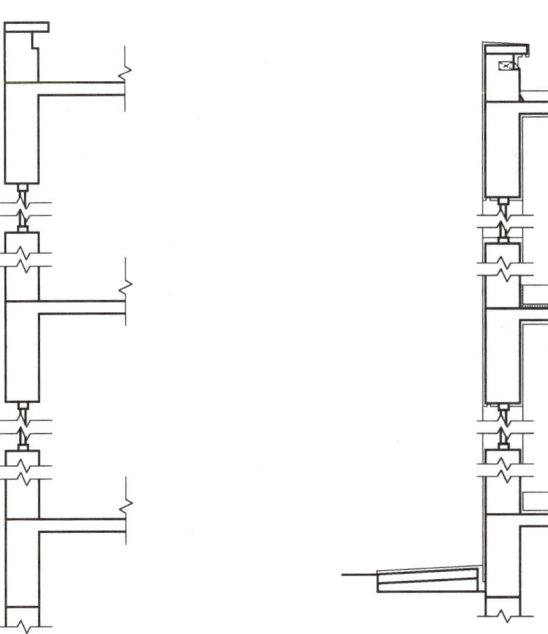

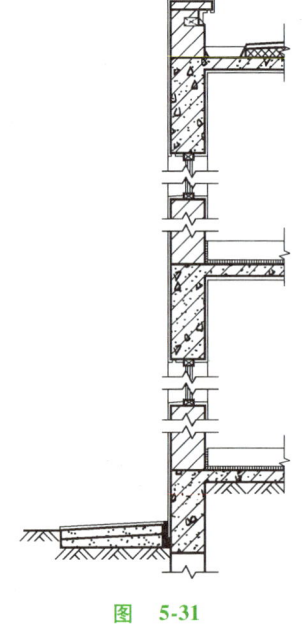

图 5-29   图 5-30   图 5-31

项目五 绘制楼梯、墙身详图

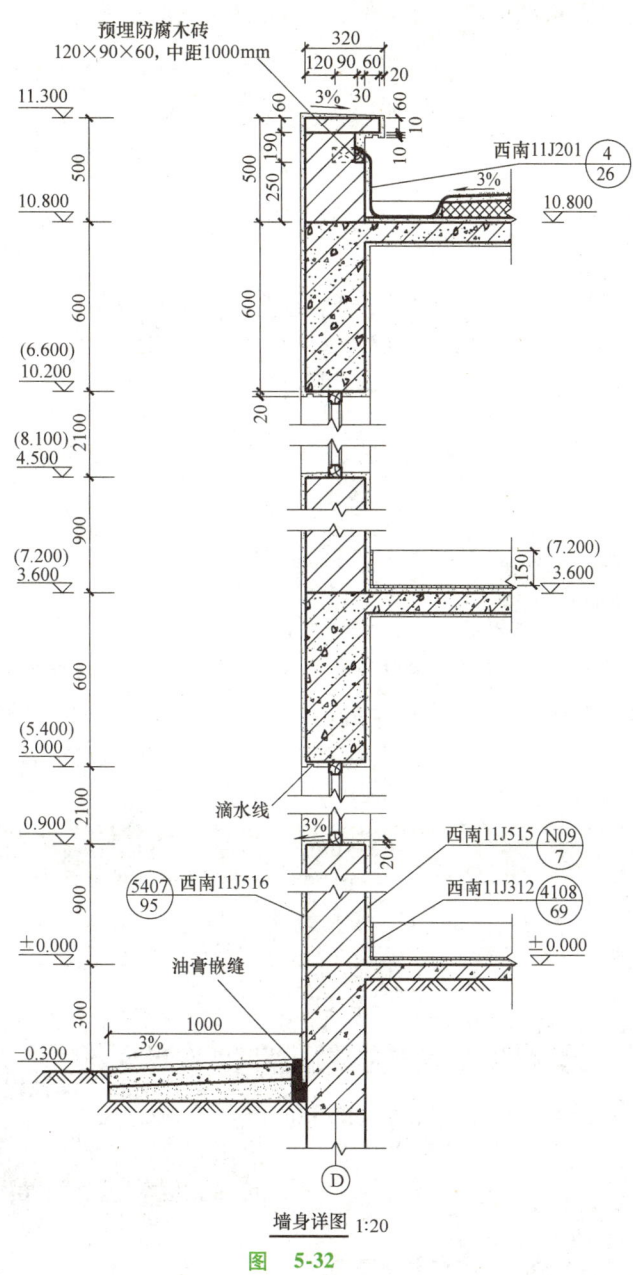

墙身详图 1:20

图 5-32

9）标注各部分构造做法和图名，绘制完成，如图 5-23 所示。

【评价反馈】

对"绘制某实验楼的外墙身详图"操作的评价见表 5-2。

表 5-2 对"绘制某实验楼的外墙身详图"操作的评价

序号	检测项目	评价任务及权重	自评	小组互评	教师评价
1	图形绘制的完整性	图形绘制是否完整，缺少 1 项扣 5 分（30 分）			
2	图形绘制的准确性	图形绘制是否准确，1 项不准确扣 5 分（30 分）			
3	图形布局	图形布局不美观，酌情扣 2~5 分（10 分）			
4	完成时间	规定时间内没完成，每超过 10 分钟扣 2 分（10 分）			
5	工作纪律和态度	团队协作能力差、不爱护仪器设备和环境，酌情扣 10~20 分（20 分）			
	任务总评	优□ 良□ 中□ 合格□ 不合格□			

项目六
图纸的打印输出

【项目概述】

在完成了建筑图纸的绘制后,需要将其打印输出或输出为其他格式文件,以便后期施工或其他后续工作时使用。通过对 AutoCAD 2020 软件中图纸打印输出相关命令的介绍,学习如何调整图纸的布局模式,并将已绘制完成的 CAD 图打印成纸质图纸和设置成其他格式的电子文件,如 pdf 格式、jpg 格式等。

任务1 图纸布局

【任务描述】

通过了解菜单栏 下拉菜单中的"打印"工具,学习进行图纸布局的方法,如图 6-1 所示。

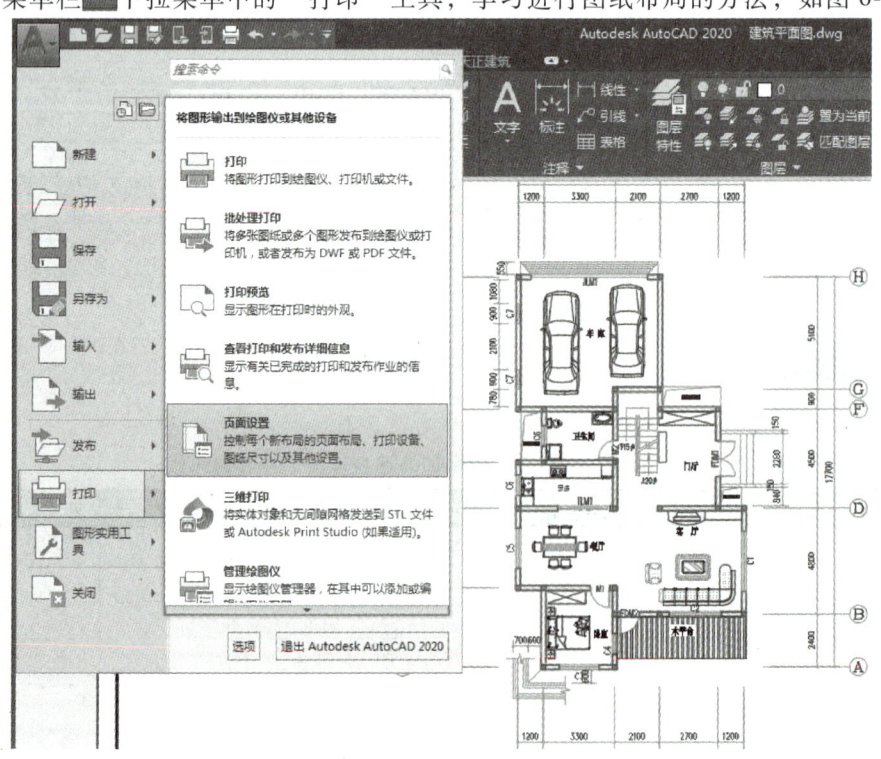

图 6-1

【任务实施】

图纸布局是指在打印前对打印区的页面形式进行设置，可根据个人习惯设置常用的打印页面模板，以便打印时直接调出使用，也可直接单击菜单栏中的"文件"→"打印"，在弹出的对话框中对默认的打印页面设置进行调整。

1. 进行页面设置

单击菜单栏中的 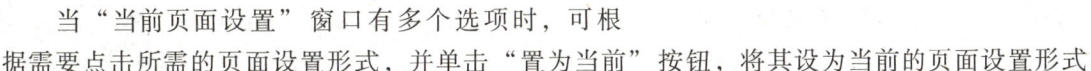，在下拉菜单中选择"打印"，在其子菜单中单击"页面设置"，弹出"页面设置管理器"对话框，如图6-2所示。

在"页面设置管理器"对话框中，根据需要确定当前编辑形式是否符合要求。如需修改，有以下两种修改方式：

1）单击"新建"按钮，可新建页面设置形式，并在弹出的对话框中进行新建页面名称、基础样式的设置，单击"确定"按钮后进入新建页面设置窗口进行编辑。

2）单击"修改"按钮，可直接进入"当前页面设置"窗口进行编辑。

当"当前页面设置"窗口有多个选项时，可根据需要点击所需的页面设置形式，并单击"置为当前"按钮，将其设为当前的页面设置形式。

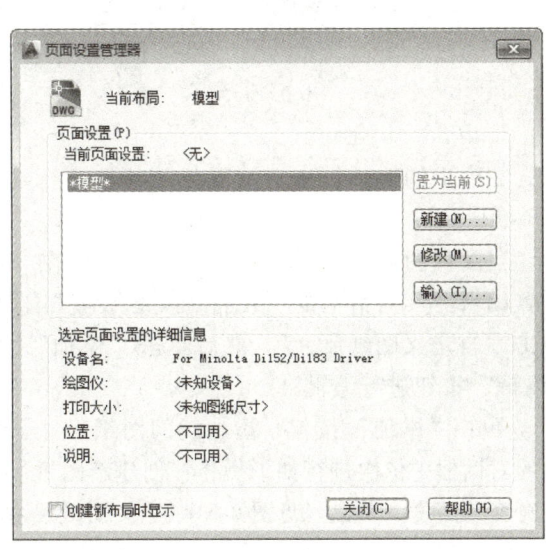

图 6-2

2. 编辑当前页面设置

单击"新建"或"修改"按钮后，在弹出的"页面设置"对话框中调整"打印机/绘图仪"的参数，设置"图纸尺寸""打印区域""打印比例""图形方向"等内容，如图6-3所示。

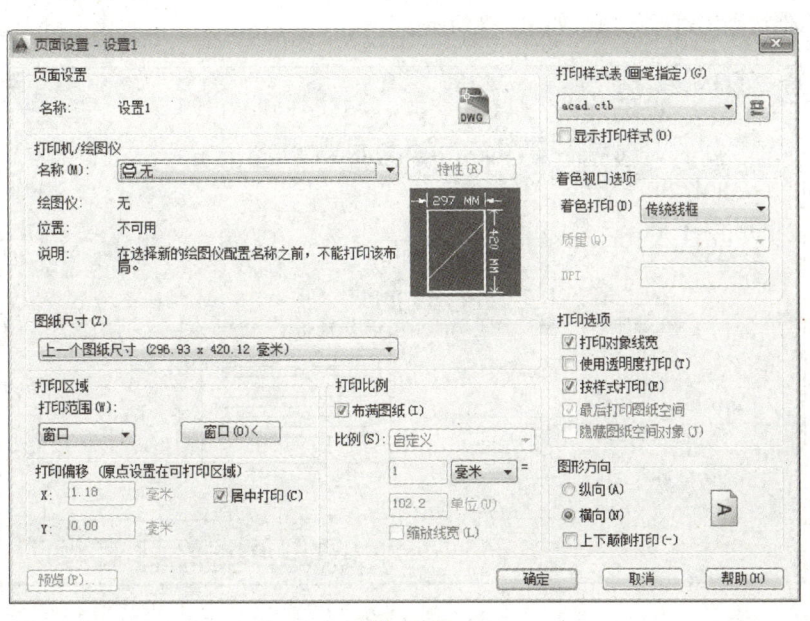

图 6-3

（1）"打印机/绘图仪"设置 在"打印机/绘图仪"工具区，单击"名称"后的下拉列表框，选择所需的打印机/绘图仪。当需将图纸打印为其他文件形式，如pdf文件、jpg文件时，可直接选择对应选项，即分别为"DWG To PDF.pc3""PublishToWeb JPG.pc3"，如图6-4所示。

（2）"自定义图纸尺寸" 以打印jpg格式文件为例，当选择好所需打印机后，可单击"特性"按

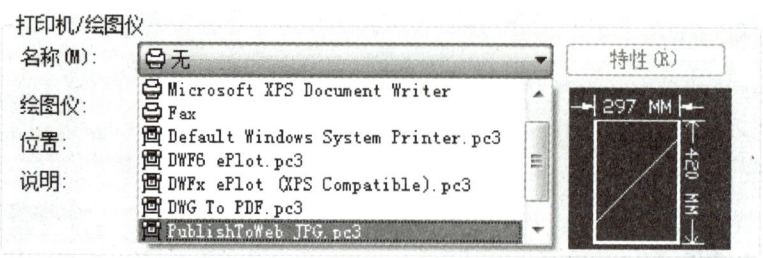

图 6-4

钮,在弹出的对话框中对绘图仪的特性进行编辑,如图 6-5 所示。

当默认图纸尺寸无法满足需求时,可在"绘图仪配置编辑器"对话框的"设备和文档设置"选项卡中单击"自定义图纸尺寸",然后单击"添加""删除""编辑"按钮进行编辑。

单击"添加"按钮,添加新的图纸尺寸,可在弹出的对话框中依次进行如下操作:创建新图纸→设置图纸宽度、高度、单位(见图6-6)→定义图纸尺寸名→完成自定义图纸尺寸编辑。单击"绘图仪配置编辑器"对话框中的"确定"按钮后,该新建图纸尺寸可在页面设置窗口中的"图纸尺寸"下拉列表框中找到。

(3)"打印区域"(图 6-3)"打印范围"选项如下:

"窗口":单击"窗口"下拉菜单选项右边的"窗口"按钮,可在工作区框选确定打印区域,如图 6-7 所示。

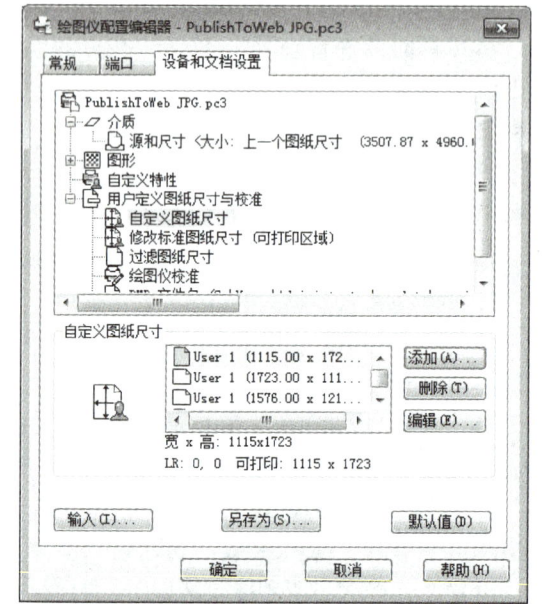

图 6-5

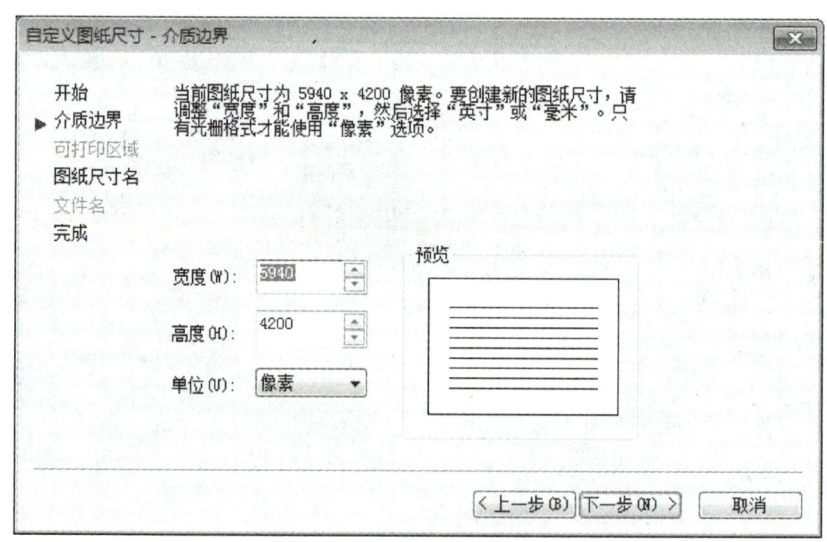

图 6-6

"范围":打印区域为当前工作区内所有的几何图形所在范围。

"图形界线":按指定图纸尺寸打印区域内的所有内容。

"显示":打印当前视口或布局空间中视图范围内的所有内容。

(4)其他 可根据需要确定"打印样式表""着色视口选项""打印选项""图形方向"等内容,可单击"预览"按钮查看,并单击"确定"按钮确认该页面设置。

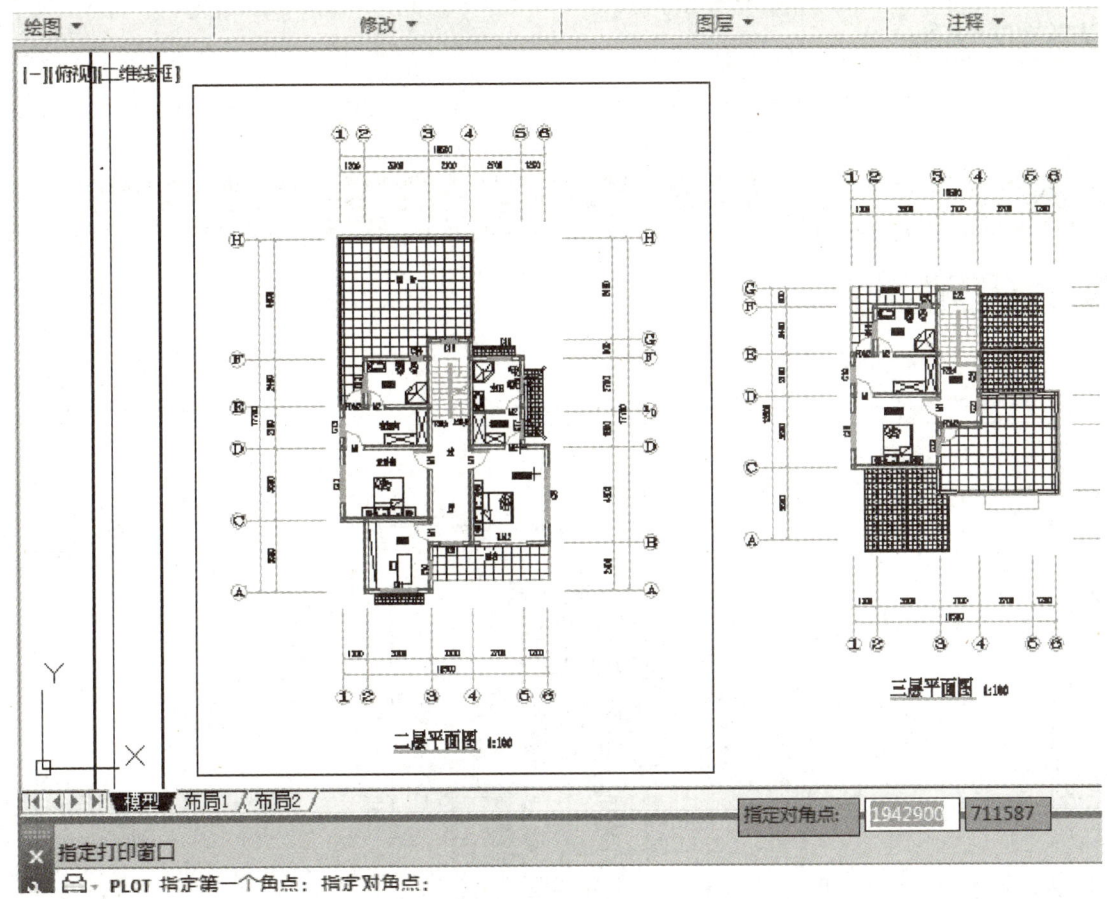

图 6-7

3. 需要注意的事项

1)"打印机/绘图仪"的选择。当需将图纸打印成纸质文件时,应选择已连接的打印机名称;当需将图纸打印成其他格式文件时,应选择名称下拉列表框中默认的对应格式的打印机。

2)在不同的"打印机/绘图仪"模式下,默认图纸尺寸有所不同,当无法满足所需尺寸时,需在"特性"对话框中选择添加自定义图纸尺寸。

3)一般情况下,"打印范围"选择"窗口"选项,可在工作区以框选的形式自由选择打印范围;"打印偏移"选择"居中打印","打印比例"则为"布满图纸"。

4)若多次使用同一打印页面设置方式,可在首次打印完成后,在页面设置区"名称"下拉列表框中选择"上一次打印",快速完成打印操作。

【评价反馈】

对"图纸布局"操作的评价见表 6-1。

表 6-1 对"图纸布局"操作的评价

序号	检测项目	评价任务及权重	自评	小组互评	教师评价
1	图纸布局操作完整性	图纸布局操作是否完整,缺少 1 项扣 5 分(30 分)			
2	页面设置的准确性	页面设置是否准确,1 项不准确扣 5 分(30 分)			
3	图形布局	图形布局不美观,酌情扣 2~5 分(10 分)			
4	完成时间	规定时间内没完成,每超过 10 分钟扣 2 分(10 分)			
5	工作纪律和态度	团队协作能力差、不爱护仪器设备和环境,酌情扣 10~20 分(20 分)			
	任务总评	优□ 良□ 中□ 合格□ 不合格□			

【能力拓展】

选择"PublishToWeb JPG.pc3"绘图仪,并在此模式下创建 NEW1 图纸尺寸:5940×4200(像素)。

任务2 图形的输出

【任务描述】

将已绘制完成的建筑设计图纸(图6-8)进行打印输出。

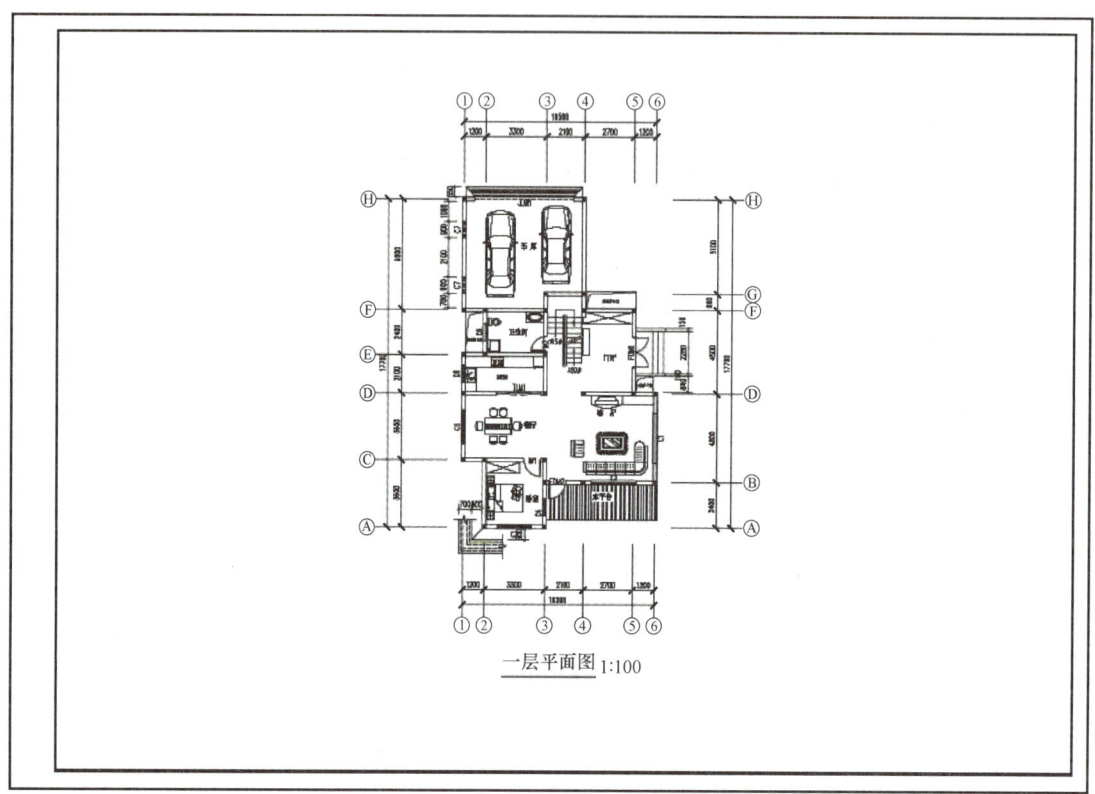

图 6-8

【任务实施】

已绘制完成的图纸可打印成纸质文件或其他格式文件。纸质文件打印时需选择实体打印机;其他格式文件的打印可在下拉列表框中选择对应的绘图仪。

将已绘制完成的图纸布置在图框内适当位置,根据具体情况可选择在模型空间或布局空间完成打印操作。

1. 在模型空间打印输出图纸

1)在模型空间绘制好图纸后,按打印比例插入图框,将图纸布置好后按快捷键<Ctrl+P>或单击菜单栏中的"文件"→"打印"。

2)在弹出的"打印-模型"对话框中,可在"页面设置"的"名称"选项中直接选择已经设置好的页面布局形式,也可根据需要临时设置打印参数,或选择上一次打印数据。若需设置打印参数,可在"打印机/绘图仪"的"名称"选项中选择所需的打印机/绘图仪,并调整"图纸尺寸""打印区域""打印偏移""打印比例"等参数后开始打印。以打印 jpg 格式文件为例(图6-9):"打印机/绘图仪":"PublishToWeb JPG.pc3";"图纸尺寸":"NEW1";"打印区域":使用"窗口"命令框选图纸;"打印偏移":"居中打印";"打印比例":"布满图纸"。

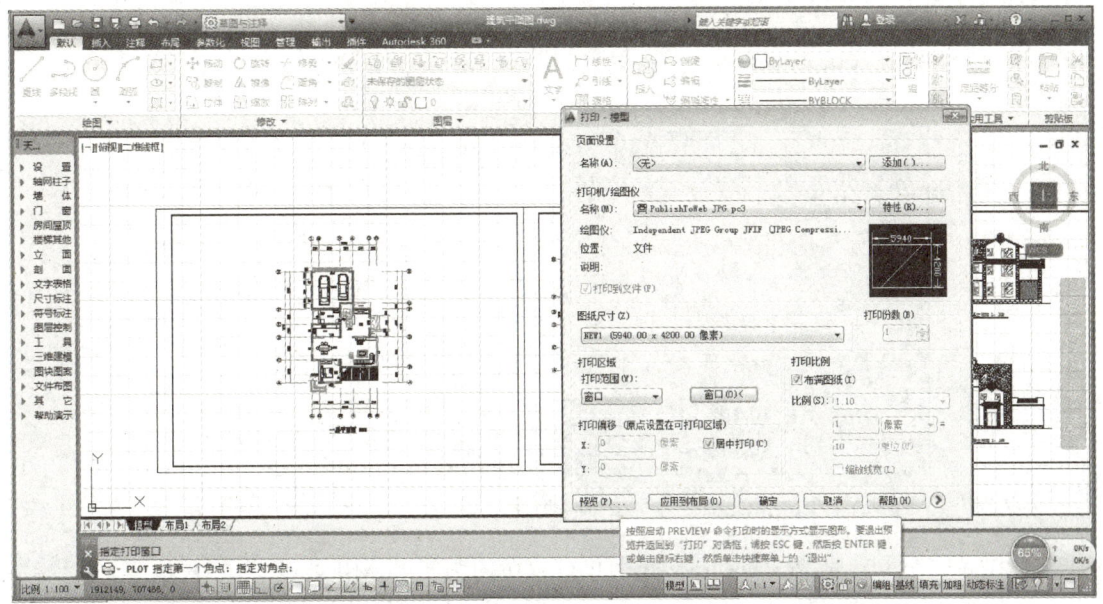

图 6-9

单击"预览"按钮进入预览模式查看打印效果（图6-10），确认无误则单击"打印"按钮或按<Enter>键开始打印输出，若需修改则返回修改后再重新打印。

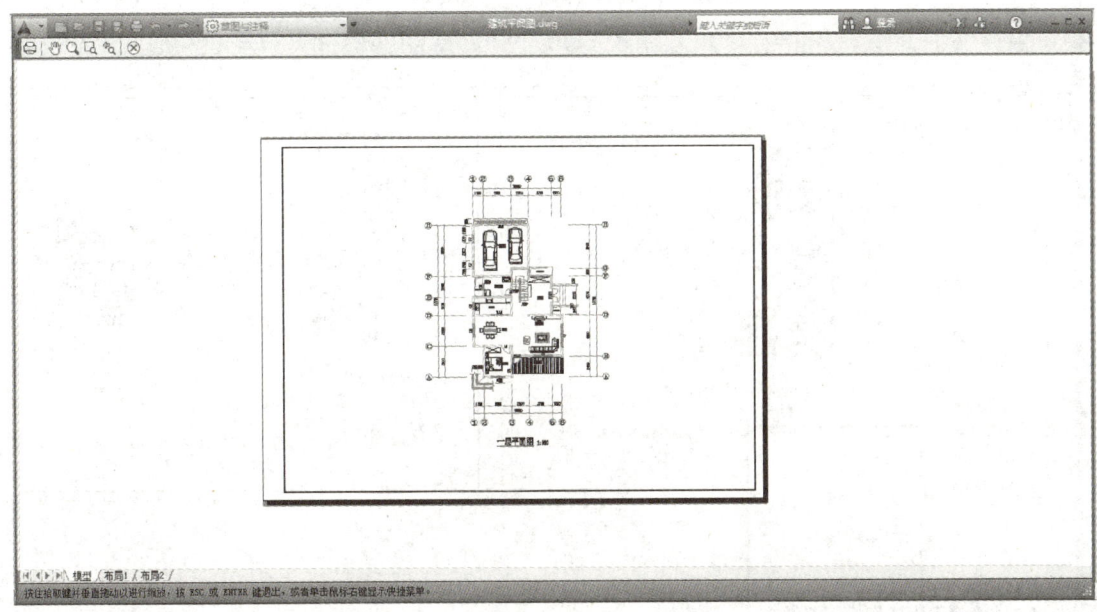

图 6-10

3）输出文件。确认打印输出后，若打印纸质文件，则等待打印机打印完成即可。若打印其他格式电子文件，则在弹出的对话框中编辑确定文件名称、存储路径后单击"保存"按钮，可在保存路径找到所需格式文件，如图6-11所示。

2. 在布局空间打印输出图纸

在模型空间绘制好图纸后，可选择在模型空间或布局空间打印图纸，但当同一图纸幅面内需放置不同比例的图形时，在模型空间难以满足要求，可优先考虑使用布局空间，且在布局空间所进行的其他操作并不影响模型空间。

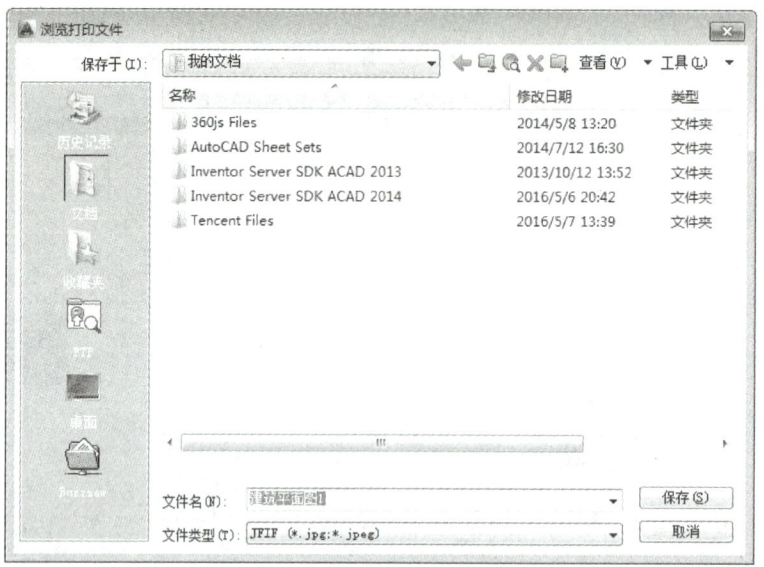

图 6-11

1）在操作界面左下方单击"布局1"按钮可进入布局空间，如图6-12所示。

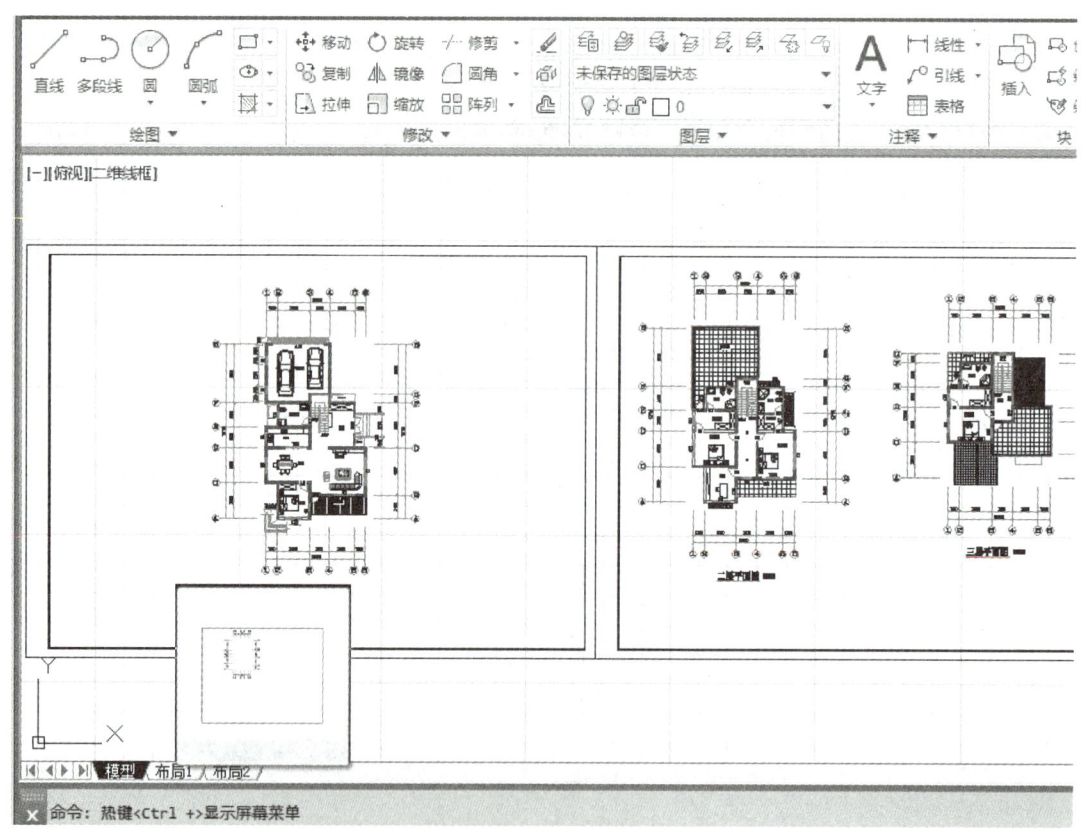

图 6-12

2）进入布局空间，在默认视口中可查看在模型空间绘制的所有图案，同时也可双击视口外区域退出视口，在布局空间进行其他操作，如图6-13所示。其中，在模型空间中可进行的绘图、编辑操作在布局空间也可同样进行。

3）在布局空间插入图框，建立新视口，并编辑视口内容。

① 在布局空间按1∶1的比例绘制图框，如图6-14所示。

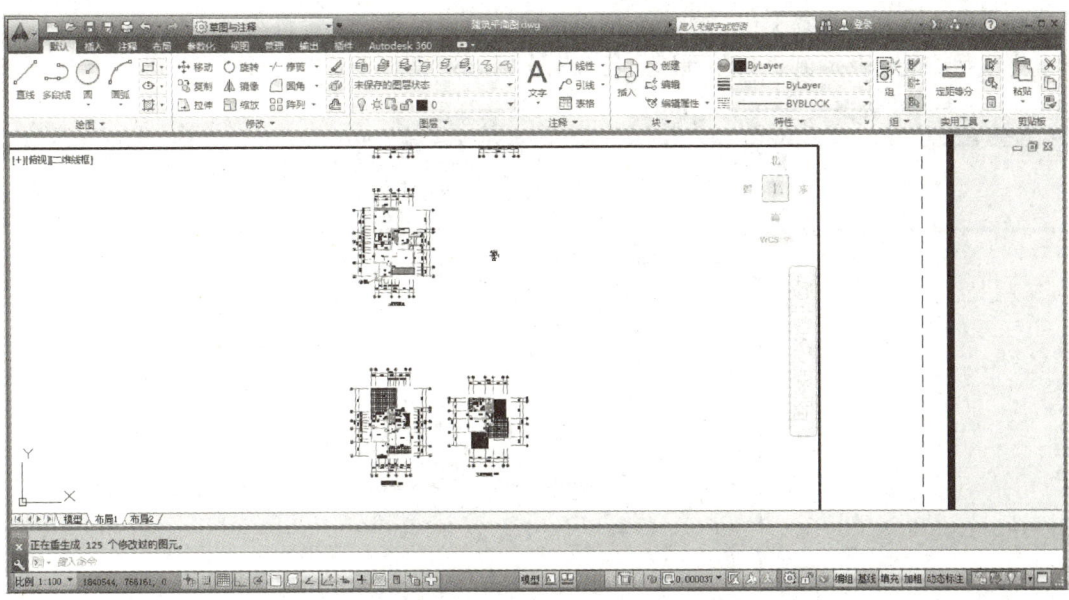

图 6-13

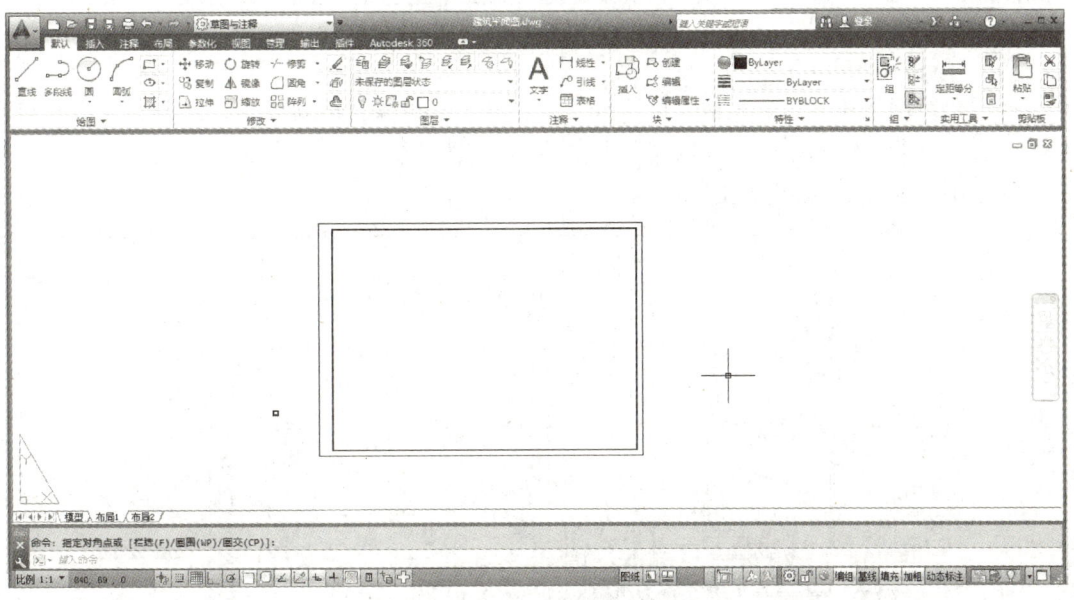

图 6-14

② 在命令行输入新建视口快捷命令"MV",按<Enter>键确认。根据命令行的提示框选新视口区域,建立新视口,如图 6-15 所示。

双击新视口范围进入视口空间,此时视口范围变为加粗黑线。利用鼠标滚轮调整视口可见视图范围,将需打印的图纸部分调整到视口中间位置,并使用以下命令调整视口比例:

命令行:Z(输入后按<Enter>键)

命令行:1/100XP(输入打印图纸比例+XP,按<Enter>键确认)

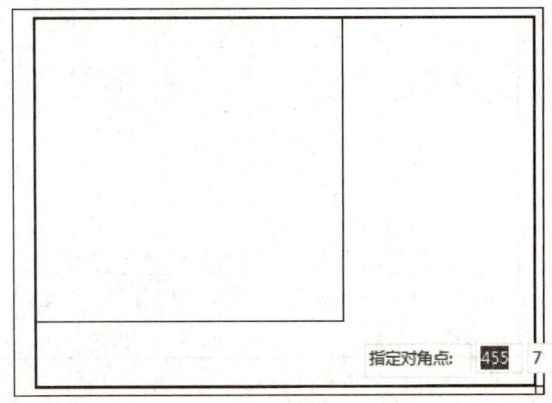

图 6-15

此时，视图空间内图纸显示比例已调整为 1∶100，若需修改图纸位置，可使用右侧的"平移"工具稍作调整，完成后右击选择退出。注意勿使用鼠标滚轮，因滚动滚轮将直接调整视口显示比例。

调整完成后将光标移动到视口范围以外任意工作区域内双击，退出视口空间，如图 6-16 所示。

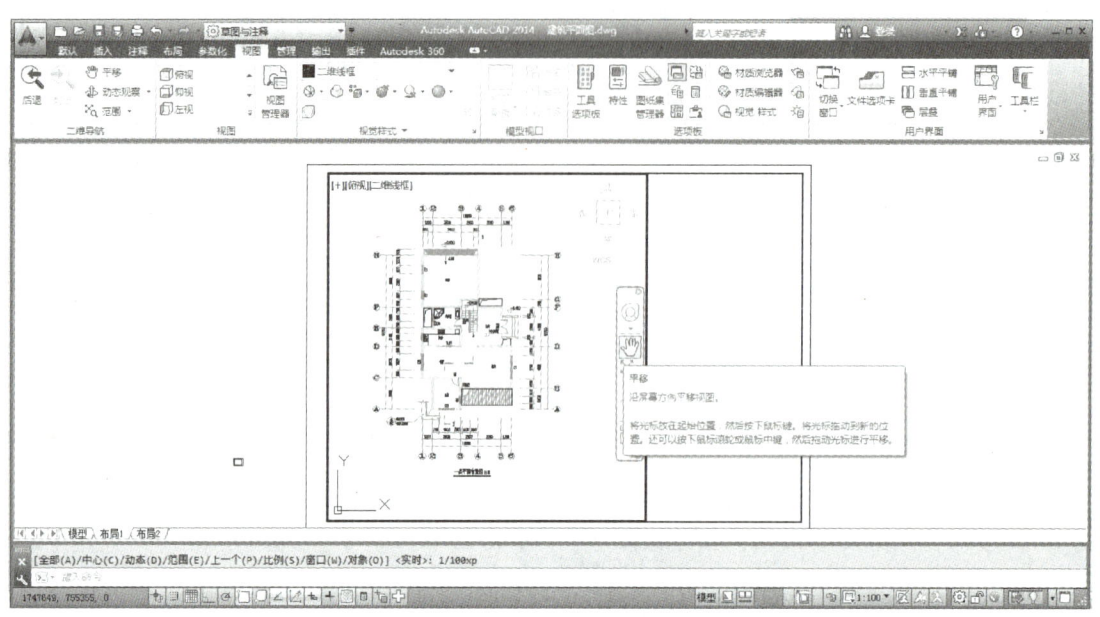

图 6-16

③ 当此图幅范围内还需布置其他比例图纸时，重复上一步骤，即新建视口空间；双击视口空间调整视口显示比例；打印比例设为"1/20XP"（若打印比例为 1∶20）。

完成后退出视口空间，如图 6-17 所示。

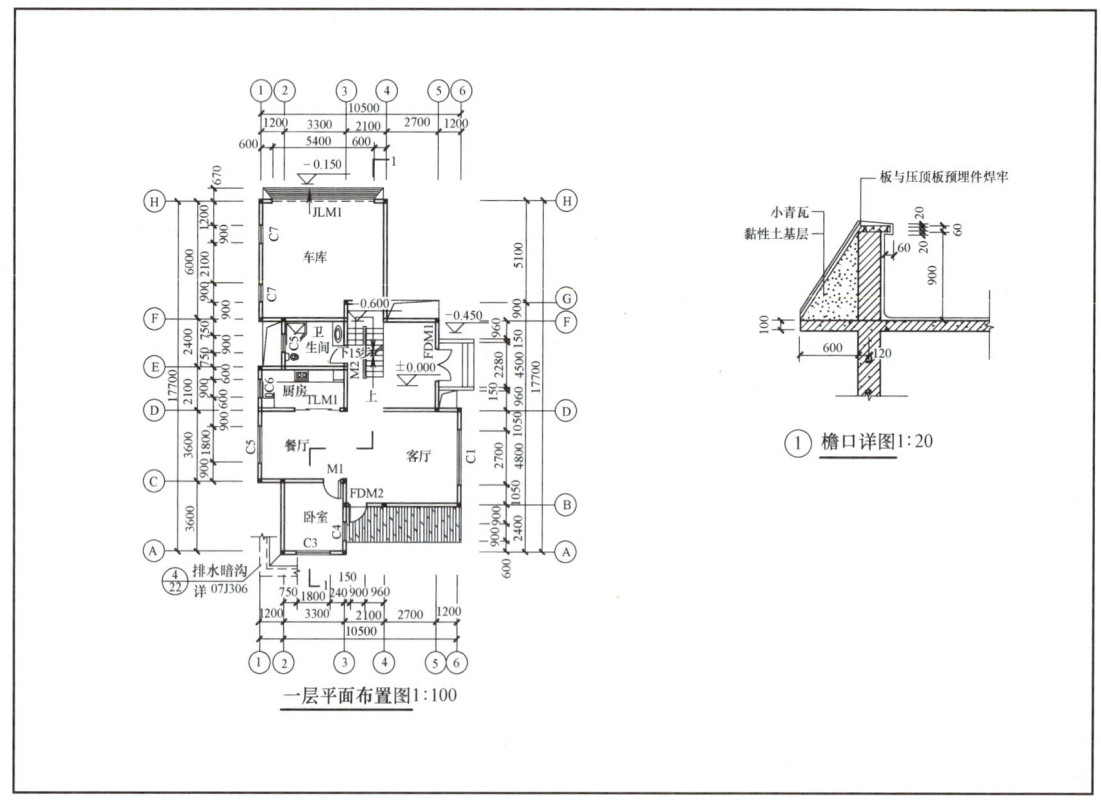

图 6-17

④ 可在布局空间对新建视口进行微调，以确保图纸布置合理。框选所有视口边界，将其放置到"Defpoints"图层，以确保最终打印图纸时视口边界不被显示，如图 6-18 所示。

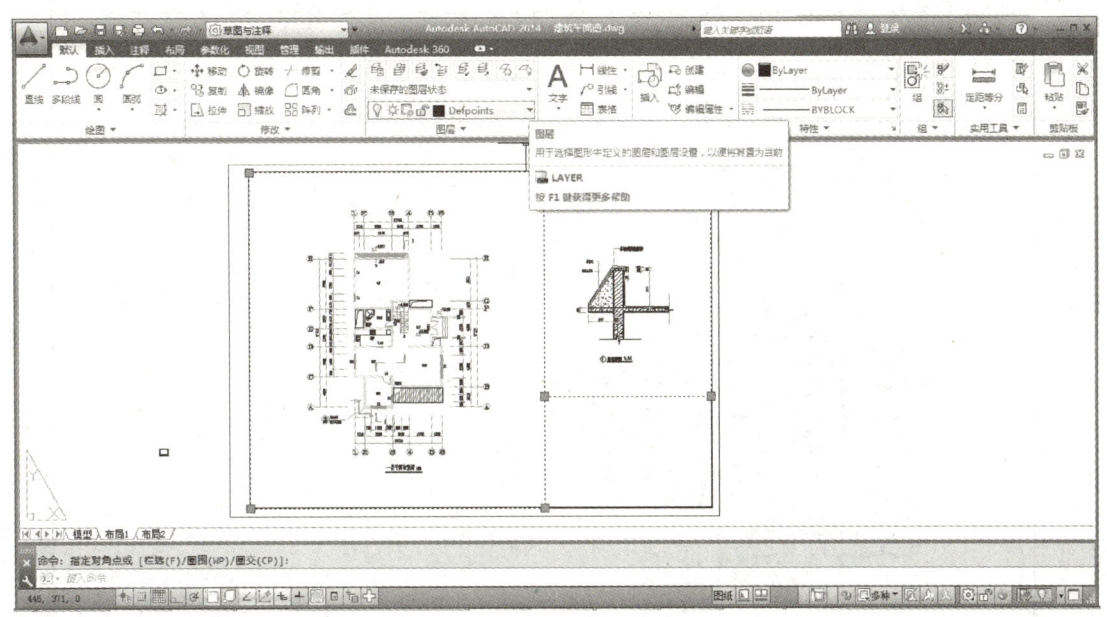

图 6-18

4）打印输出图纸。单击菜单栏中的"文件"→"打印"，在"打印-模型"对话框中选择所需的"打印机/绘图仪"，选择好"图纸尺寸"，选择"打印范围"为"窗口"，"打印偏移"为"居中打印"，"打印比例"为"布满图纸"或"自定义"（如 1∶100），如图 6-19 所示。其中，选择"自定义"模式时应先取消"布满图纸"选项，并根据出图要求选择实际的出图比例。

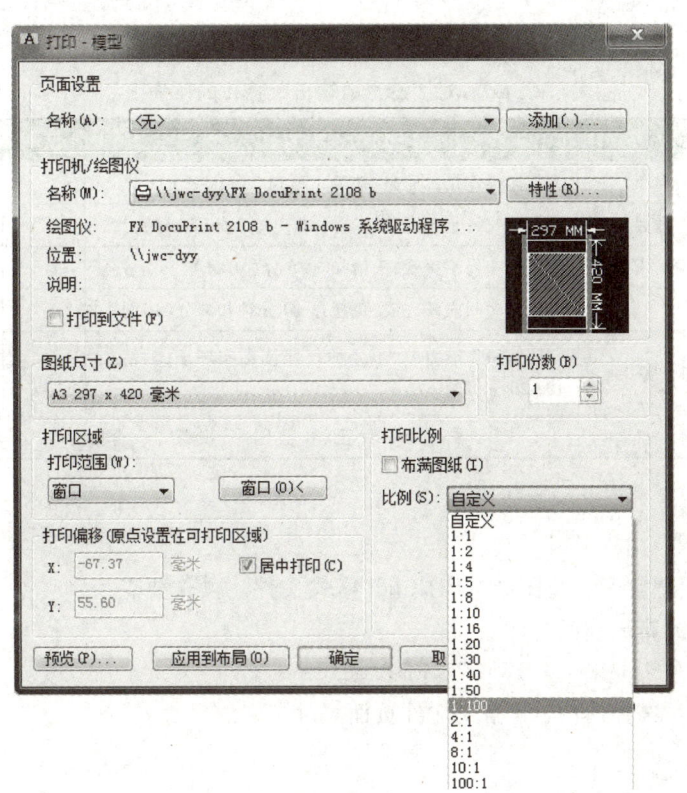

图 6-19

选择完毕后,单击"预览"按钮对图纸进行预览(图6-20),确认无误后单击"确定"按钮或按<Enter>键直接打印。

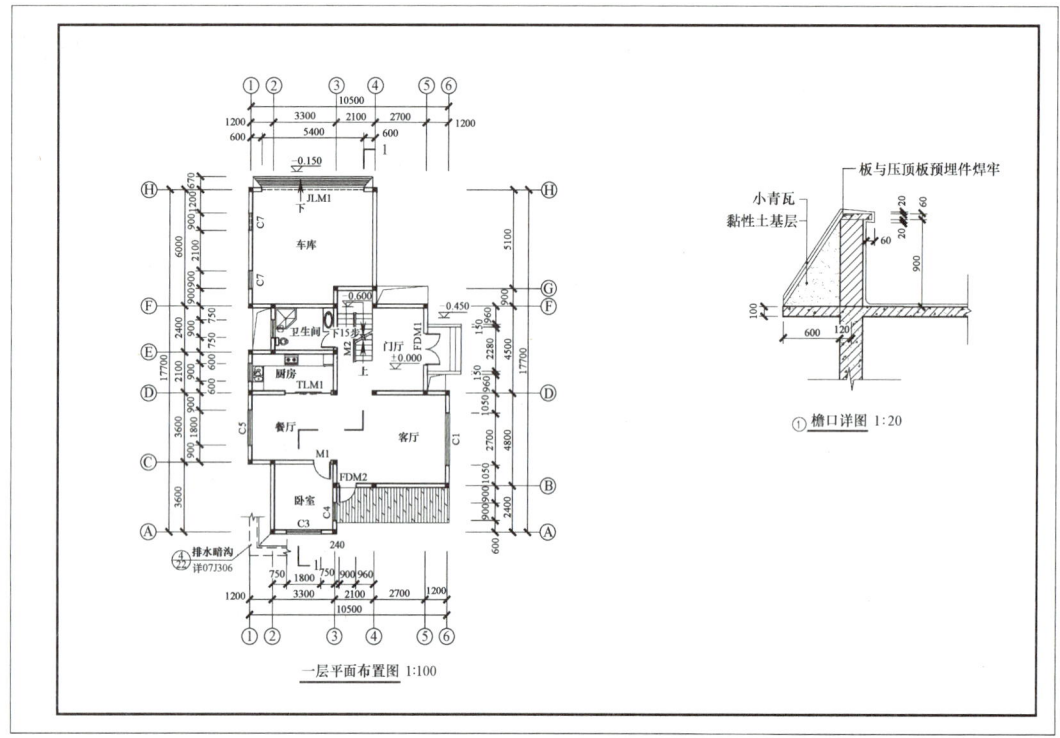

图 6-20

【评价反馈】

对"图形的输出"操作的评价见表6-2。

表6-2 对"图形的输出"操作的评价

序号	检测项目	评价任务及权重	自评	小组互评	教师评价
1	打印操作的完整性	打印操作是否完整,缺少1项扣5分(30分)			
2	打印文件的准确性	打印文件是否准确,1项不准确扣5分(30分)			
3	图形布局	图形布局不美观,酌情扣2~5分(10分)			
4	完成时间	规定时间内没完成,每超过10分钟扣2分(10分)			
5	工作纪律和态度	团队协作能力差、不爱护仪器设备和环境,酌情扣10~20分(20分)			
任务总评		优□ 良□ 中□ 合格□ 不合格□			

【能力拓展】

使用布局空间或模型空间,将图纸打印成pdf格式文件。操作要点为:

1)选择模型空间或布局空间打印。
2)"打印机/绘图仪"选择:"DWG To PDF.pc3"。
3)图纸尺寸选择:选择所需pdf格式文件页面尺寸。

项目七
运用天正建筑 TArch 2020绘制建筑施工图

【项目概述】

认识并了解天正建筑 TArch 2020 软件的主要功能，并在此基础上依据给定的绘图任务，学习如何运用 TArch 2020 准确而快速地完成建筑平面图、建筑立面图和建筑剖面图的绘制。

任务1 认识天正建筑 TArch 2020

【任务描述】

了解天正建筑 TArch 2020 软件的主要功能，并通过上机实践操作，完成软件开启并了解天正建筑菜单栏。

【任务实施】

1. 天正建筑 TArch 2020 软件的介绍

（1）TArch 2020 软件简介　天正建筑 TArch 2020 是在 AutoCAD 图形平台基础上研发的建筑设计软件，依据建筑设计中的初步方案设计至施工图设计的全程设计需求，采用二维图形描述与三维空间一体化的方式，参考建筑设计基本制图规范，以建筑构件模型作为基本单元，以先进的建筑对象概念服务于建筑设计，提供了步骤简单且易于操作的设计制图方式。

（2）TArch 2020 软件的功能　TArch 2020 提供了多种建模工具（包括墙、楼板、梁、柱等），以及丰富的建筑元素库，可以帮助用户完成各种任务，如平面图绘制、立体模型设计、施工图纸制作等。

此外，TArch 2020 还支持自动化设计和布局功能，可以根据用户的输入和规范要求生成建筑设计方案，可节省绘图时间并保证设计质量。它能够生成高质量的二维施工图和平面图，并能让用户轻松地添加注释和尺寸。TArch 2020 还提供了多种建筑材料和构件的信息库，方便用户选择合适的建筑元素。同时，TArch 2020 可与其他 CAD 软件兼容，方便文件的导入和导出。

除了基本的绘图和编辑功能外，TArch 2020 还提供了一些高级功能，如智能化设计辅助功能，能够根据用户设定的规则和参数自动生成符合要求的建筑设计方案。还提供了多种分析工具，帮助用户评估设计方案的可行性和稳定性，使其成为一款非常强大且实用的建筑设计软件。

2. 天正建筑 TArch 2020 软件的基本操作

（1）天正建筑 TArch 2020 软件的开启　双击桌面快捷方式或者单击"开始"→"所有程序"→"T20 天正建筑软件"（图7-1）。

图 7-1

（2）TArch 2020 操作界面　进入 TArch 2020 操作界面后，在其左侧可以看到天正建筑菜单栏，如图 7-2 所示。开启或关闭天正建筑菜单栏的快捷方式是<Ctrl>+<+>或在命令窗口中输入"TMNLOAD"。菜单栏中提供了建筑主要构件绘制、参数设置、布图打印等模块，具体如下：

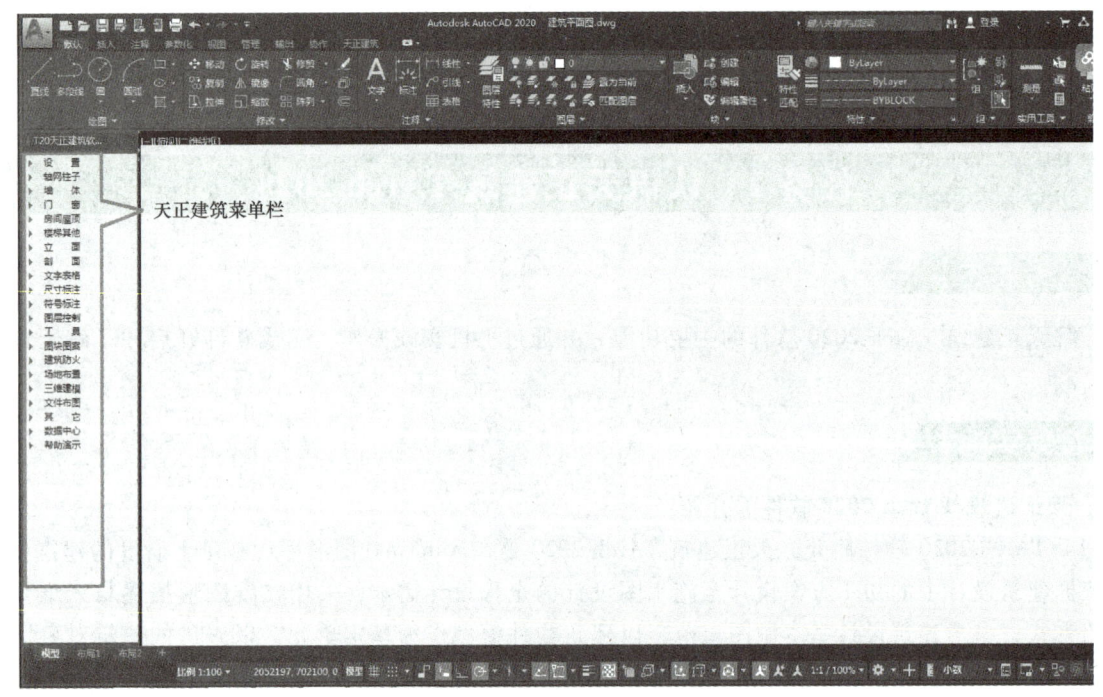

图 7-2

1）设置：该模块下拉菜单提供天正建筑基本设置编辑选项，包括自定义、天正选项、当前比例、文字样式、尺寸样式、图层管理，如图 7-3 所示。

2）建筑构件模块：建筑构件模块包括轴网柱子、墙体、门窗、房间屋顶、楼梯其他、立面、剖面。各模块包含的工具如图 7-4 所示。

3）标注模块：标注模块包括文字表格、尺寸标注、符号标注，如图 7-5 所示。

4）其他工具模块：其他工具模块包括图层控制、工具、图块图案、建筑防火、场地布置、三维建模、文件布图、其它，如图 7-6 所示。

5）数据中心、帮助演示。

图 7-3

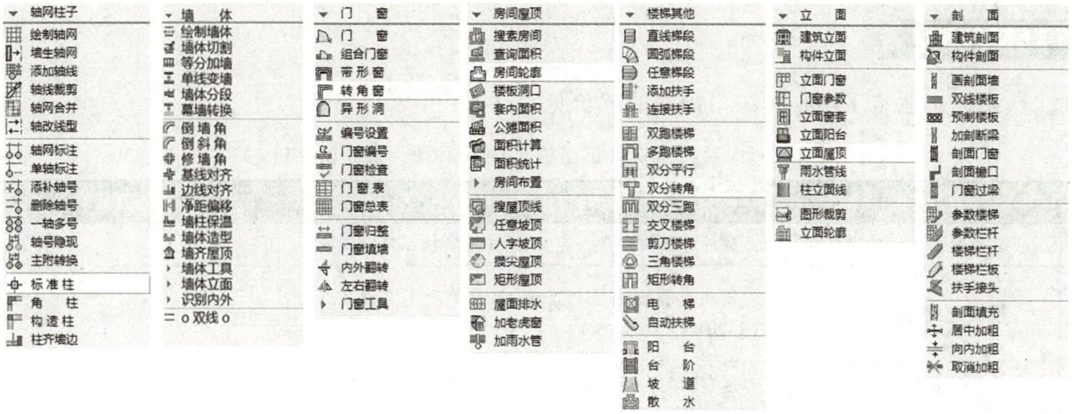

项目七 运用天正建筑 TArch 2020绘制建筑施工图

图 7-4

图 7-5

图 7-6

125

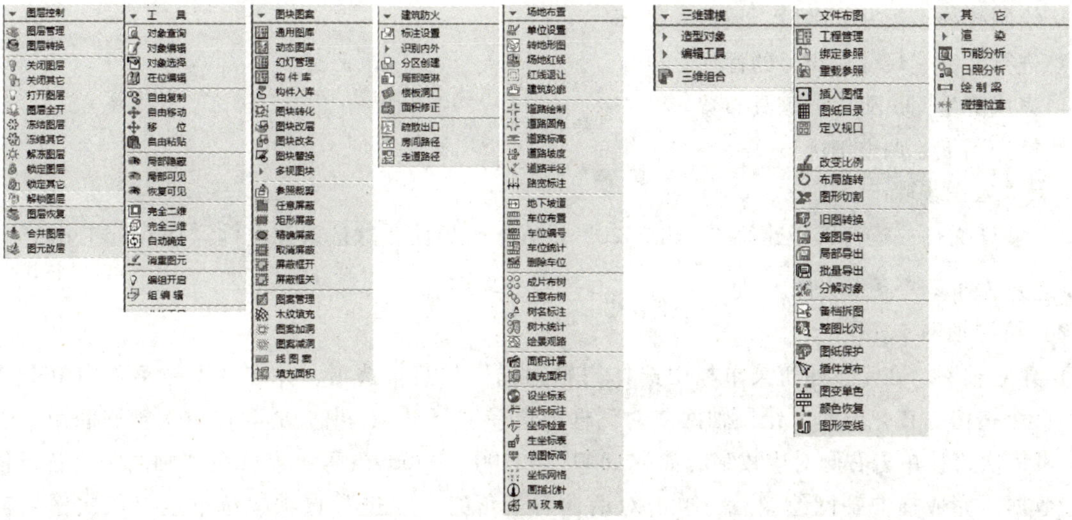

【评价反馈】

对"认识天正建筑 TArch 2020"操作的评价见表 7-1。

表 7-1 对"认识天正建筑 TArch 2020"操作的评价

序号	检测项目	评价任务及权重	自评	小组互评	教师评价
1	软件界面认识的完整性	软件界面认识是否完整,缺少 1 项扣 5 分(35 分)			
2	模块查找操作的准确性	模块查找操作是否准确,每有 1 项不准确扣 5 分(35 分)			
3	完成时间	规定时间内没完成,每超过 10 分钟扣 2 分(10 分)			
4	工作纪律和态度	团队协作能力差、不爱护仪器设备和环境,酌情扣 10~20 分(20 分)			
任务总评		优□　良□　中□　合格□　不合格□			

任务 2　运用天正建筑 TArch 2020 绘制住宅建筑平面图

【任务描述】

通过上机实践操作,完成建筑平面图绘制,通过运用天正建筑提供的"轴网柱子""墙体""门窗""楼梯其他""尺寸标注""符号标注"等模块完成建筑平面图(图 7-7)的绘制任务。

【任务实施】

绘图时,天正建筑菜单栏按构件形式划分模块,提供了便捷的绘图模式,但针对绘图中的非常规构件,应利用 AutoCAD 进行绘制,或结合相似模块利用 AutoCAD 进行编辑、修改,完成绘图。

利用天正建筑菜单栏绘制平面图时,每个绘图模块都提供了多种形式,绘图方式多样,并不唯一,绘图时可根据个人绘图习惯选择最合适的方式准确而快速地完成图纸绘制。

1. 总体绘图步骤

1)分析平面图组成,确定平面轴网布置。
2)在绘制好的轴网上绘制墙、柱、门窗等主要构件部分。
3)绘制楼梯、管井、台阶、坡道等细部。
4)进行文字、尺寸、符号的标注。
5)完成卫生间、厨房的家具布置。
6)检查图纸,调整细部。

2. 具体绘图步骤

(1)新建文件　运行天正建筑 TArch 2020,进入操作界面,默认新建文件"Drawing1.dwg"文件,也可新建并选择 ACAD 文件。

(2)绘制轴网、柱子

1)建立轴网。在天正建筑菜单栏中选择"轴网柱子"菜单选项,并在其下拉菜单中单击"绘制轴网"命令按钮。在弹出的"绘制轴网"对话框中选择"下开",并从左至右输入轴网间距。输入间距时,可依次直接单击右侧对应数字,如"1800""2100""3600"等,也可在"轴间距"栏下依次输入对应数据。完成横向轴网绘制后,单击对话框右下角的"左进"选项,从下至上依次输入轴网间距,如图 7-8 所示。

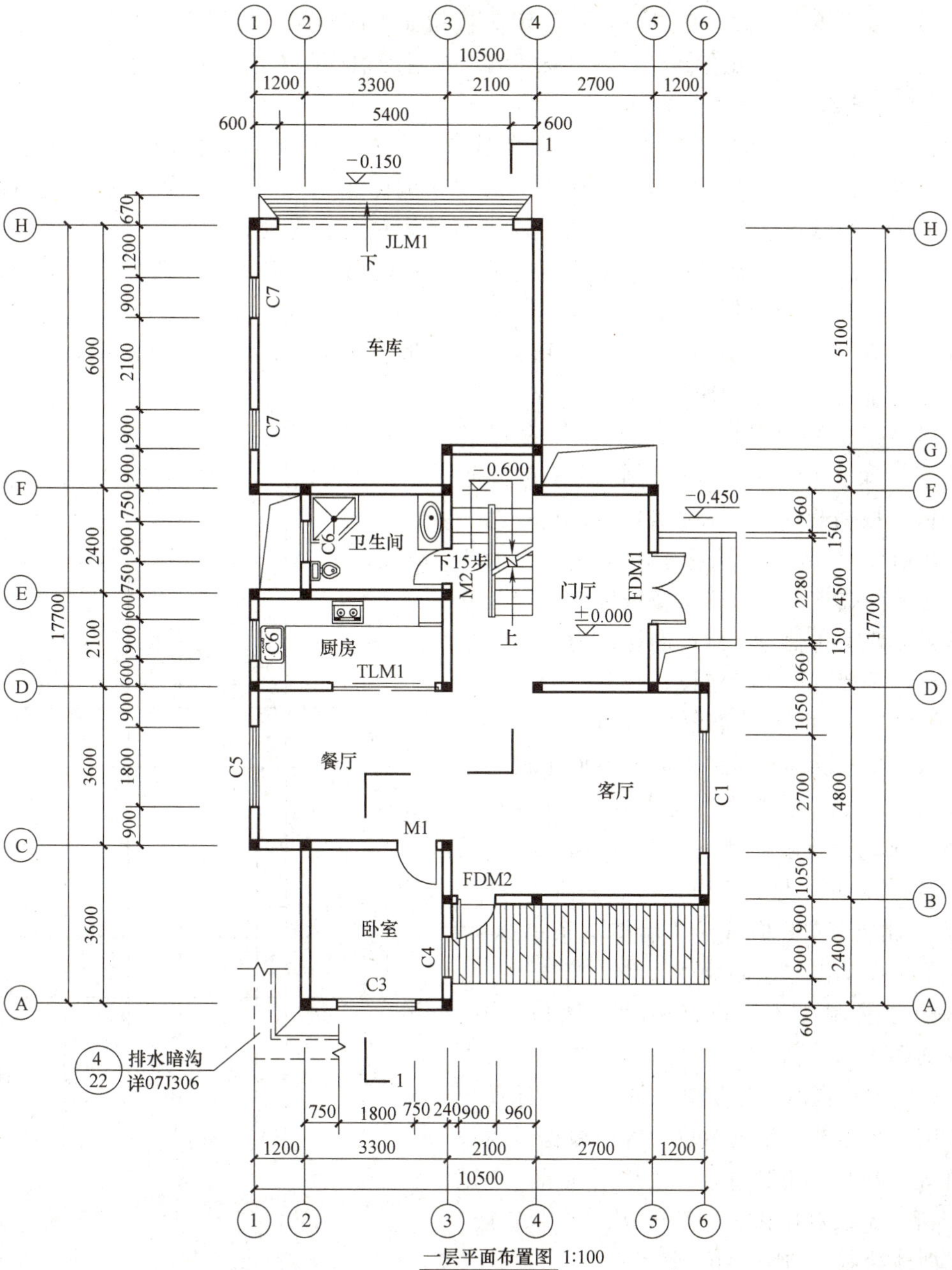

项目七 运用天正建筑 TArch 2020绘制建筑施工图

一层平面布置图 1:100

图 7-7

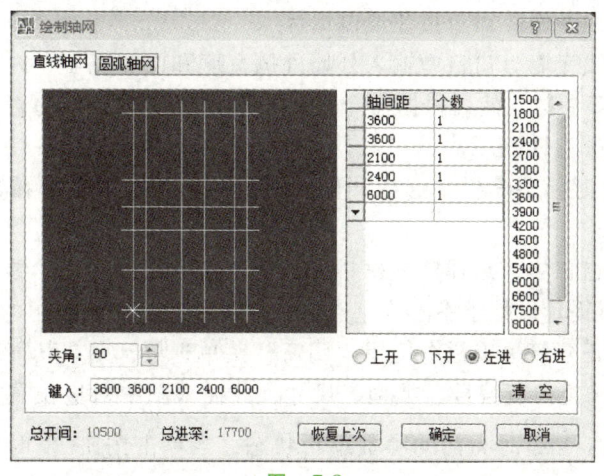

图 7-8

当主轴网参数设置完成后，单击下方"确定"按钮插入该轴网。根据命令栏提示，在模型空间选取轴网插入位置，完成主轴网绘制。主轴网局部编辑及附加轴绘制方法与 CAD 绘图相同，可直接使用"偏移"工具或"直线"工具完成绘制。

在天正建筑菜单栏中选择"轴网柱子"菜单选项，并在其下拉菜单中单击"轴网标注"命令按钮。可在左上角的弹出菜单中选择"单侧标注"或"多侧标注"，并在"起始轴号"后的输入框中直接输入起始轴号，当输入框为空白时则默认：轴线编号从左至右为阿拉伯数字 1、2、3…，从下至上为大写字母 A、B、C…。当轴网标注参数设置完成后，根据命令行提示，先选择起始轴线，再选择终止轴线，选择不需要标注的轴线，之后直接右击完成该操作。

因建筑两侧墙体布置不同等原因，两侧轴线标注一般要求不同，此时，可使用"添补轴号"/"删除轴号"命令对轴网标注进行编辑。

在天正建筑菜单栏中选择"轴网柱子"菜单选项，并在其下拉菜单中单击"添补轴号"/"删除轴号"命令按钮。根据命令行提示完成以下操作：

① "添补轴号"：先单击选择参考轴线，一般为需添加轴线区域的临近轴线，确认新增轴线是否为附加轴线，是否需要重排轴号，然后确认新增轴线与参考轴线的距离，一般可用坐标定位。

② "删除轴号"：框选需要删除的轴号，右击确认，根据提示选择删除轴号后是否需要对原轴网编号进行重新排列，直接选择"是"或"否"，或者输入"Y"或"N"确定，绘制结果如图 7-9 所示。

2）绘制墙体。可采用以下方式绘制墙体：

① 在天正建筑菜单栏中选择"墙体"菜单选项，并在其下拉菜单中单击"绘制墙体"命令按钮。

在弹出的"绘制墙体"窗口中确定墙体参数，以墙体中线为参考线，确定"左宽"和"右宽"参数，并可在该窗口中同时确定层高、底高、墙体使用材料、墙体用途等参数。完成参数设置后根据具体情况单击该窗口下方的"绘制直墙""绘制弧墙""矩形绘墙"按钮开始绘制墙体，一般使用"绘制直墙"可完成直线墙体绘制，如图 7-10 所示。

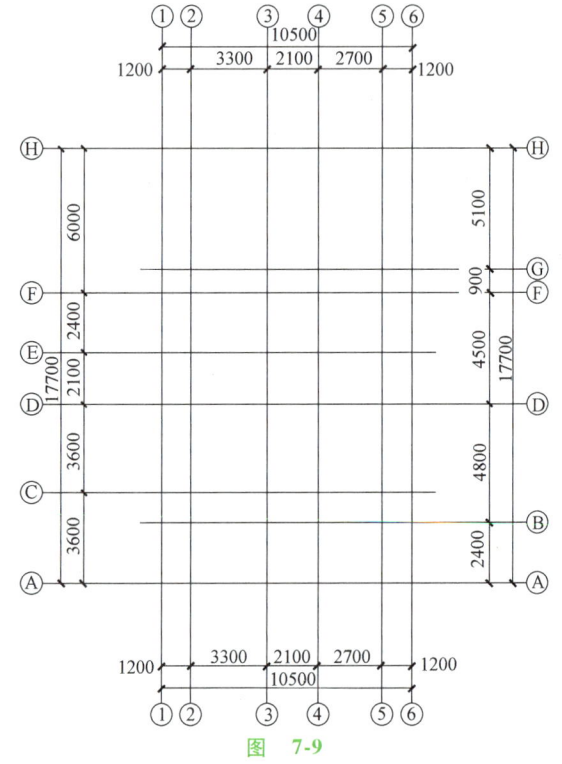

图 7-9

② 先修剪轴网，删除不需要的轴线部分，然后可在天正建筑菜单栏中选择"墙体"菜单选项，并在其下拉菜单中单击"单线变墙"命令按钮绘制墙体。

在左上方弹出的"单线变墙"窗口中输入外墙外侧宽度和内侧宽度、内墙宽度，并可确定当前层高、底高、墙体使用材料等参数。然后根据命令栏提示选择要变成墙体的直线、圆弧或多段线，完成选择后右击完成绘图，如图 7-11 所示。

3）绘制柱子。在天正建筑菜单栏中选择"轴网柱子"菜单选项，并在其下拉菜单中单击"标准柱"命令按钮。

在弹出的"标准柱"窗口中，选择柱子材料、形状，并输入柱子尺寸参数，然后单击左下角"点选插入柱子"，根据命令行提示以柱子中心为基点选择柱子位置，完成柱子的绘制。

（3）绘制门窗　在天正建筑菜单栏中选择"门窗"菜单选项，并在其下拉菜单中单击"门窗"命令按钮。在弹出的窗口中确定门窗编号、类型、尺寸，并插入图中对应位置；在弹出的窗口中对门窗参数进行确定，当单击按钮 时为门的参数编辑状态，当单击按钮 时为窗的参数编辑状态，如图 7-12 所示。

项目七 运用天正建筑 TArch 2020绘制建筑施工图

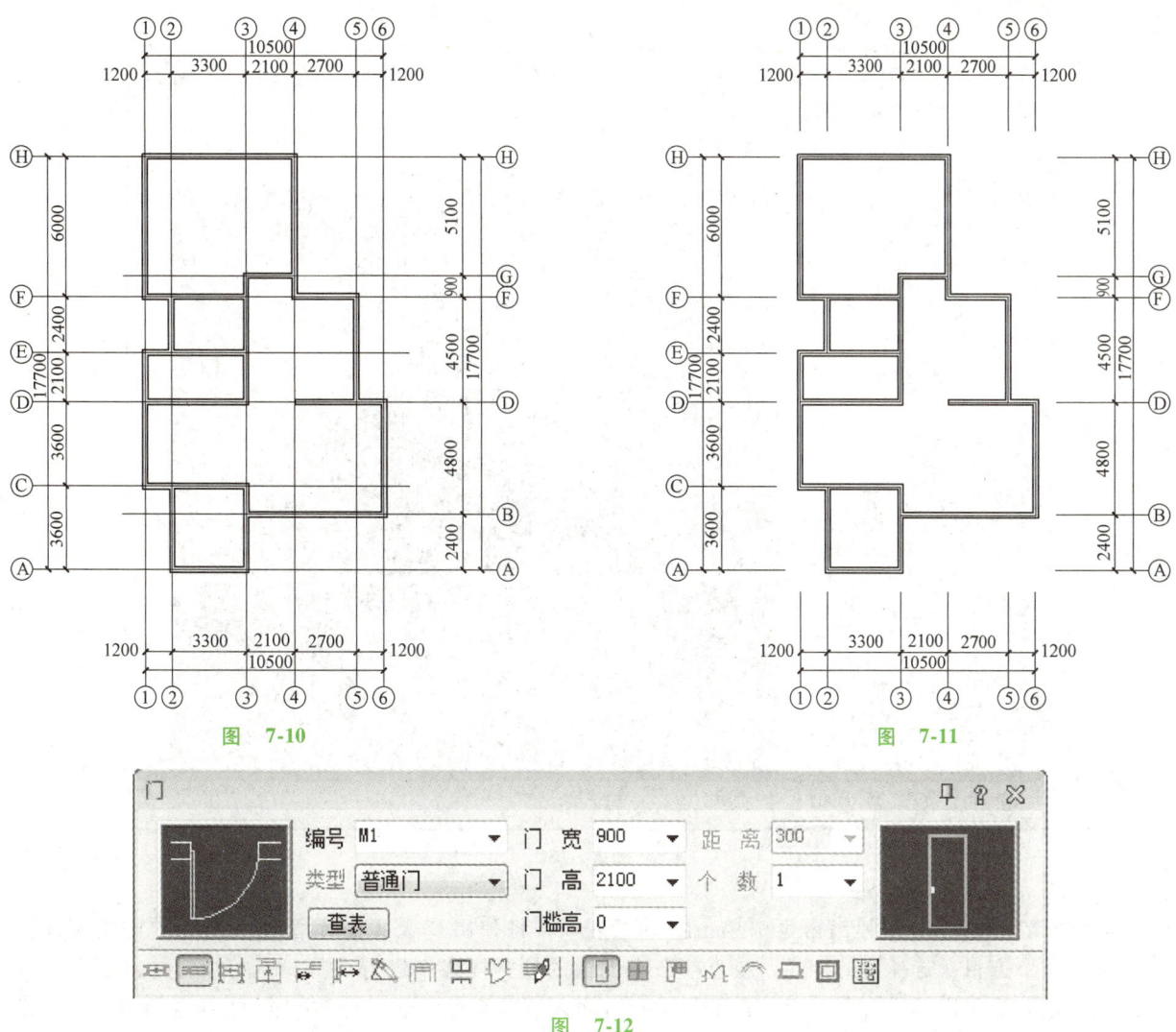

图 7-10

图 7-11

图 7-12

1）以插入门为例，单击按钮 后，单击窗口左上角的预览区域可弹出"天正图库管理系统"中的门图库部分，如图7-13所示。单击左上方门类型区域，选择所需门类型，然后在其下方扩展目录区域选择具体的门形式，或者直接在右侧预览区域单击选择，然后双击预览图可确定选择并返回图7-12所示窗口。

完成门样式选择后，在图7-12所示窗口中确定"门宽""门高""门槛高"的参数，可在下拉选择项中选择或直接输入。在图7-12所示窗口中，可在"类型"选项中对门的类型进行选择，同时可对门进行编号，如M1；也可选择自动编号，自动编号由门的首字母大写、门宽、门高组成，如M0921表示宽900mm、高2100mm的门。当门的参数设置完成后，开始在图中具体位置插入。门的插入方式选项位于图7-12最下方，插入方式有"自由插入""沿墙顺序插入""依据点取位置两侧轴线进行等分插入""在点取的墙段上等分插入"等，可根据图纸具体情况选择适合的插入方式，并可根据命令栏提示左右、内外翻转。

以"沿墙顺序插入"门M1为例，在图7-12所示窗口中确定门的参数后，单击"沿墙顺序插入"图标，然后可见命令栏提示：

点取门窗插入位置或<退出>:（单击选择M1应插入的墙体位置）

输入从基点到门窗侧边的距离或<退出>:120（输入"120"，右击确认）

输入从基点到门窗侧边的距离或[左右翻转(S)内外翻转(D)区间距(L)<退出>]:S（输入"S"后右击确定完成M1插入）

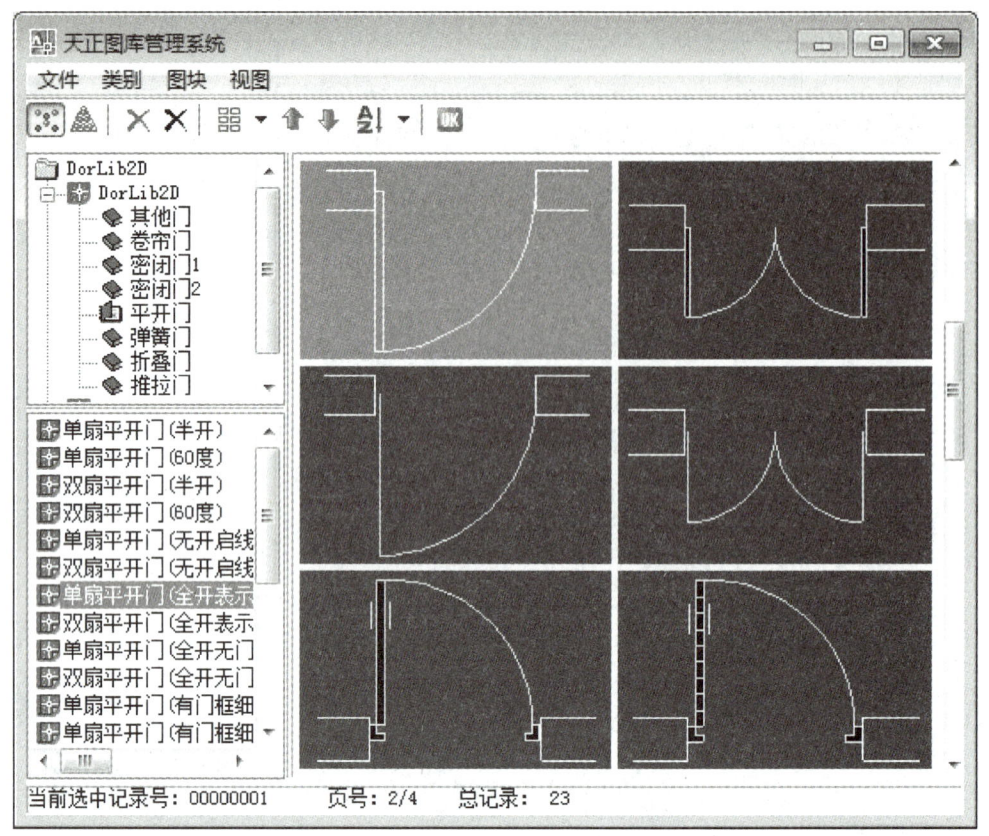

图 7-13

2)单击按钮 ，在弹出窗口中单击窗预览区域，将弹出"天正图库管理系统"中的窗图库部分。单击左下方目录选择窗的样式，或直接在右侧窗的预览样式中进行选择，选好所需样式后双击预览图纸确定。退回窗的弹出窗口后，在编号中直接输入所需编号，如 C1；或直接选择自动编号，自动编号由窗的首字母大写、门宽、门高组成，如 C1815 表示宽 1800mm、高 1500mm 的窗。当窗的参数设置完成后开始在图中具体位置插入。窗的插入方式与门相同，可根据图纸具体情况选择适合的插入方式。

以"依据点取位置两侧轴线进行等分插入"窗 C3 为例，在窗的弹出窗口中确定窗的参数后，单击"依据点取位置两侧轴线进行等分插入"的图标，然后可见命令栏提示：

点取门窗大致的位置和开向或<退出>：（单击选择 C3 应插入的墙体位置）

指定参考轴线或<退出>：（默认轴线此时变为虚线，若默认轴线无误可右击确认；若需重新确定参考轴线，则直接单击所需轴线即可，确定后右击确认完成窗的插入）

门窗绘制完成后如图 7-14 所示。

（4）绘制楼梯 关于楼梯的绘制，天正建筑菜单栏中提供了"楼梯其他"菜单选项，在其下拉菜单中提供了绘制楼梯的多种方法，可直接绘制直线梯段、弧形梯段、任意梯段和扶手，可直接绘制双跑楼梯、多跑楼梯、双分平行楼梯、交叉楼梯、剪刀楼梯、三角楼梯等，也可直接绘制电梯、扶梯、台阶、坡道、散水等构造部分。各类型楼梯的绘制都是以相关参数来确定楼梯的尺寸、位置和构造形式，绘制方式较为相似，现以常见的双跑楼梯为例进行讲解，如图 7-15 所示。

在天正建筑菜单栏中选择"楼梯其他"菜单选项，并在其下拉菜单中单击"双跑楼梯"命令按钮。在弹出的"双跑楼梯"窗口中选择所需楼梯参数。

"楼梯高度"：楼梯高度应与层高一致，高度确定后踏步总数、一跑步数、二跑步数、踏步高度、踏步宽度等自动生成，若所需数据与默认生成数据不同，也可根据实际情况直接输入数值确定。

项目七 运用天正建筑 TArch 2020绘制建筑施工图

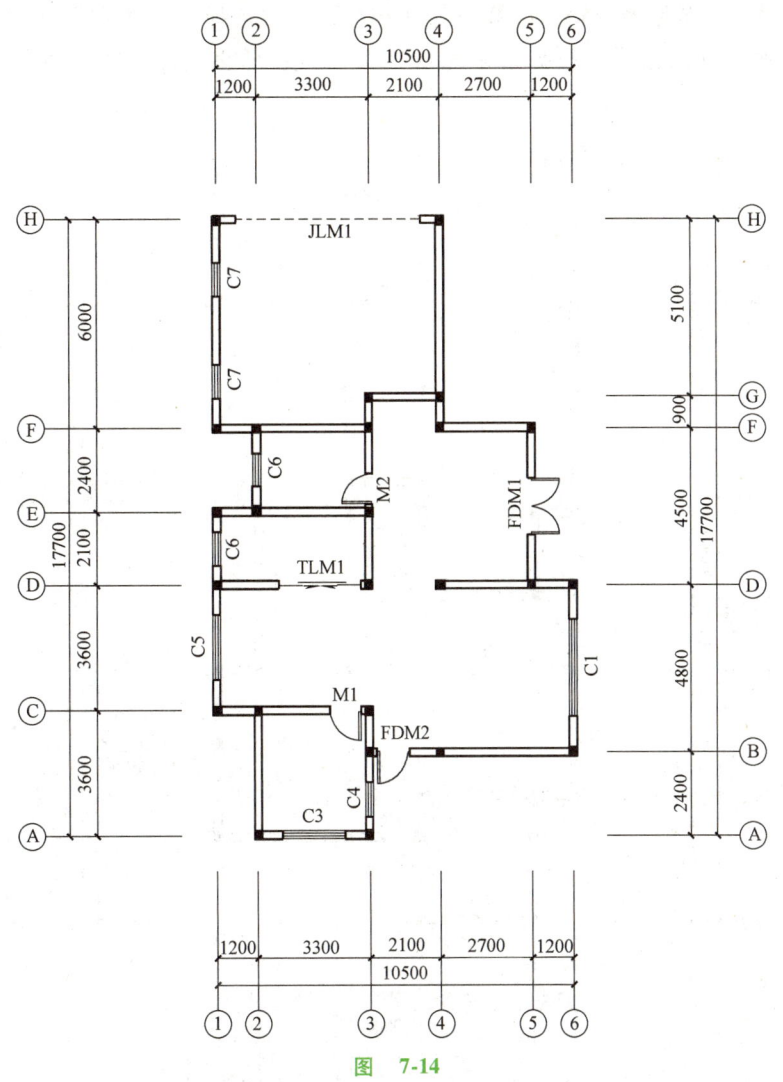

图 7-14

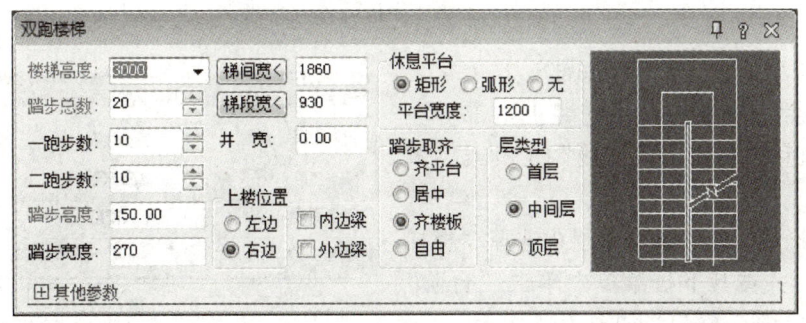

图 7-15

"梯间宽":是指楼梯间两墙体之间的净距,可单击按钮 梯间宽< 在图中直接选取;也可以经计算后直接输入,梯间宽=楼梯间轴线尺寸-两侧半墙厚度之和。

"梯段宽":是指梯段的宽度,梯段宽=1/2(梯间宽-井宽)。

"上楼位置""休息平台""踏步取齐"等数据根据实际情况确定。

注意:踏步高度、踏步宽度、梯段宽度、休息平台宽度等应符合建筑设计规范要求。

楼梯各参数确定后,根据命令栏提示直接在模型空间对应位置插入楼梯模块即可,一般以楼梯左上角点作为基准点。

在图 7-16 的绘制中,一层平面图因涉及地下室楼梯部分,可直接选择"层类型"为"中间层",

131

插入楼梯后将构件分解，删除多余踏步，修改标注部分；也可选择"层类型"为"首层"，然后直接补充绘制通向地下室部分的楼梯。楼梯绘制完成之后可将楼梯重新定义为"块"，以便于后期绘图编辑。

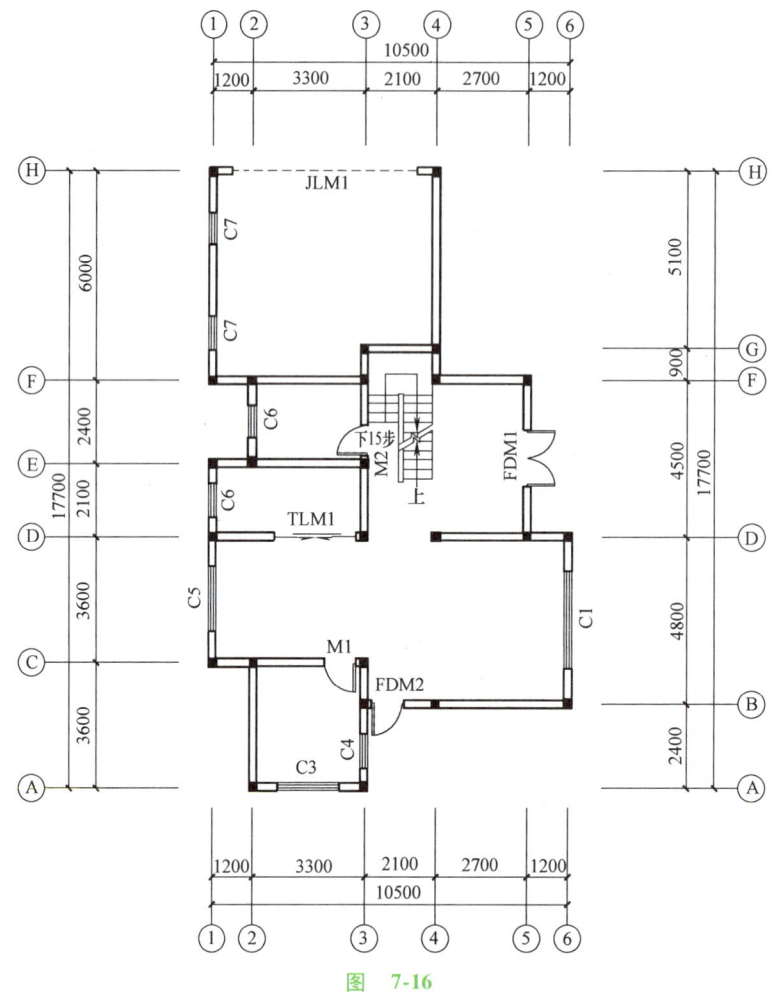

图 7-16

（5）绘制台阶、坡道、平台等细部

1）绘制采光井上空部分：采光井上空部分一般以折线段表示，可直接使用"直线"工具或"多段线"工具绘制。

2）绘制台阶。在天正建筑菜单栏中选择"楼梯其他"菜单选项，并在其下拉菜单中单击"台阶"命令按钮，弹出"台阶"窗口，如图 7-17 所示。

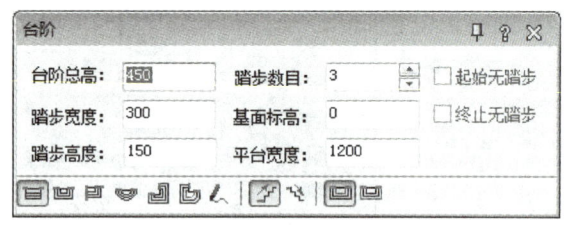

图 7-17

弹出窗口的下方图标为可选择的台阶类型，依次为："矩形单面台阶""矩形三面台阶""矩形阴角台阶""弧形台阶""沿墙偏移绘制""选择已有路径绘制""任意绘制"；台阶类型可选择"普通台阶"或"下沉式台阶"，基面为"平台面"或"外轮廓面"。

选择"矩形单面台阶""普通台阶""平台面"，然后在上方涉及的参数中输入"台阶总高""踏步宽度""踏步高度""踏步数目""平台宽度"等数据。当参数确定完毕后，根据命令栏提示，指定台阶的两个控制点，最后右击确认绘制完成。

3）绘制坡道。在天正建筑菜单栏中选择"楼梯其他"菜单选项，并在其下拉菜单中单击"坡道"命令按钮，弹出"坡道"窗口，如图 7-18 所示。在窗口中输入"坡道长度""坡道高度""坡道宽度""边坡宽度""坡顶标高"等参数后，根据命令栏提示调整基点，插入坡道，完成绘制。

4）绘制散水。在天正建筑菜单栏中选择"楼梯其他"菜单选项，并在其下拉菜单中单击"散水"命令按钮，弹出"散水"窗口，如图7-19所示。

绘制时，先完成"散水宽度""室内外高差""偏移距离"等参数的输入，当散水参数设置完成后，可根据需要采用"搜索自动生成""任意绘制""选择已有路径生成"三种方式绘制。

5）绘制暗沟。可使用"直线""多段线""偏移"等命令完成绘制。

6）绘制木平台。可使用"多段线""矩形""图案填充"等命令完成绘制。

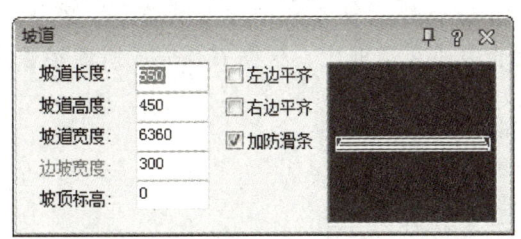

图 7-18

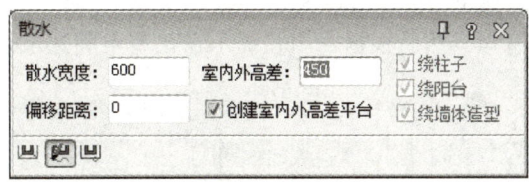

图 7-19

绘制完成后如图7-20所示。

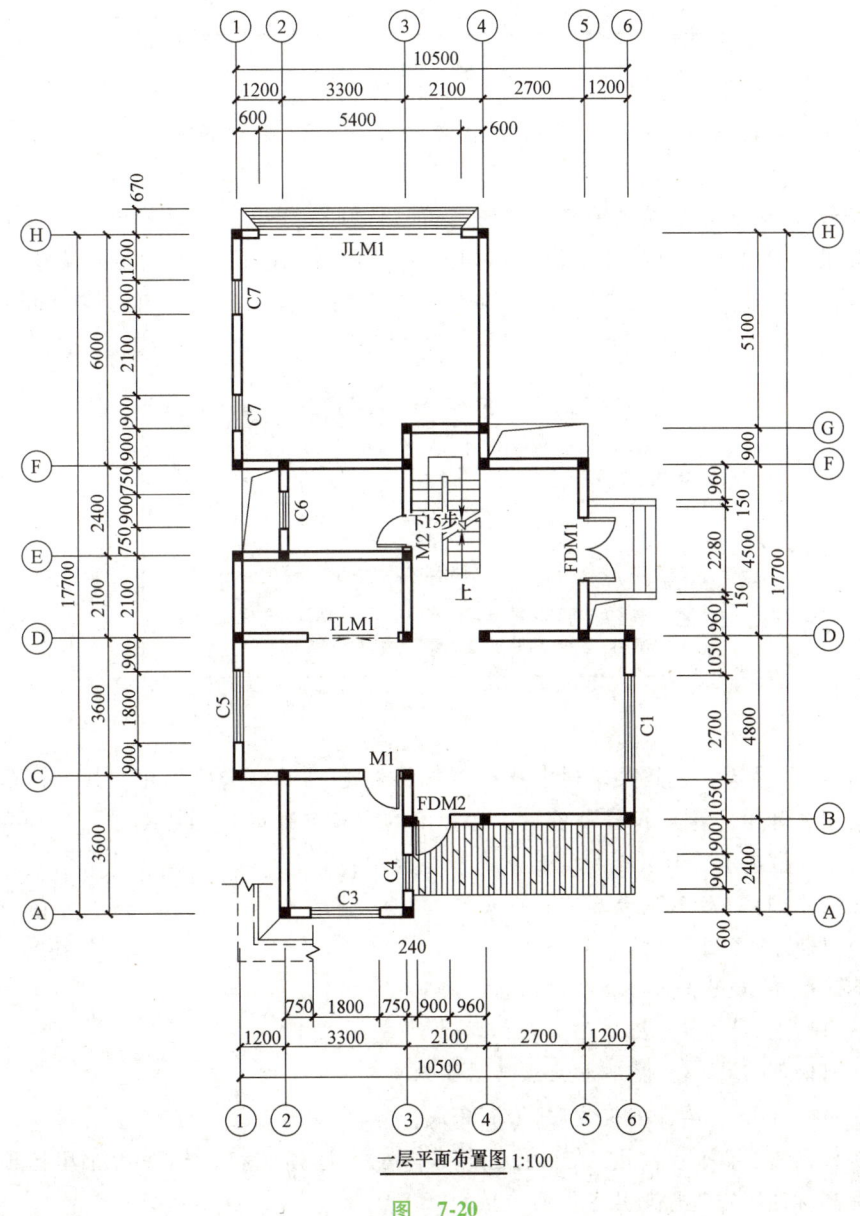

一层平面布置图 1:100

图 7-20

(6) 文字标注、符号标注　天正建筑提供了"文字表格""符号标注"模块用于文字和符号的标注，模块下方有多种文字和符号的编辑形式，其中"文字表格"模块下有"文字样式""单行文字""多行文字""曲线文字"等多种形式；"符号标注"模块下有"坐标标注""标高标注""箭头引注""引出标注""索引符号""剖面剖切""画指北针"等多种类型。各标注方式都以相关参数进行标注控制，现以图 7-7 的绘制为例，进行"单行文字""索引符号""剖切符号"的标注。

1)"单行文字"。在天正建筑菜单栏中选择"文字表格"菜单选项，并在其下拉菜单中单击"单行文字"命令按钮，弹出"单行文字"窗口，如图 7-21 所示。在该窗口文本框中输入所需标注文字，并在下方"文字样式""对齐方式""转角""字高"等参数选项或文本框中，根据需要完成所需参数输入，然后根据命令栏提示在模型空间选取插入位置，完成文字标注。

图 7-21

已完成的单行文字若需修改，可直接双击需修改文字，在弹出的窗口中进行编辑，完成后右击确认。

2)"索引符号"。在天正建筑菜单栏中选择"符号标注"菜单选项，并在其下拉菜单中单击"索引符号"命令按钮，弹出"索引符号"窗口，如图 7-22 所示。在窗口中确定"索引文字""标注文字"的相关参数，然后按照命令栏的提示，选取索引节点的位置及范围，再选取转折点和文字索引符号的位置，最后右击确认完成索引标注。

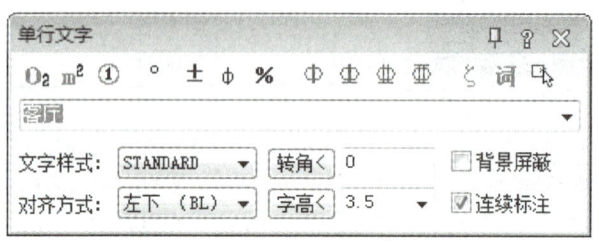

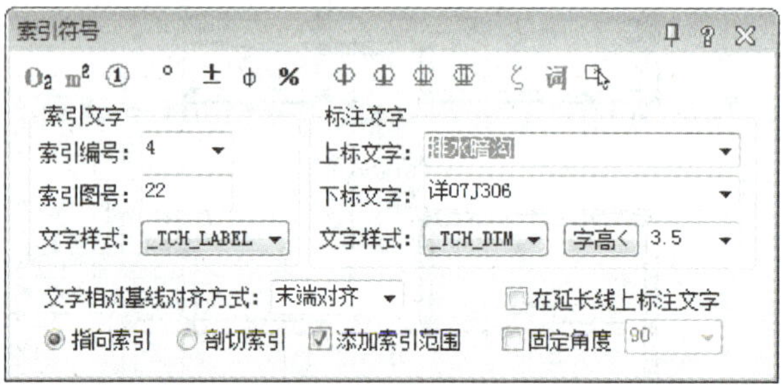

图 7-22

3)"剖切符号"。在天正建筑菜单栏中选择"符号标注"菜单选项，并在其下拉菜单中单击"剖面剖切"命令按钮，弹出"剖切符号"窗口。在弹出的窗口中确定"剖切编号""文字样式""字高"等参数后，根据命令栏提示绘制转折剖切线。命令栏提示：

请输入剖切编号<1>:(输入编号后右击确定)

点取第一个剖切点<退出>:(拾取第一个点)

点取第二个剖切点<退出>:(拾取相应点)

点取下一个剖切点<结束>:(拾取相应点)

点取下一个剖切点<结束>:(拾取相应点后右击结束)

点取剖视方向<当前>:(单击剖视方向,绘制完成)

4)"标高标注"/"箭头引注"。在天正建筑菜单栏中选择"符号标注"菜单选项，并在其下拉菜单中单击"标高标注"/"箭头引注"命令按钮。

①"标高标注"。在弹出的"标高标注"窗口中，可勾选"手工输入"选项，然后在表格楼层标高下的空格中输入所需标高尺寸，在右侧可对"标注样式""标注文字样式""字高""精度"等参数进行编辑，完成后根据命令栏提示在模型空间选取标高点和标高方向，最后右击确认完成标注。

②"箭头引注"。在弹出的"箭头引注"窗口中输入箭头上标和下标文字，并可调整"文字样式""对齐方式""箭头大小""箭头样式""字高"等参数，完成后根据命令栏提示在模型空间选取箭头起点、箭头直段下一点（可以重复多点），最后右击确认完成该操作。

（7）细部尺寸标注　在天正建筑菜单栏中选择"尺寸标注"菜单选项，根据所绘图纸的细部特征，可选择"墙厚标注""两点标注""快速标注""半径标注""直径标注""角度标注""弧长标注"等标注方式。

（8）绘制卫生间、厨房　在天正建筑菜单栏中选择"图块图案"菜单选项，在其下拉菜单中单击"通用图库"命令按钮。在弹出的"天正图库管理系统"窗口中，选择二维图库下的"平面"→"平面洁具与厨具"→"厨具"/"洗脸盆"/"大小便器"/"浴缸"/"其他"等项目，并在预览窗口中确定所需图库图块，双击确定插入，如图7-23所示。

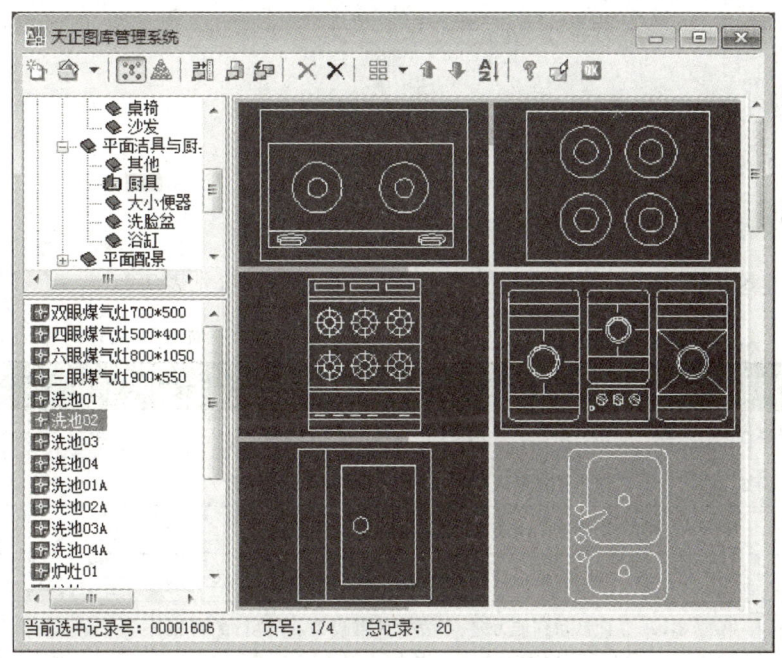

图　7-23

插入图块后，可在"图块编辑"窗口中编辑图块尺寸。

1）"输入尺寸"：直接输入"长度""宽度"确定所需图块尺寸。

2）"输入比例"：通过输入X、Y、Z轴的缩放比例确定图块尺寸，可等比缩放，也可只在某一轴向缩放。

编辑完成后单击"应用"开始生效，如图7-24所示。

若后期绘图需使用新图库图案替代原插入图案，可在"天正图库管理系统"窗口中选择新图案，然后单击窗口上方的 ，确定替换规则后在操作区域单击原图案，原图案变为虚线即为选中状态，然后右击确认即可完成新选择图库图案替换原图案操作。

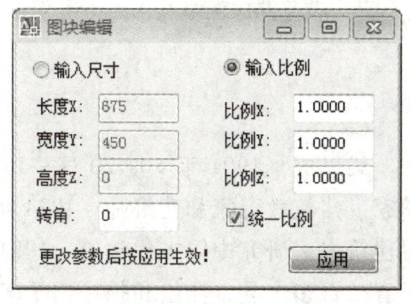

图　7-24

至此，一层平面布置图绘制完成。

3. 任务实施要点

1）图纸绘制前应确定其比例，并在软件界面左下角"比例"图标部分选择所需比例。

2)轴网是图纸的基础,应确定其准确性和完整性后再开始绘制其他部分。

3)进行文字、尺寸和符号标注时,若涉及详图等不同比例的图纸绘制时,应及时修改界面左下角的"比例",如图 7-25 所示。

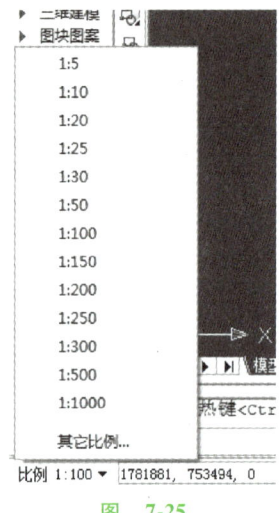

图 7-25

4)绘图完成后应确认图纸达到深度要求。

【评价反馈】

对"运用天正建筑 TArch 2020 绘制住宅建筑平面图"操作的评价见表 7-2。

表 7-2 对"运用天正建筑 TArch 2020 绘制住宅建筑平面图"操作的评价

序号	检测项目	评价任务及权重	自评	小组互评	教师评价
1	图形绘制的完整性	图形绘制是否完整,缺少 1 项扣 5 分(30 分)			
2	图形绘制的准确性	图形绘制是否准确,1 项不准确扣 5 分(30 分)			
3	图形布局	图形布局不美观,酌情扣 2~5 分(10 分)			
4	完成时间	规定时间内没完成,每超过 10 分钟扣 2 分(10 分)			
5	工作纪律和态度	团队协作能力差、不爱护仪器设备和环境,酌情扣 10~20 分(20 分)			
	任务总评	优□ 良□ 中□ 合格□ 不合格□			

【拓展阅读】

建筑巨匠梁思成

梁思成(1901 年 4 月 20 日—1972 年 1 月 9 日),祖籍广东新会,生于日本东京,是中国建筑历史学家、建筑教育家和建筑师。1924 年赴美国费城宾夕法尼亚大学建筑系学习,1927 年又去哈佛大学学习建筑史,研究中国古代建筑。1931 年回国后进入中国营造学社工作。从 1937 年起,先后踏遍中国十五省二百多个县,测绘和拍摄两千多件古建筑遗物。1946 年,在母校清华大学创办建筑系。曾任中央研究院院士、中国科学院哲学社会科学学部委员。

梁思成毕生从事中国古代建筑的研究和建筑教育事业,系统地调查、整理、研究了中国古代建筑的历史和理论,代表著作有《中国建筑史》《清式营造则例》等。他曾参加人民英雄纪念碑等的设计,是新中国首都城市规划工作的推动者,也是新中国国旗、国徽图案评选委员会的顾问。

项目七　运用天正建筑 TArch 2020绘制建筑施工图

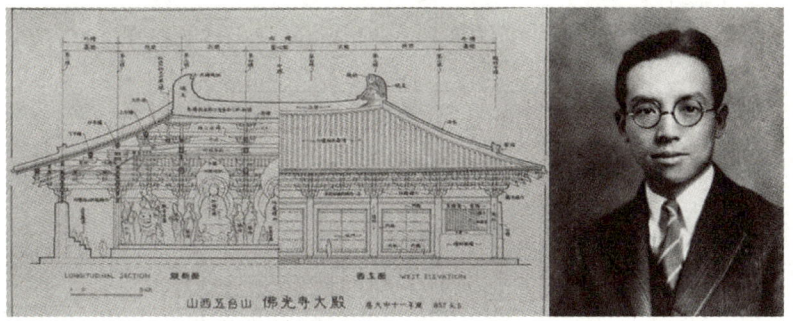

【能力拓展】

在一层平面图的基础上，利用天正建筑 TArch 2020 完成二层平面图、三层平面图绘制，如图 7-26、图 7-27 所示。

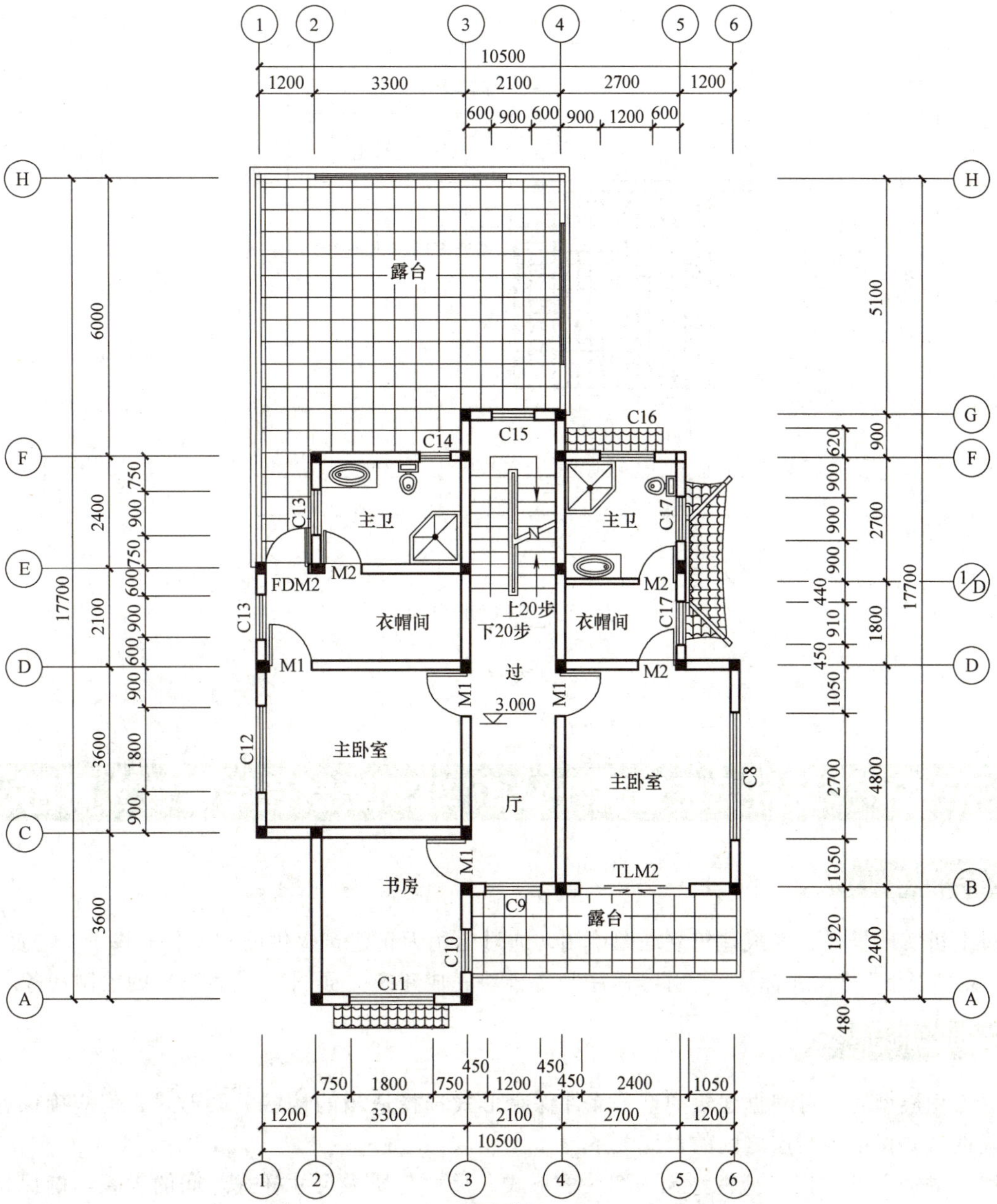

二层平面图 1:100

图 7-26

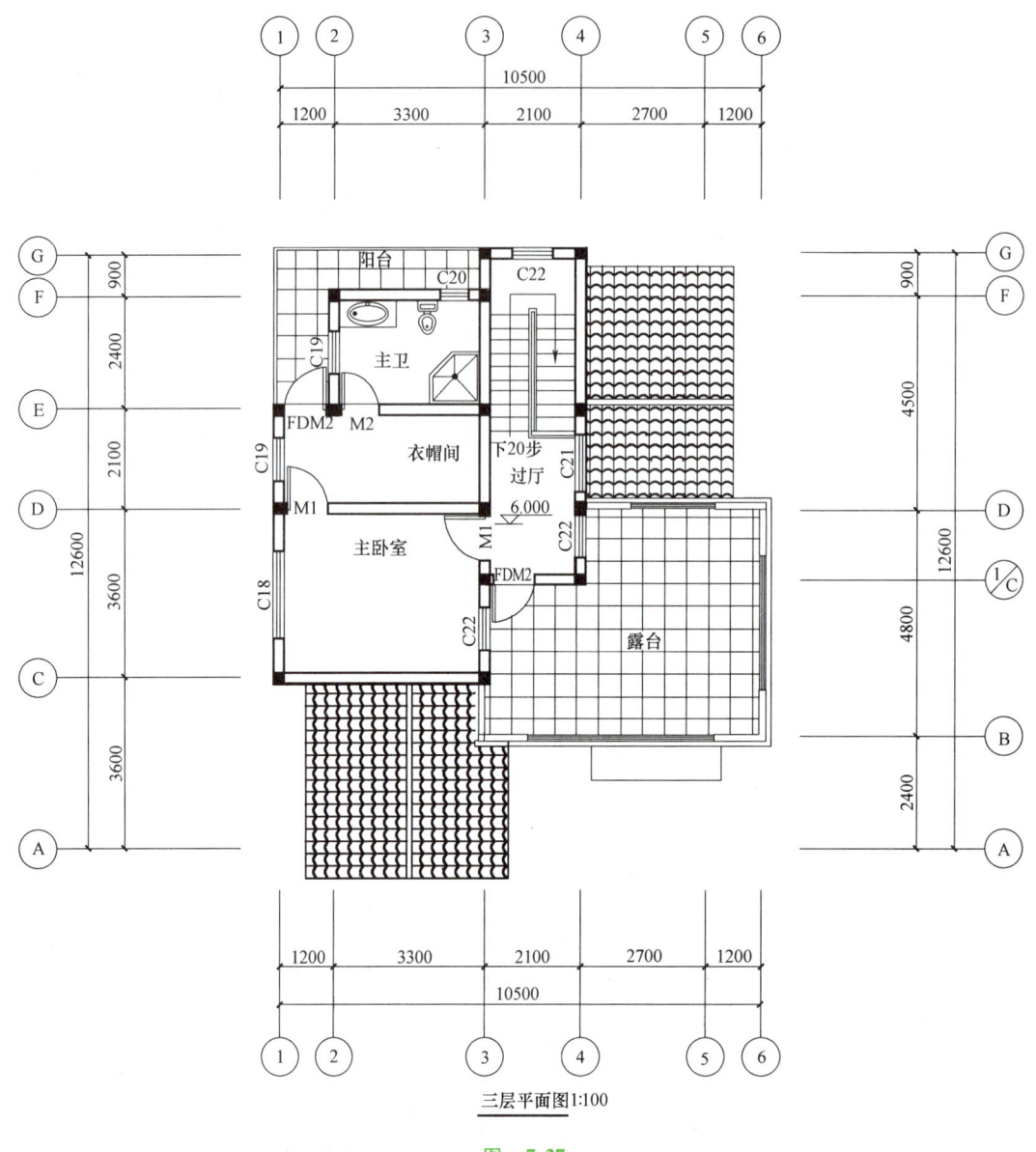

图 7-27

任务3　运用天正建筑 TArch 2020 绘制住宅建筑立面图

【任务描述】

通过上机实践操作，完成建筑立面图绘制，通过运用天正建筑提供的"文件布图""立面""房间屋顶""文字表格""尺寸标注""符号标注"等模块完成建筑立面图（图7-28）的绘制任务。

【任务实施】

建立工程模型时，可根据建筑类型、文件保存形式选择适当的楼层关联形式，但应确保各楼层图纸的准确性，并保证各楼层之间的对应关系。

使用"立面"模块时，应注意插入图块的形式、尺寸与所需尺寸样式之间的关系，确保尺寸正确后再使用图块。

进行文字、尺寸标注时，应参考立面图的深度要求来确保图纸的完整性。

项目七 运用天正建筑 TArch 2020绘制建筑施工图

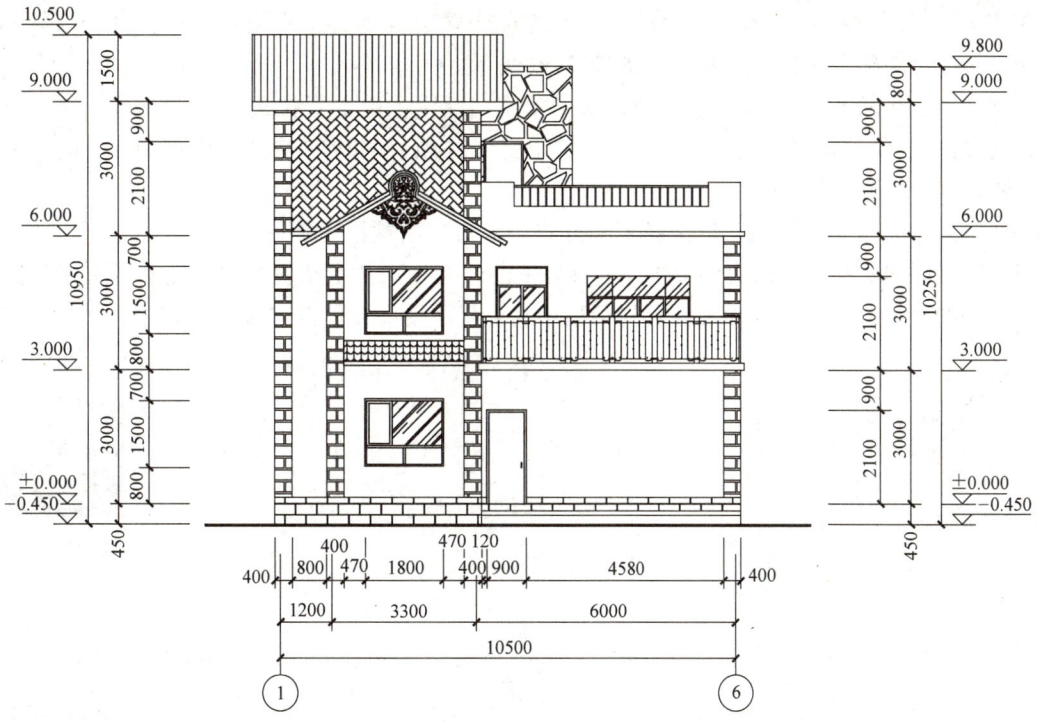

正立面图 1:100

图 7-28

1. 总体绘图步骤

1）使用"文件布图"模块下的"工程管理"工具建立新工程。

2）添加各楼层对应的平面，建立楼层模型。

3）导出所需建筑立面图。

4）使用"立面"模块进行图纸补充、修改。

5）添加文字、尺寸标注。

6）检查图纸，调整细部，完成图纸绘制。

2. 具体绘图步骤

（1）绘制住宅建筑立面图

1）运行天正建筑 TArch 2020，进入操作界面，打开已绘制完成的建筑平面图（包括一层平面图、二层平面图、三层平面图）。

2）新建工程项目。

① 单击菜单栏→"文件布图"→"工程管理"，弹出"工程管理"面板。面板下有"图纸""楼层""属性"三个下拉菜单，如图 7-29 所示。

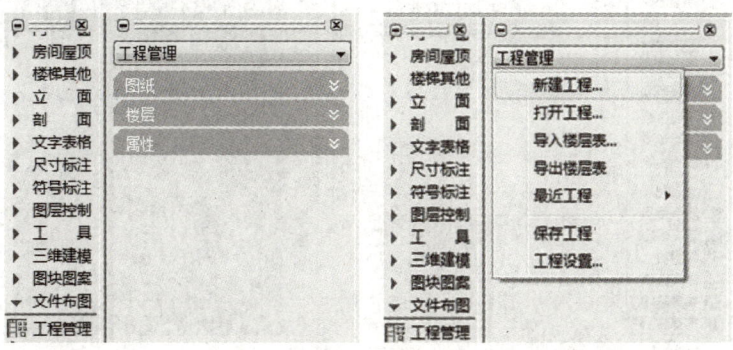

图 7-29

② 单击"工程管理"→"新建工程",在弹出的对话框中自定义工程文件名称,如"建筑工程.tpr",并确定文件存储位置,如图7-30所示。

③ 此时,"工程管理"面板的名称将改为"建筑工程",单击下拉菜单中的"楼层",在其表格中按要求输入"层号""层高",单击文件项目对应空格区域可添加对应楼层的平面图,如图7-31所示。

图 7-30

针对图形文件保存方式不同,可选择不同方式添加对应的楼层平面图。

a. 当各层平面图保存在不同文件中时,可直接单击"文件"栏空格后方的"选楼层文件"图标(图7-31),在弹出的"选择标准层图形文件"对话框中找到楼层文件,单击"打开"按钮,如图7-32所示。

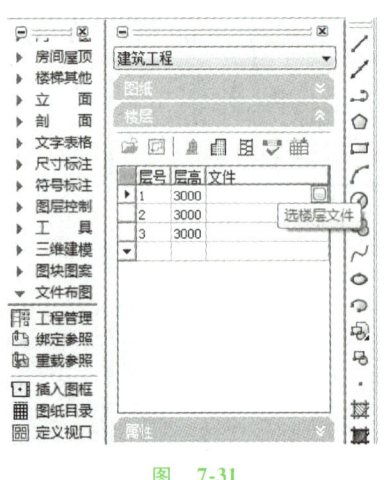

图 7-31　　　　　　　　　　　　　　　　　图 7-32

这种添加图形文件的方式,由于不同的图形文件作为各层平面图,其位置对应难度较大,生成立面图时易各层错开,因此较适合添加标准层文件,如图7-33所示。

b. 当各层平面图保存在同一文件中时,单击"文件"栏空格后,再单击其左上方的"在当前图中框选楼层范围,同一文件中可布置多个楼层平面"图标 ▭ ,如图7-34所示。

根据命令栏提示选择楼层平面图,命令栏提示如下:

选择第一个角点<取消>:

另一个角点<取消>:(即框选一层平面图)

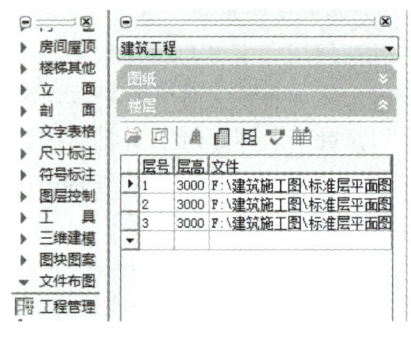

图 7-33

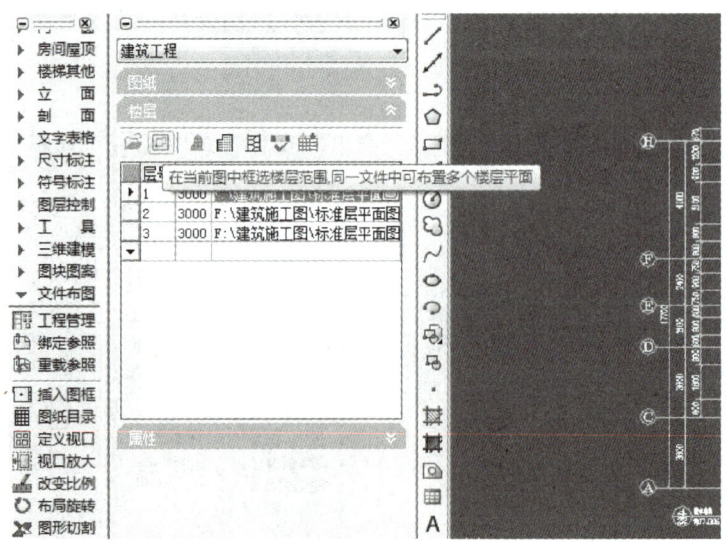

图 7-34

对齐点<取消>：（宜选择每层都可对应的柱或墙的转角点，以便保证各楼层之间的对应关系）

如图 7-35 所示，以Ⓒ轴和①轴相交处柱的左下角点为对齐点，该点在二层平面图、三层平面图中也可方便选取。

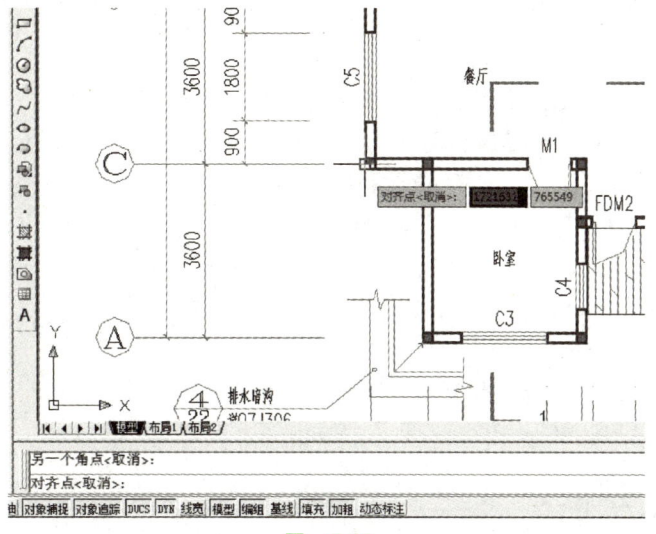

图 7-35

以同样的方式依次进行二层平面图、三层平面图的选取，完成工程建立工作，如图 7-36 所示。

3）生成建筑立面图。工程建立完成后，可直接单击"建筑立面"图标，之后根据命令栏提示完成建筑立面图导出。以正立面图绘制为例，命令栏提示：

请输入立面方向或[正立面(F)背立面(B)左立面(L)右立面(R)]<退出>：（输入"F"）

请选择要出现在立面上的轴线：（根据平面图与立面图的对应关系选择对应正立面图上出现的轴线，可选多条，轴线变为虚线为被选中状态，如图 7-37 所示，轴线①、②、③、⑥被选中）

图 7-36

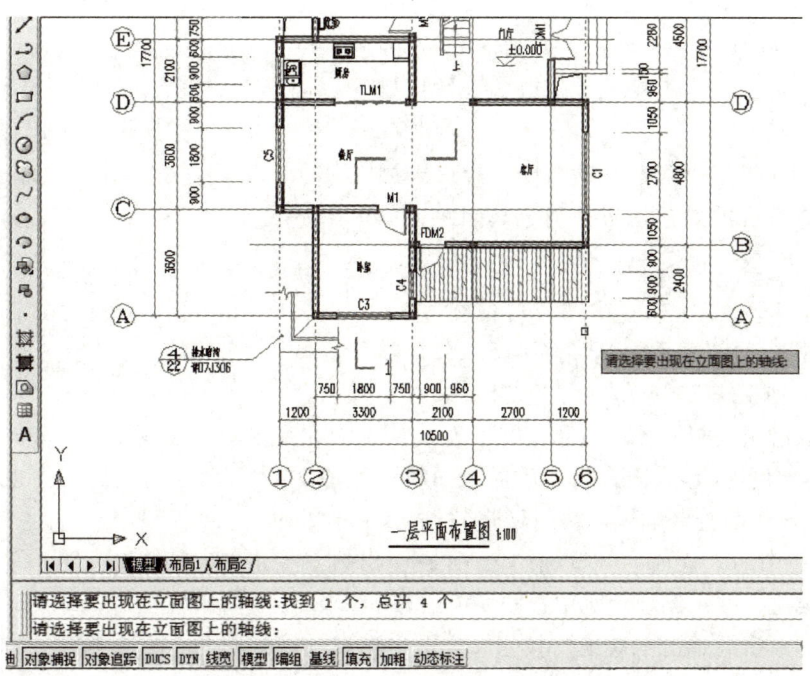

图 7-37

141

轴线选取完成后右击确认，弹出"立面生成设置"对话框，如图 7-38 所示。

在该对话框中进行基本设置，选择标注的形式、是否绘制层间线，并根据该建筑的情况输入内外高差数据，并确定出图的比例。

单击"生成立面"按钮确定立面图生成，并在弹出的对话框中确定生成立面图文件的图名、存储位置等内容，然后生成的立面图文件将自动打开为当前文件，如图 7-39 所示。

4）编辑建筑立面图。观察正立面图纸文件可知，生成立面图时已建立了各层正立面模型，门窗、轴线、尺寸标注、标高部分都已生成，但大量细节仍需进行修改和补充。

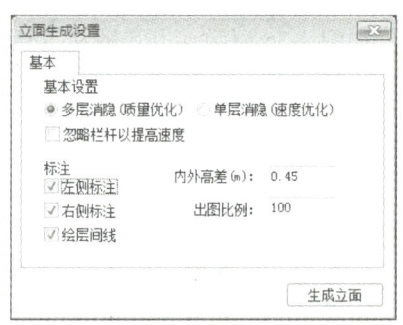

图　7-38

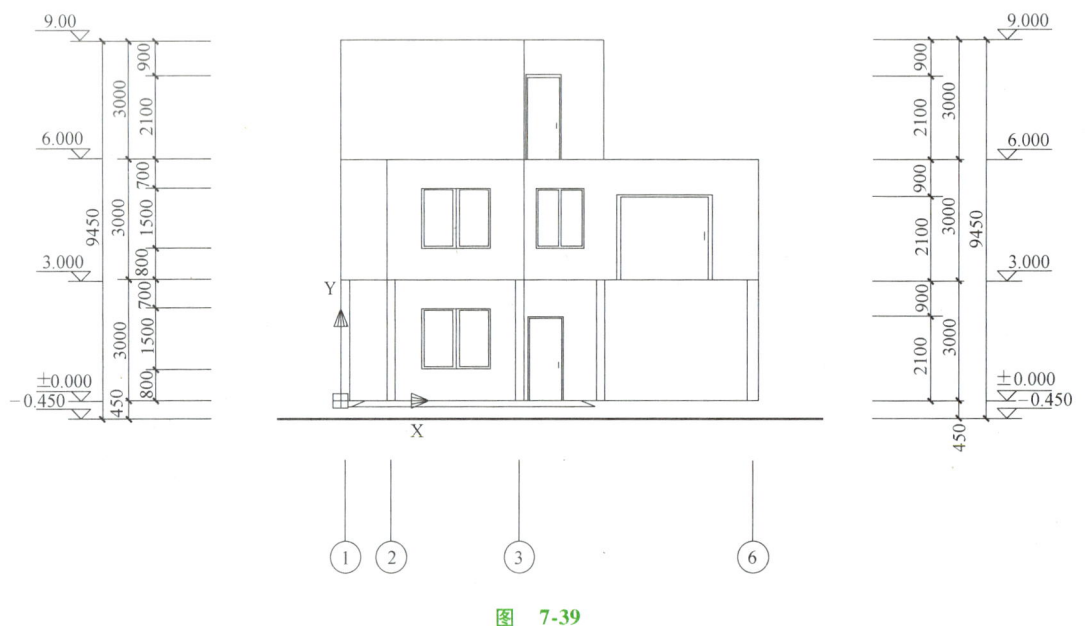

图　7-39

① 单击菜单栏中的"立面"→"立面屋顶"，在弹出的"立面屋顶参数"对话框中确定适合的参数，如图 7-40 所示。

选择恰当的坡顶类型，确定屋顶高度、檐口出挑长度、檐板宽度、是否添加瓦楞线并确定其间距，单击"定位点"按钮 定位点PT1-2<，根据预览图示意选取对应的点 PT1 和 PT2。

② 单击菜单栏中的"立面"→"立面阳台"，在弹出的"天正图库管理系统"中单击立面阳台目录下的

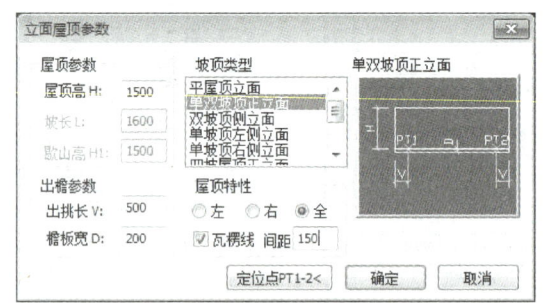

图　7-40

适合的阳台，并双击预览图块插入阳台，如图 7-41 所示。在弹出的"图块编辑"窗口中选择"输入尺寸"，取消"统一比例"，输入阳台尺寸后插入图块，如图 7-42 所示。在该窗口中也可选择"输入比例"，通过"输入比例"控制插入图块的尺寸。

③ 单击菜单栏中的"立面"→"立面门窗"，在弹出的"天正图库管理系统"中单击"立面窗"目录下的适合的窗类型，并在图块预览中选取所需的窗，如图 7-43 所示。

在选取合适的门窗后单击"替换"按钮，在图中选取被替换对象，右击确认，则图中门窗将被新选取门窗替代。

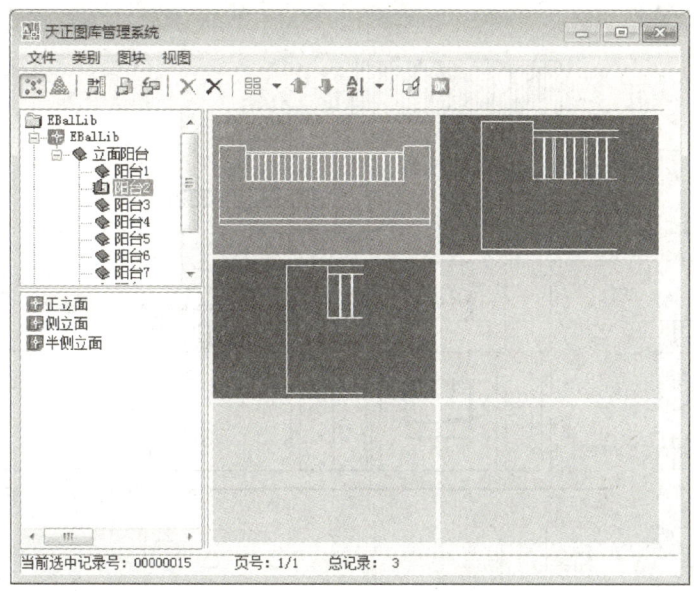

图 7-41

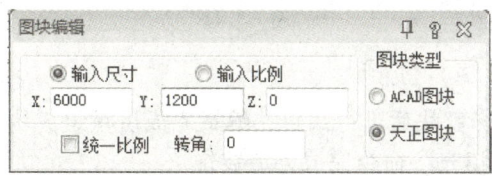

图 7-42

④ 当图中门窗样式不变，而需要修改尺寸等参数时，可先选中被修改对象，然后单击菜单栏中的"立面"→"门窗参数"，然后根据命令栏提示完成参数编辑：

底标高<800>：(输入"600"后按<Enter>键确认)

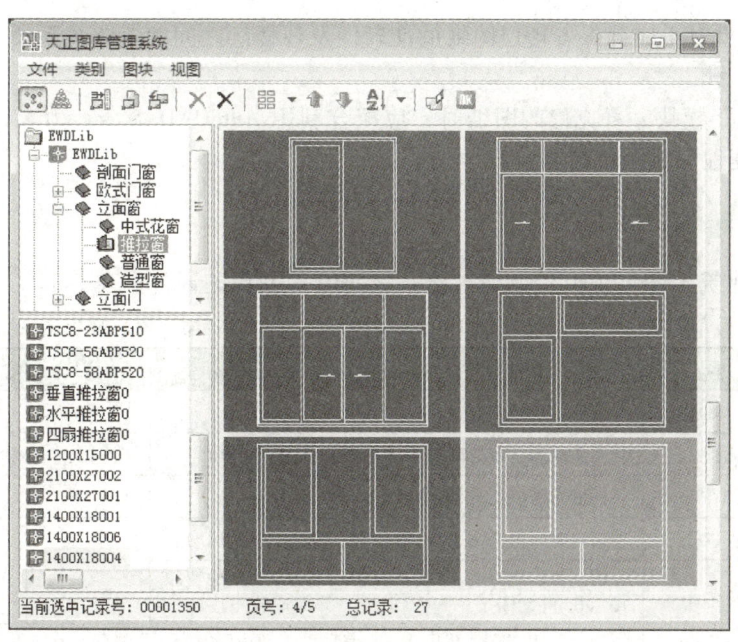

图 7-43

高度<1500>：(输入"2300"后按<Enter>键确认)
宽度<1800>：(按<Enter>键确认)

绘制完成，如图 7-44 所示。

图 7-44

⑤ 其他细部修改。

a. 修改、删除多余部分：分解块后进行编辑，编辑完成后重组成块。

b. 外墙装饰部分：使用"填充"命令完成外墙装饰。

c. 其他需修改的细节。

⑥ 添加文字和尺寸标注，完成正立面图绘制。

尺寸标注：单击菜单栏中的"尺寸标注"→"逐点标注"，进行尺寸标注。

文字标注：单击菜单栏中的"文字表格"→"单行文字"，进行文字标注。

（2）要点

1）建立工程模型时，应确保各楼层图纸的准确性及各楼层之间的对应关系，这是正确导出建筑立面图的关键。

2）使用"立面"模块、补充修改图纸时，应配合利用 AutoCAD 命令，力求以最适合个人绘图习惯的方式准确、快捷地完成图纸绘制。

【评价反馈】

对"运用天正建筑 TArch 2020 绘制住宅建筑立面图"操作的评价见表 7-3。

表 7-3 对"运用天正建筑 TArch 2020 绘制住宅建筑立面图"操作的评价

序号	检测项目	评价任务及权重	自评	小组互评	教师评价
1	图形绘制的完整性	图形绘制是否完整，缺少 1 项扣 5 分(30 分)			
2	图形绘制的准确性	图形绘制是否准确，1 项不准确扣 5 分(30 分)			
3	图形布局	图形布局不美观，酌情扣 2～5 分(10 分)			
4	完成时间	规定时间内没完成，每超过 10 分钟扣 2 分(10 分)			
5	工作纪律和态度	团队协作能力差、不爱护仪器设备和环境，酌情扣 10～20 分(20 分)			
	任务总评	优□　　　良□　　　中□　　　合格□　　　不合格□			

【能力拓展】

在建立的工程模型中，以同样的方式导出背立面图，完成背立面图的绘制，如图 7-45 所示。

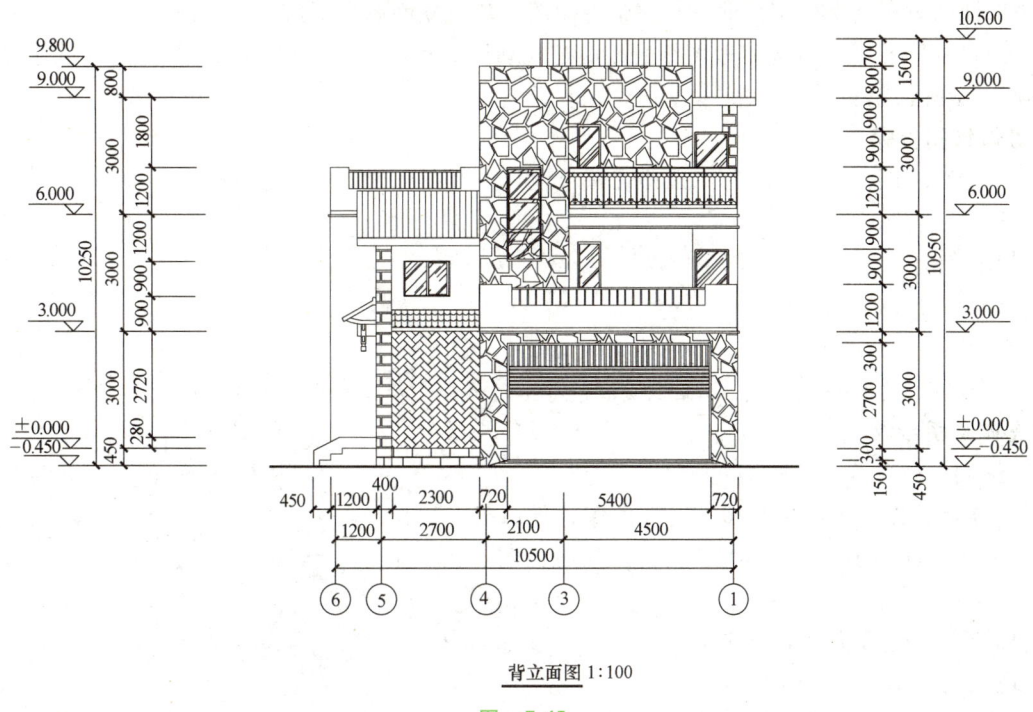

背立面图 1:100

图 7-45

任务 4　运用天正建筑 TArch 2020 绘制住宅建筑剖面图

【任务描述】

通过上机实践操作，完成建筑剖面图绘制，通过运用天正建筑提供的"文件布图""剖面""立面""文字表格""尺寸标注""符号标注"等模块完成建筑剖面图（图7-46）的绘制任务。

1—1剖面图 1:100

图 7-46

【任务实施】

剖切线的位置关系到整个剖面图的表现内容，应合理选择剖切位置以便清晰呈现建筑的构造特点。

绘制剖面图时应确保建筑剖面图与建筑平面图、建筑立面图的对应关系。

使用"剖面"模块、补充修改图纸时，应配合利用AutoCAD命令，力求以最适合个人绘图习惯的方式准确、快捷完成图纸绘制。

1. 总体绘图步骤

1）在"文件布图"模块下的"工程管理"工具中打开已建立的工程管理文件。

2）导出所需建筑剖面图。

3）使用"剖面"模块填补图中所需构件。

4）补充、修改建筑剖面图。

5）添加文字、尺寸标注。

6）检查图纸，调整细部，完成图纸绘制。

2. 具体绘图步骤

（1）绘制住宅建筑剖面图

1）运行天正建筑TArch 2020，进入操作界面，打开已绘制完成的建筑平面图（包括一层平面图、二层平面图、三层平面图）。

2）打开工程管理文件。单击菜单栏中的"文件布图"→"工程管理"。

单击"工程管理"图标后调出"工程管理"面板，单击"工程管理"下拉菜单，选择"打开工程"，如图7-47所示。

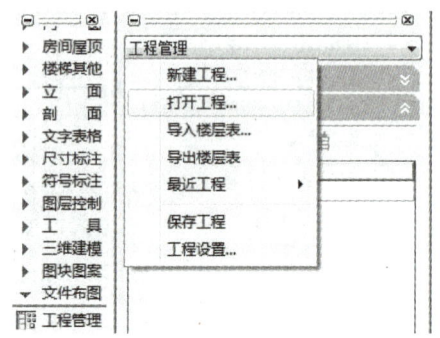

图 7-47

在弹出的窗口中选择已建立的工程管理文件"建筑工程.tpr"，窗口界面如图7-48所示。

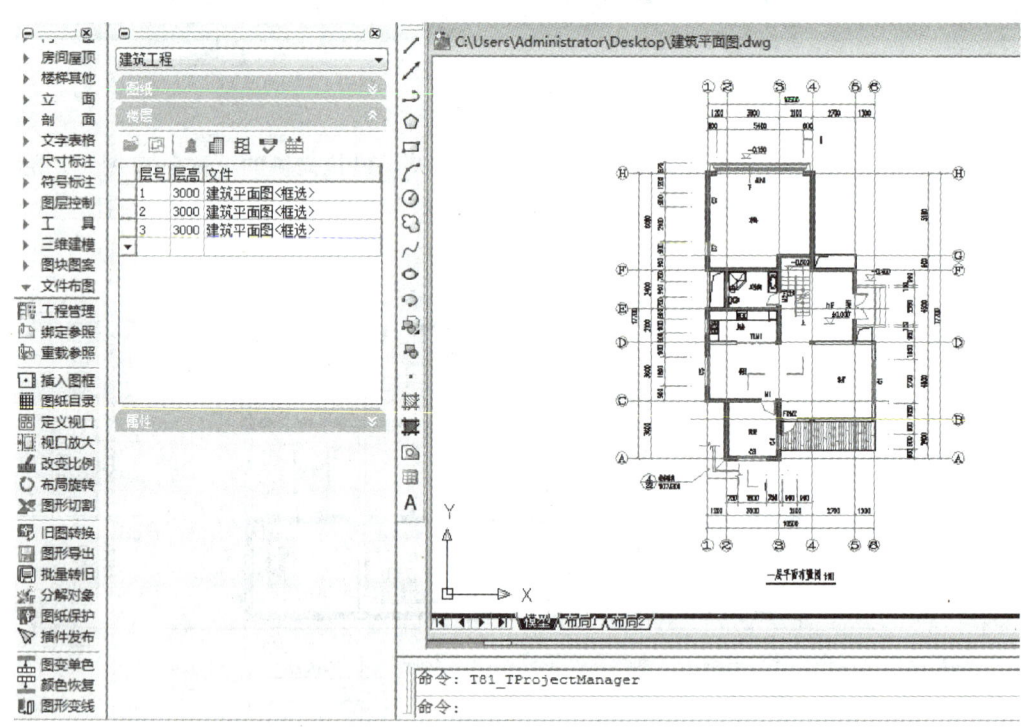

图 7-48

3）生成建筑剖面图。打开工程管理文件"建筑工程.tpr"后，可直接单击"工程管理"面板上的"建筑剖面"命令按钮 ，并根据命令栏提示完成剖面图的导出。以1—1剖面图为例，命令栏提示：

请选择一条剖切线：（单击一层平面图中的1—1剖切线）

请选择要出现在剖面图上的轴线：（根据平面图、立面图的对应关系，选择对应剖面图上出现的轴线，可选多条，轴线变为虚线为被选中状态，如图7-49中轴线Ⓐ、Ⓒ、Ⓓ、Ⓕ、Ⓗ被选中）

项目七　运用天正建筑 TArch 2020绘制建筑施工图

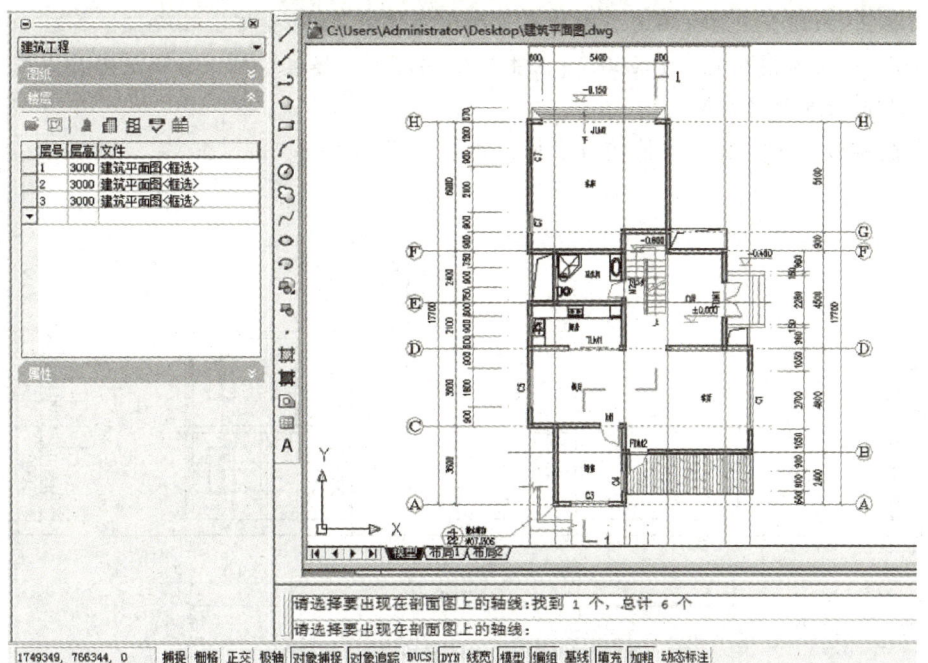

图　7-49

轴线选取完成后右击确认，弹出"剖面生成设置"对话框，如图 7-50 所示。在该对话框中进行基本设置，选择标注形式、是否绘制层间线，并根据该建筑的实际情况输入内外高差数据，并确定出图的比例。

单击"生成剖面"按钮确定剖面图生成，并在弹出的对话框中确定生成剖面图文件的图名、存储位置等内容，然后生成的剖面图文件将自动打开为当前文件，如图 7-51 所示。

4）编辑建筑剖面图。观察 1—1 剖面图可知，生成图时已建立了各层剖面模型，门窗、轴线、尺寸标注、标高部分都已生成，但大量细节仍需进行修改和补充。

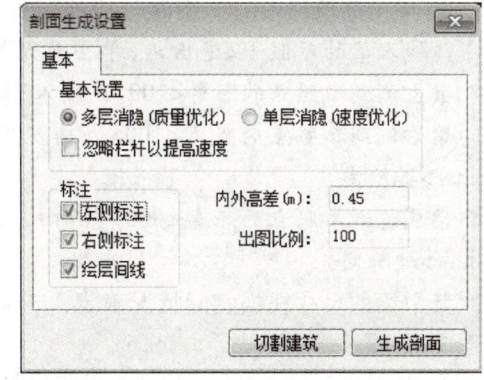

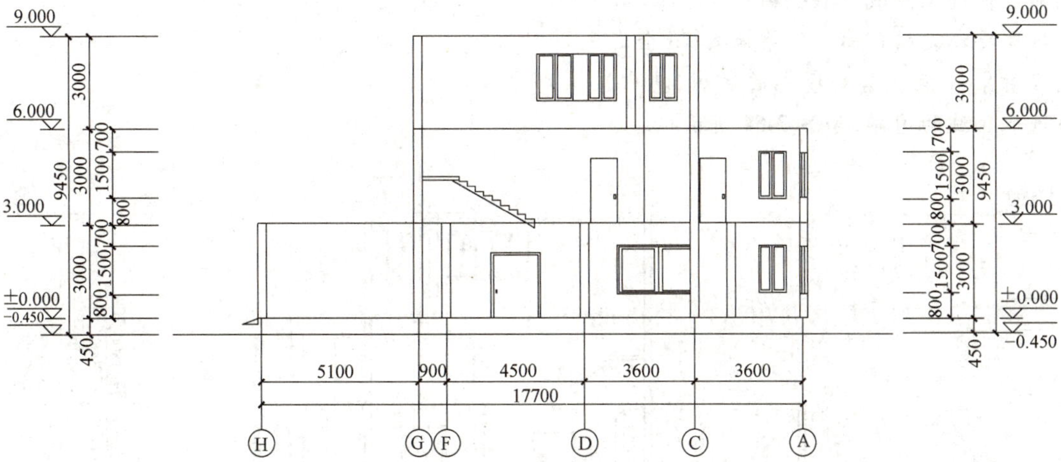

图　7-50

图　7-51

① 单击菜单栏中的"剖面"→"双线楼板"，然后根据命令栏提示完成参数编辑：

请输入楼板起点<退出>：(选取起点)

结束点<退出>：(选取结束点。选取过程中楼板线被红线覆盖表示选中该楼板线)

147

楼板顶面标高<3000>:(右击确定。若标高与默认高度不同,可直接输入所需标高)

楼板的厚度(向上加厚输负值)<200>:(右击确定完成双线楼板绘制。若楼板厚度与默认高度不同,可根据命令栏提示输入所需标高)

使用"双线楼板"命令完成其他楼板绘制,如图7-52所示。

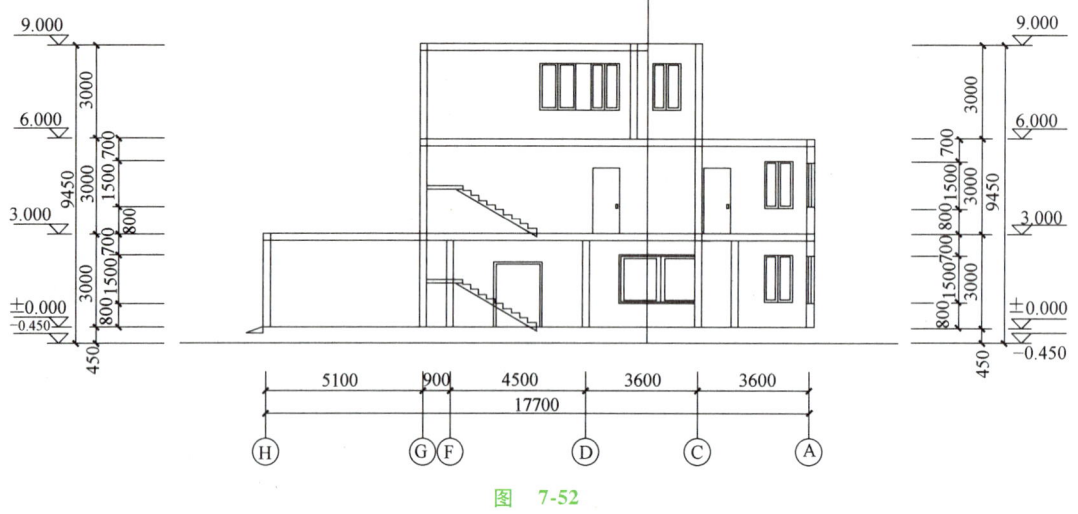

图 7-52

② 单击菜单栏中的"剖面"→"加剖断梁",然后根据命令栏提示完成参数编辑:

请输入梁的参照点<退出>:(单击梁所在位置的对应轴线点作为参照点)

梁左侧到参照点的距离<100>:(输入"120",按<Enter>键确定)

梁右侧到参照点的距离<100>:(输入"120",按<Enter>键确定)

梁底边到参照点的距离<300>:(输入"300",按<Enter>键确定)

其中梁的尺寸根据实际情况确定,各参数示意如图7-53所示。

③ 单击菜单栏中的"剖面"→"剖面填充",然后根据命令栏提示完成参数编辑:

请选取要填充的剖面墙线梁板楼梯<全选>:

选择对象:(框选需要填充的区域,其中虚线部分为被选取区域的边界,如图7-54所示)

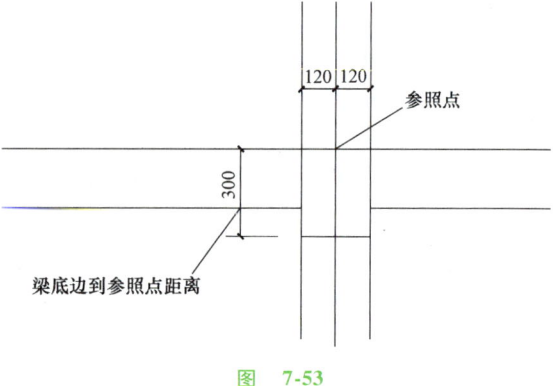

图 7-53

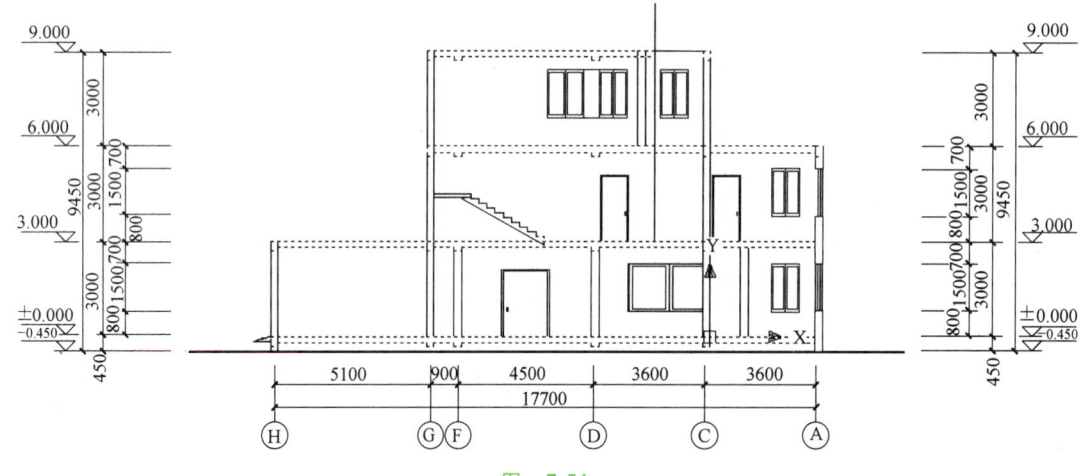

图 7-54

填充区域选取完成后右击确认,弹出"请点取所需的填充图案"对话框,如图7-55所示。

若所需填充图案未在显示窗口中,可单击"图案库"按钮 图案库L... ,并在弹出的对话框中通过单击"次页"按钮 次页N 翻页浏览,如图7-56所示。

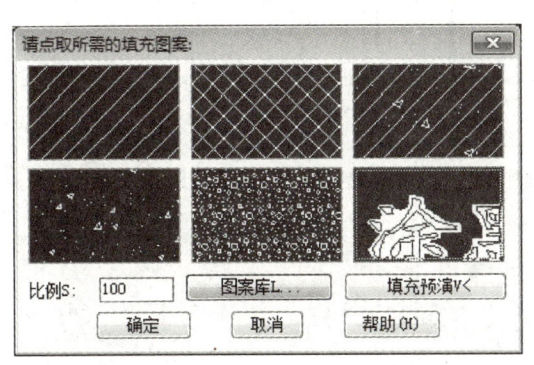

图 7-55

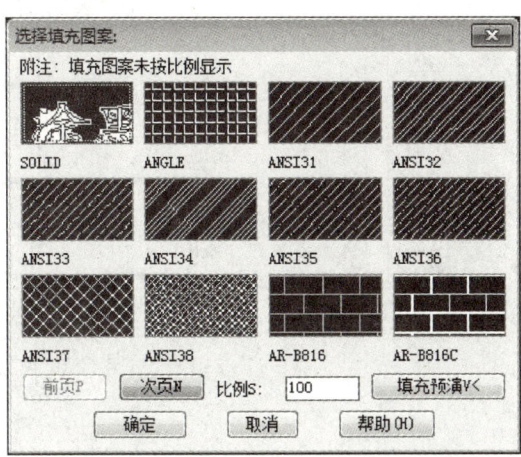

图 7-56

选取所需填充图案后,单击"确定"按钮完成剖面填充,如图7-57所示。

图 7-57

④ 单击菜单栏中的"剖面"→"向内加粗",可将图中墙线向内侧加粗,绘制出窗墙平齐的效果。

单击"向内加粗"命令按钮后,可根据命令栏提示完成参数编辑:

请选取要变粗的剖面墙线梁板楼梯线(向内侧加粗)<全选>:

选择对象:(框选需要加粗的剖面墙线,其中虚线为被选取状态,选取完成后右击确认)

请确认墙线宽度(图上尺寸)<0.40>:(输入所需尺寸后按<Enter>键确认)

绘制完成后如图7-58所示。

⑤ 单击菜单栏中的"剖面"→"参数楼梯"。由于一层平面图中插入的楼梯图块曾被分解修改,因此剖面图中无法直接生成,以楼梯地上部分为例,使用"参数楼梯"可完成该楼梯部分的绘制。

单击"参数楼梯"后弹出"参数楼梯"窗口,单击"参数"按钮 参数... 可进一步编辑楼梯参数,如图7-59所示。

根据1—1剖面图的具体情况,选择楼梯为"剖切楼梯",走向为"左高右低",并在参数扩展区域编辑楼梯梯段情况,具体数值可直接单击"提取楼梯数据"按钮 提取楼梯数据< 。参考平面图中的

楼梯参数，可根据任务栏提示直接选择对应的平面楼梯，即二层平面图或三层平面图中的楼梯；也可直接单击对应按钮 左休息板宽< ，在命令栏提示下直接输入尺寸或在图中选取对应尺寸。

图 7-58

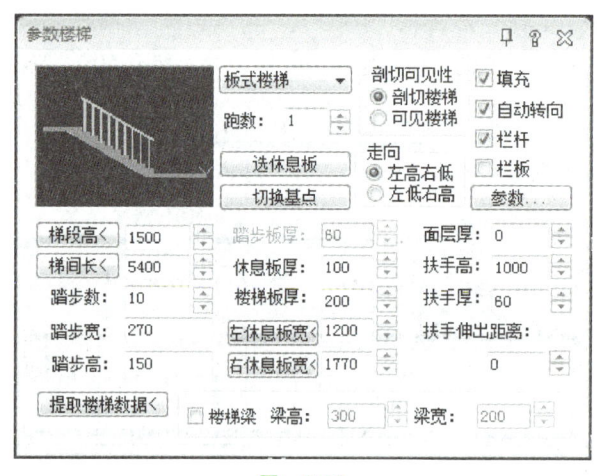

图 7-59

参数编辑完成后可使用基点直接将楼梯插入图中对应位置，如图 7-60 所示。

图 7-60

⑥ 单击菜单栏中的"剖面"→"剖面檐口"，在弹出的"剖面檐口参数"对话框中确定"檐口参数""基点定位"，并单击"确定"按钮在对应位置插入，如图 7-61 所示。

⑦ 其他细部修改。可使用天正建筑和 AutoCAD 工具补充、修改图中细节部分，如单击菜单栏中的"立面"→"立面屋顶"；单击菜单栏中的"立面"→"立面门窗"；单击菜单栏中的"立面"→"门窗参数"。

图纸编辑完成后如图 7-62 所示。

⑧ 添加尺寸、标高标注，完成 1—1 剖面图绘制，如图 7-46 所示。

尺寸标注：单击菜单栏中的"尺寸标注"→"逐点标注"，进行尺寸标注。

标高标注：单击菜单栏中的"符号标注"→"标高标注"，进行标高标注。

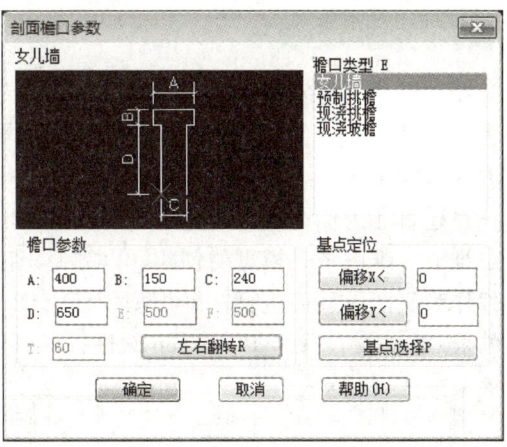

图 7-61

（2）任务实施要点

图 7-62

1）打开已建立的工程模型时，应确保各楼层图纸的准确性，并保证已绘制剖切线位置的合理性。

2）使用"剖面"模块时，应注意插入构件部分的参数选择，以及这些参数与平面图、立面图的对应关系。

3）进行标高标注、尺寸标注，检查图纸完整性时，应保证达到设计深度要求。

【评价反馈】

对"运用天正建筑 TArch 2020 绘制住宅建筑剖面图"操作的评价见表 7-4。

表 7-4 对"运用天正建筑 TArch 2020 绘制住宅建筑剖面图"操作的评价

序号	检测项目	评价任务及权重	自评	小组互评	教师评价
1	图形绘制的完整性	图形绘制是否完整，缺少 1 项扣 5 分（30 分）			
2	图形绘制的准确性	图形绘制是否准确，1 项不准确扣 5 分（30 分）			
3	图形布局	图形布局不美观，酌情扣 2~5 分（10 分）			
4	完成时间	规定时间内没完成，每超过 10 分钟扣 2 分（10 分）			
5	工作纪律和态度	团队协作能力差、不爱护仪器设备和环境，酌情扣 10~20 分（20 分）			
	任务总评		优□ 良□ 中□ 合格□ 不合格□		

【拓展阅读】

在数字化飞速发展的时代，很多工程类专业拥有自己的专业软件，而 CAD 软件因其强大的适应性成为了很多专业软件的基础软件，这些专业软件在开发时就考虑将 CAD 文件作为兼容性文件，以便在 CAD 文件的基础上进行各种操作。

在建筑业为例，用天正建筑 TArch 2020 绘制的图纸是施工的重要依据，在其基础上可以方便地进行二维、三维图纸、模型的创建，以方便识读。例如，经过处理的图纸（图 7-63）可兼容于 SketchUp 软件作为底图，从而进行三维模型创建（图 7-64）；此外，也可将采用 PublishToWeb JPG.pc3 格式导出的 jpg 格式文件导入 Photoshop 软件，从而创建广告户型图（图 7-65）等。

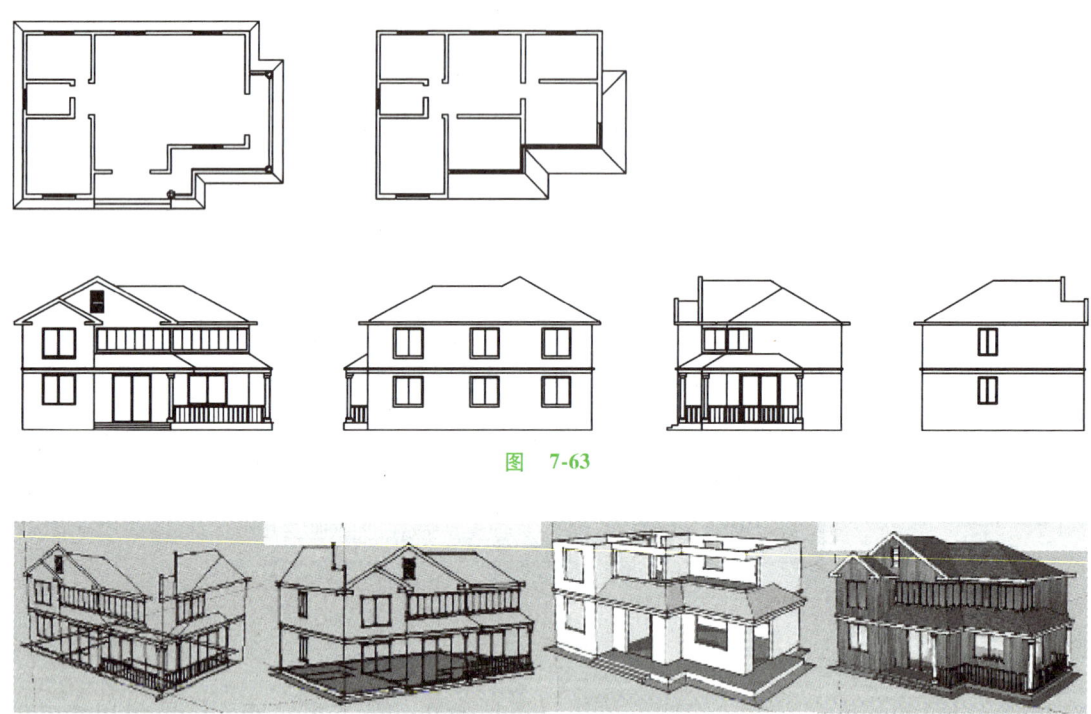

图 7-63

图 7-64

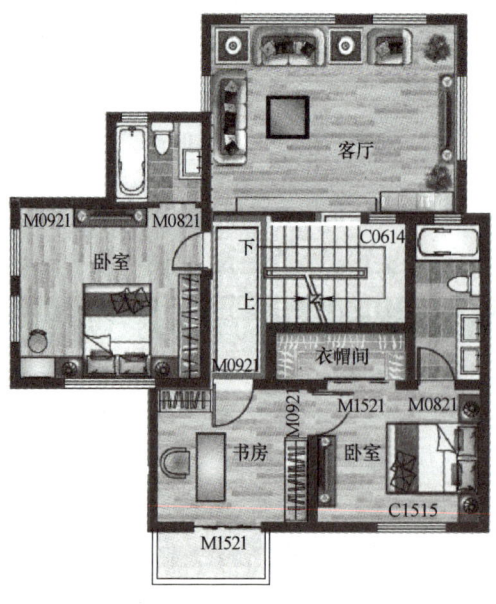

图 7-65

项目七 运用天正建筑 TArch 2020绘制建筑施工图

【能力拓展】

1）在建筑剖面图的绘制过程中，除以上部分外，天正建筑 TArch 2020 还提供了很多的构件模块可供选用，其绘制方法相似，可根据命令栏提示进行绘图。

其他常用"剖面"模块：

菜单栏→"剖面"→"构件剖面"

菜单栏→"剖面"→"剖面门窗"

菜单栏→"剖面"→"门窗过梁"

菜单栏→"剖面"→"参数栏杆"

菜单栏→"剖面"→"楼梯栏板"

菜单栏→"剖面"→"扶手接头"

2）在建立的工程模型中，可尝试在其他合适位置绘制剖切线，并完成其对应剖面图绘制。

项目八
综合绘图

【项目概述】

通过前面项目学习了运用 AutoCAD 2020 和天正建筑 TArch 2020 绘制建筑施工图的命令和方法,若不进行归纳,学生难以把握。本项目以绘制某住宅建筑施工图为驱动任务,综合应用前面所学的知识点,希望学生在教师指导下通过本项目的系统训练,激发学习兴趣,通过系统的理论学习之后能够与生产实践相结合,培养实践动手能力,为走向社会打下基础。

任务 绘制某住宅建筑施工图

【任务描述】

以绘制某住宅建筑施工图为任务,在教师指导下完成绘图任务,掌握运用 AutoCAD 软件绘制建筑施工图的常规方法和作图技巧。

【任务实施】

1. 写出设计说明(表 8-1)

表 8-1 设计说明

一、设计依据
1. ××××规划局发给的《建设用地规划许可证》。
2. ××社区提供的设计要求和意见。
3. ××社区提供的现状地形图。
4. ××社区提供的现状市政管线资料。
5.《民用建筑设计统一标准》(GB 50352—2019)。
6.《住宅设计规范》(GB 50096—2011)。
7.《城市居住区规划设计标准》(GB 50180—2018)。
8.《建筑设计防火规范(2018 年版)》(GB 50016—2014)。
9.《建筑防火通用规范》(GB 55037—2022)。
10.《民用建筑通用规范》(GB 55031—2022)。
11.《全国民用建筑工程设计技术措施——规划·建筑·景观》(2009 年版)。
12. 其他现行的国家及地方有关规范、标准、规程、规定。
二、工程设计项目概况
1. 本项目为××社区宅基地安置小区 B 户型。
2. 本工程拟建于××省××市,用地现状为山地,地界位于××经济开发区××村东山苹果园。

(续)

3. 本工程建筑面积：1441.8m²；B 户型建筑面积：119.9m²；建筑层数：六层；建筑高度：18.32m。
4. 按消防分类，建筑类别为二类。建筑耐火等级为二级。
5. 以主体结构确定的设计使用年限为 50 年。
6. 结构类型：砖混结构；建筑物抗震设防烈度为 8 度。
7. 建筑物屋面防水等级：二级。

三、设计标高
1. 高程系统为黄海高程。
2. 本设计除竖向标高及总图尺寸以米(m)为单位外，其余尺寸均以毫米(mm)为单位。
3. 图中±0.000 相对应的绝对标高及室内外高差详见竖向图。
4. 施工图中的标高均为结构面标高。

四、节能设计
1. 本工程所在地××，所属的气候区为 VB 类气候区（温和地区），主要立面朝东西向，主要房间均能自然通风采光。气候在低纬度高海拔地理条件综合影响下，形成了低纬高原季风气候特点。四季温差较小，主导风向为西南风。本建筑不考虑采暖和空调装置。
2. 本工程采用的外墙材料为 240mm 厚烧结普通砖，其与混凝土浇筑的复合结构传热系数为 0.416W/(m²·K)；屋面设有小平板架空隔热层，传热系数满足规范要求。
3. 外窗：本工程大量采用气密性良好、保温效果好的普通铝合金材料制作窗户，传热系数 $K=6.4W/(m^2·K)$，气密等级：4 级。

五、消防设计
1. 本工程建筑耐火等级为二级，根据《建筑设计防火规范(2018 年版)》(GB 50016—2014)进行消防设计。
2. 本工程建筑面积为 1441.8m²，一个单元分为一个防火分区。
3. 总图布局中，各单元之间的防火间距均满足现行防火设计规范的要求。
4. 本工程为六层一梯两户单元式住宅，每单元设一个自然采光疏散楼梯，满足防火设计规范的要求。
5. 本工程的墙、梁、楼板、楼梯等建筑构件均为不燃烧体，耐火极限均不低于 1h，满足防火设计规范的要求。

六、无障碍设计
因本工程为××社区宅基地安置小区，经社区统计，××社区宅基地安置对象并无残障人士，加上工程所在地为山地分台式地形，根据实际情况出发，本工程综合楼暂不考虑无障碍设计。

七、主要工程做法及说明
7.1　屋面工程
1. 屋面为不上人屋面，屋面防水等级为二级。屋面施工严格遵照有关规定进行，并与设备安装密切配合，以确保屋面施工质量及排水通畅，避免渗透现象。
2. 屋面防水为 SBS 改性沥青防水涂料，二布六涂。屋面与女儿墙或外墙的交接处要求做泛水，防水层翻起高度不小于 300mm，原则上沿轴线设分仓缝兼作排气槽。
3. 屋面结构层采用 1：4~1：6 水泥炉渣(焦渣)作找坡层，应捣实，表面应平整，最薄处 30mm。
4. 屋面雨水管做法详见西南 12J201。
5. 屋面隔热层做法详见西南 12J201。
6. 屋面防水材料质量需满足国家有关规范、规程的要求。

7.2　墙体工程
1. 墙体厚度除注明外，均为 240mm 厚烧结普通砖。砖强度等级及墙体砌筑砂浆强度等级见结构图纸；构造柱宽度小于或等于 150mm 的门窗垛采用同强度等级素混凝土浇筑。
2. 所选的墙体材料应严格按照有关规范、规程及该产品的施工要点、构造节点要求进行施工。
3. 女儿墙及长度大于 5m 的墙体(墙端部无转角墙或无钢筋混凝土柱拉结时)须加设构造柱，构造柱做法详见结构统一说明；砌筑过高的墙体、不到顶的非承重墙，砌筑用料及锚固方法详见结构统一说明；钢筋混凝土墙、柱与砌体墙连接之处均设置拉结筋，其构造详见结构统一说明。砖墙的门窗洞口或较大的预留洞口，洞顶不到梁底的设混凝土过梁，过梁尺寸配筋另见结构施工图。
4. 墙身防潮层：
(1)室内标高高于室外标高时，所有砌体墙身在低于相应室内地面标高 0.06m 处铺设 20mm 厚防水砂浆防潮层(1：2 水泥砂浆掺3%防水剂)。
(2)室内相邻地面有高差时，在高差处墙身的外侧面加设 20mm 厚防水砂浆防潮层(1：2 水泥砂浆掺3%防水剂)。
(3)卫生间除门洞位置，地面与墙结合部位上翻 120mm 高素混凝土，混凝土强度同本层楼地面混凝土强度，并与楼板一次浇捣，不留施工缝。
5. 内墙：
(1)卫生间内墙面防水，需要从该房间的地板做至 1800mm 高。
(2)室内墙面、柱面粉刷部分的阳角和洞口的阳角均应用 1：2 水泥砂浆作护角，其高度不应低于 2000mm，每侧宽度不小于 50mm。
(3)凡风道、烟道等竖井内壁的砌筑灰缝须饱满，并随砌随用原浆抹光。
(4)所有埋入墙内、混凝土内的木制件，均须涂刷防腐蚀涂料。
(5)墙体面层喷涂须待粉刷基层干燥后方可作业。
6. 外墙：
(1)涂料面层的外墙面防水设计：在打底的水泥砂浆表面涂刷一层 1.5mm 厚聚合物水泥基复合防水涂料，再刷 20mm 厚 1：2.5 防水水泥砂浆(掺3%防水剂)。面层采用 8mm 厚 1：2.5 聚合物水泥砂浆。
(2)凡是凸出墙面的腰线、檐板、窗台等的上部，均应做不小于 1%的向外排水坡，下缘要做滴水。

（续）

7.3　防水工程
1. 地面、楼面防水：
(1) 防水材料选用厚度：改性沥青防水涂料厚 3mm，合成高分子防水涂料厚 2mm。
(2) 卫生间楼面防水材料为改性沥青一布四涂，并沿墙上翻 1800mm。
(3) 阳台防水材料为合成高分子防水涂料一布二涂。
(4) 阳台标高比同楼层地面标高低 40mm，并以 1% 的排水坡度坡向地漏。
2. 屋面防水：屋面防水材料为改性沥青二布六涂，做法详见西南 12J201。
7.4　门窗工程
1. 铝合金窗立面分格及开启形式详见建筑施工图及门窗大样图，推拉窗、推拉门用 90 系列。
2. 铝合金门窗型材及安装应符合现行规范要求，并按要求配齐五金配件。铝合金门主要结构型材的壁厚应不小于 2.0mm，铝合金窗主要结构型材的壁厚应不小于 1.4mm。
3. 铝合金门窗框与墙体相连接处用 1∶2 中膨胀低碱水泥砂浆填塞缝隙，在窗框料与外墙面接触处留 10mm×5mm 凹槽用耐候硅酮密封胶嵌缝。将冷沥青涂在框料的凹槽处作防腐处理，再用 1∶2 水泥砂浆填实。
4. 门窗预埋在墙或柱内的木（铁）件应作防腐（防锈）处理。
5. 铝合金门窗一般为后安装施工，在建筑平面图、立面图、剖面图上标注的尺寸均为洞口尺寸。
6. 门窗立樘位置除图中注明外，均居墙中。
7. 玻璃窗的强度及风压计算以及防火、防水等构造由有专业资质的设计单位及施工单位承担，所用材料须有产品检验合格证。
8. 各种密封胶不得互相代用，用于玻璃装配的，必须为结构硅酮密封胶；用于堵缝的，必须为耐候硅酮密封胶。
9. 门窗小五金：凡选用标准门窗的均按标准图纸配置齐全，非标准门窗按设计指定的品种、规格配置（由生产厂家配套，设计单位认可）。
10. 外墙窗气密性要求：外窗在 10Pa 压差下，每小时每米缝隙的空气渗透量不应大于 $2.5m^3$ 且每小时每平方米面积的空气渗透量不应大于 $7.5m^3$（即不低于气密性能分级 3 级要求）。
7.5　防锈、防腐措施
1. 避雷带表面镀锌；所有预埋件均作防腐防锈处理，金属构配件、预埋件及套管均刷红丹防锈漆二度。
2. 楼梯钢栏杆用红丹漆打底，刷黑色油漆两道，钢管扶手用红丹漆打底，刷黑色油漆两道。
3. 金属面油性调和漆，做法详见西南 04J312。
7.6　室内外装修
1. 外立面装修材料及颜色详见各立面标注。
2. 所有挑出构件檐口、门窗洞口上檐、雨篷等应做半圆凹槽滴水线，半径为 15mm。
3. 若有较高要求的装修，另行委托二次装修设计，但二次装修施工图须经设计单位各专业工程人员核对，确保土建施工质量和室内外设计风格的统一无影响后，方可进行装饰工程施工。
4. 凡需装修吊顶的房间在浇制各层楼面板时，均在楼面板内预留 φ16 钢筋吊钩，伸入板内 200mm 与 2 根板底钢筋绑扎锚固并伸出底面 150mm，吊钩刷红丹漆。
5. 楼梯踏步防滑条见西南 04J412。
6. 楼梯间扶手见西南 04J412，长度超过 500mm 的水平段的总高度为 1050mm。
7. 外墙变形缝做法见西南 04J112。
8. 外墙装修做法参见西南 04J516。
9. 外墙面乳胶漆质量需满足国家有关规范、规程的要求。
10. 室内装修详见"室内装修用料表"和局部大样图。
7.7　注意事项
1. 砌体要求平整，灰缝应均匀饱满，所有墙、柱、楼（地）面、顶棚等抹面及面层粉刷要求平整、洁净并符合有关工程施工及验收规范要求。
2. 外墙线脚、飘板、窗楣、窗台底及雨篷板边线均应做滴水线。
3. 室内地坪先将原土平整，若有填土则应分层洒水夯实；若填砂则应用水冲实，然后捣制 100mm 厚 C20 混凝土垫层（包括门口踏步及散水），垫层分缝不大于 6m×6m，缝宽 20mm。
4. 各设备专业预留洞与预埋件详见各设备专业图纸，所有砌体、钢筋混凝土板若有孔洞，必须在施工前配合有关专业图纸预留，不得事后打洞。若确因特殊情况事后打洞，必须有可靠防水、防裂措施。
5. 设计图中的排水管及地漏位置仅为示意，具体另详见排水施工图。所有雨水管、排污管安装完毕后必须做灌水试验。若采用 PVC-U 管应按有关技术规定施工。
6. 凡预埋件均须作防锈处理。外露铁构件经除锈后，均涂防锈漆一道，油面漆两道，颜色按图纸要求或同所在墙面的颜色。
7. 所有木构件均须作防腐及防白蚁处理。
8. 本施工图所用的建筑材料及装修材料必须符合《民用建筑工程室内环境污染控制标准》(GB 50325—2020) 的规定。
9. 本工程所有装饰材料及墙身、楼地面粉刷、涂装等均应先取样板（或色板）会同设计单位、使用单位商定后方可订货、施工。
10. 工程中所有的橱窗、货架、货柜、家具及厨具等一律由建设单位或使用单位自理，图中仅作位置示意。
11. 图中未详尽之处，需严格按照国家现行工程施工及验收规范执行。
7.8　其他
1. 卫生间等卫生洁具除注明外均选用成品，其尺寸、样式见设备图。
2. 沿建筑外墙四周设散水和排水暗沟见西南 04J812。
3. 本工程施工时各工种之间应密切配合，凡管线安装均要求预留孔洞，不得事后穿墙凿洞。
4. 施工单位应严格按照图纸施工，若有不详之处，应与设计单位及时联系，未经设计单位同意，不得任意变更。施工操作应严格按照国家颁发的有关工程施工及验收规范实施。凡本图纸所述施工要求不尽详细之处均按有关验收规范执行。

2. 绘制总平面图（图 8-1）

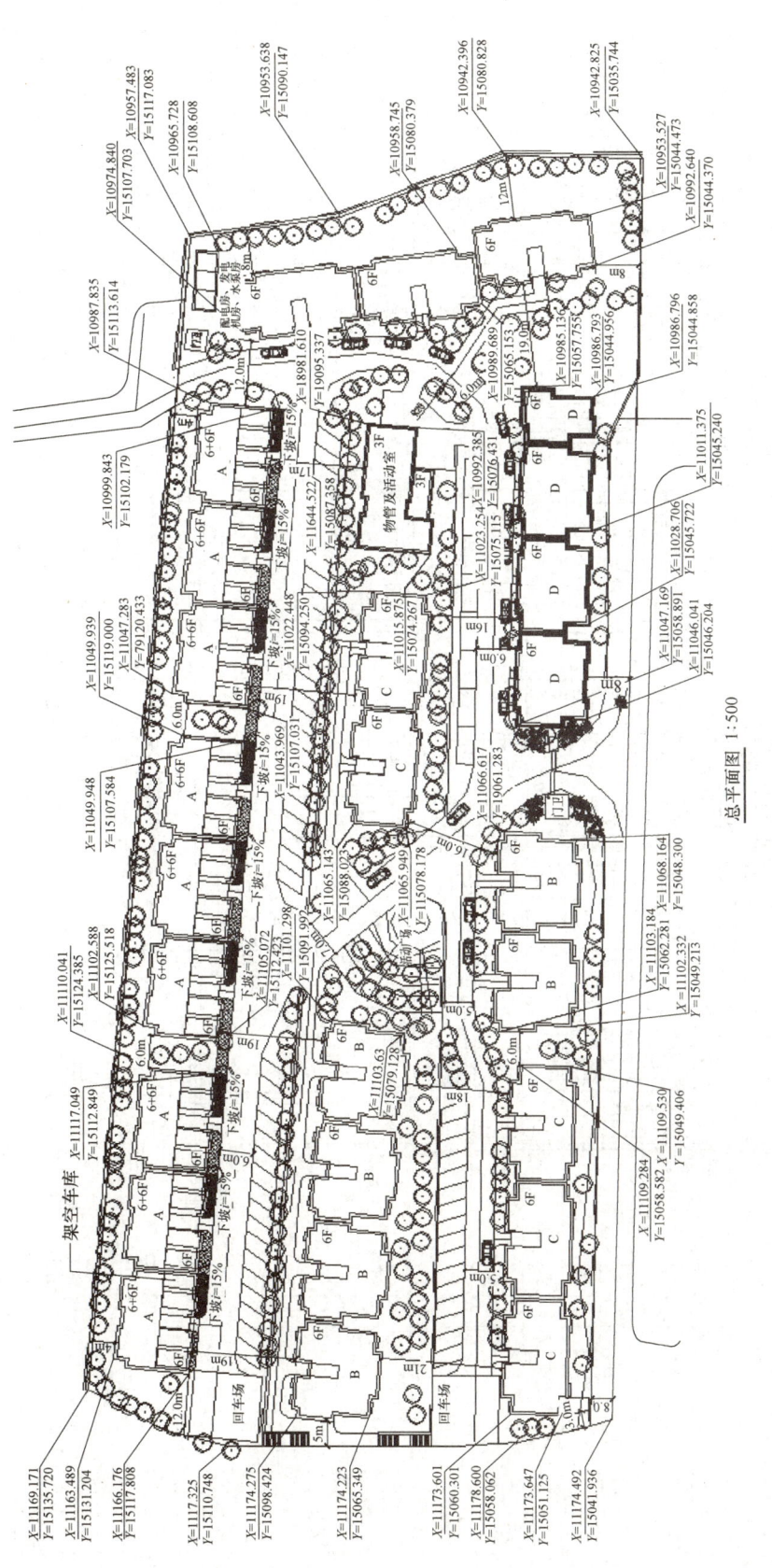

图 8-1　总平面图 1:500

3. 绘制首层平面图（图8-2）

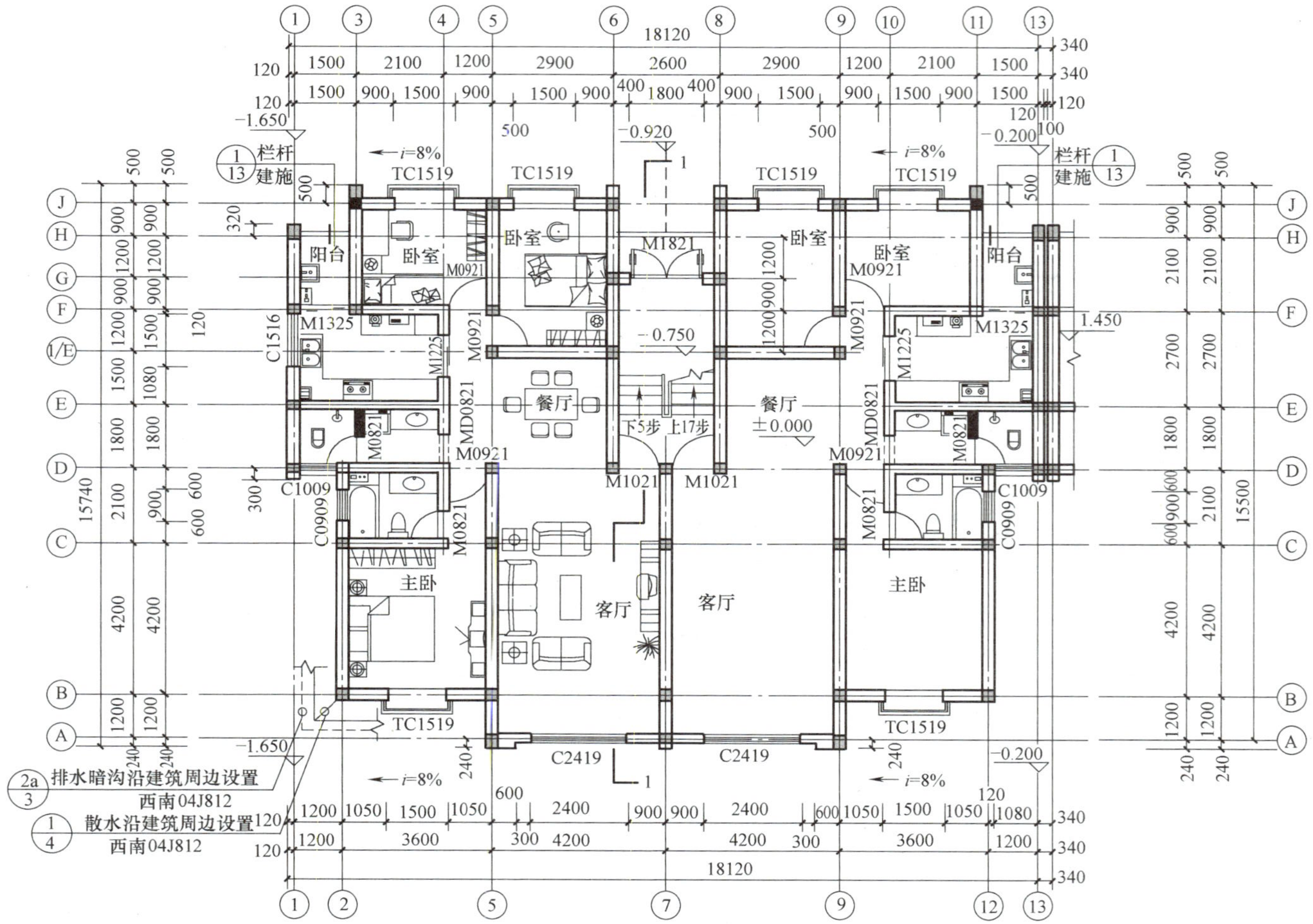

图 8-2 首层平面图 1:100

项目八　综合绘图

4. 绘制二层平面图（图 8-3）

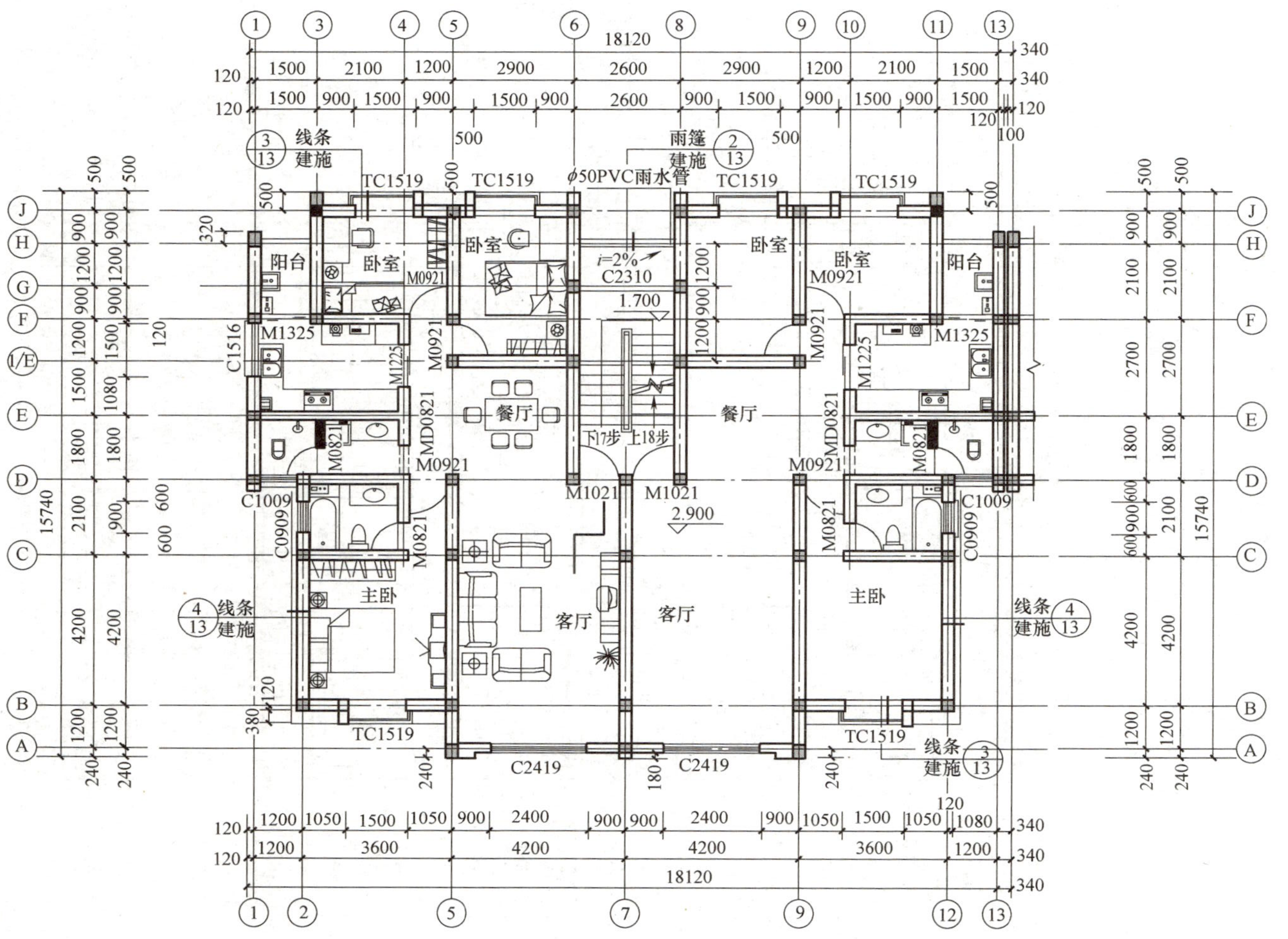

图 8-3　二层平面图 1:100

5. 绘制三~五层平面图（图8-4）

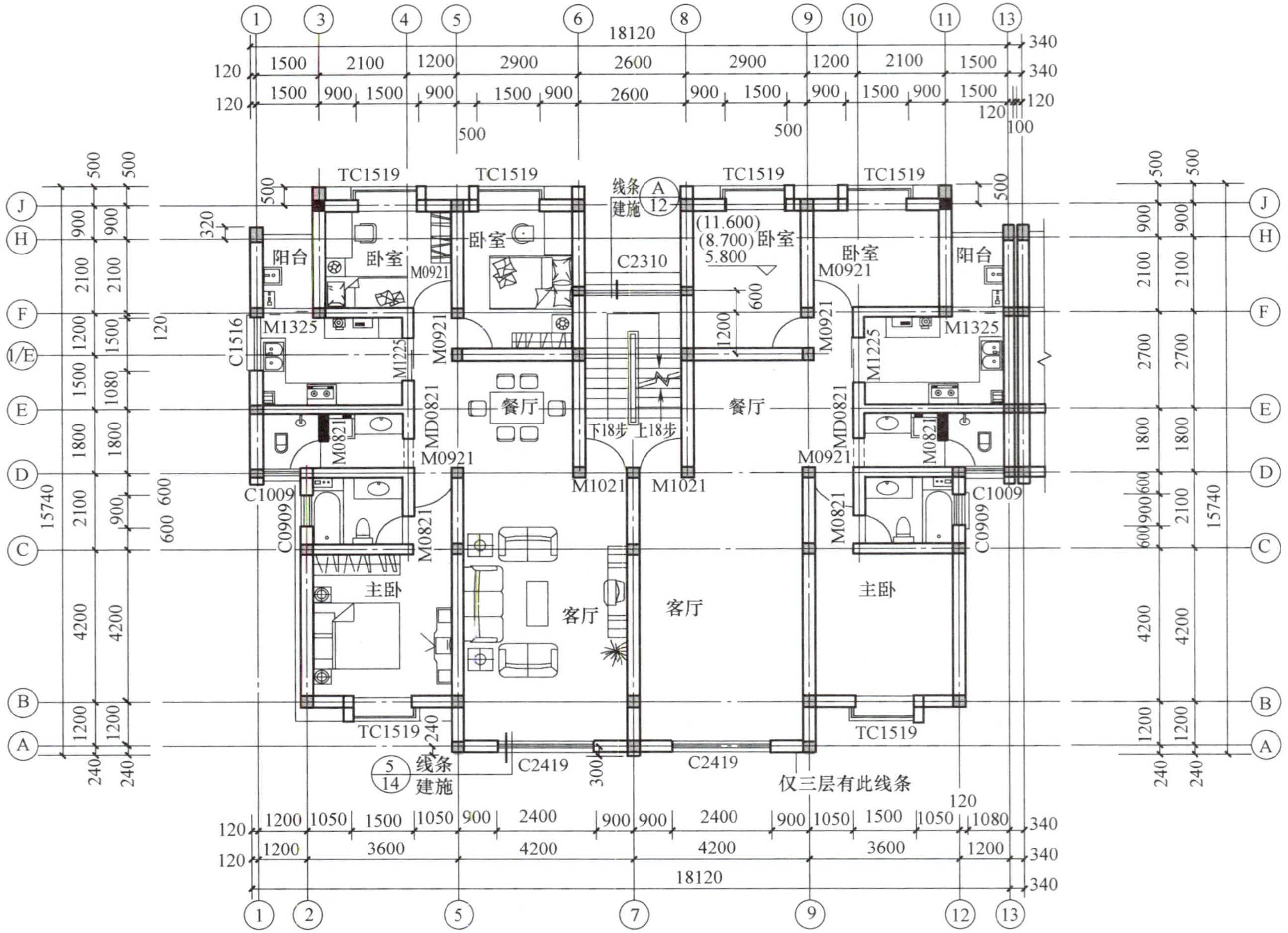

图 8-4 三~五层平面图 1:100

项目八 综合绘图

6. 绘制六层平面图（图 8-5）

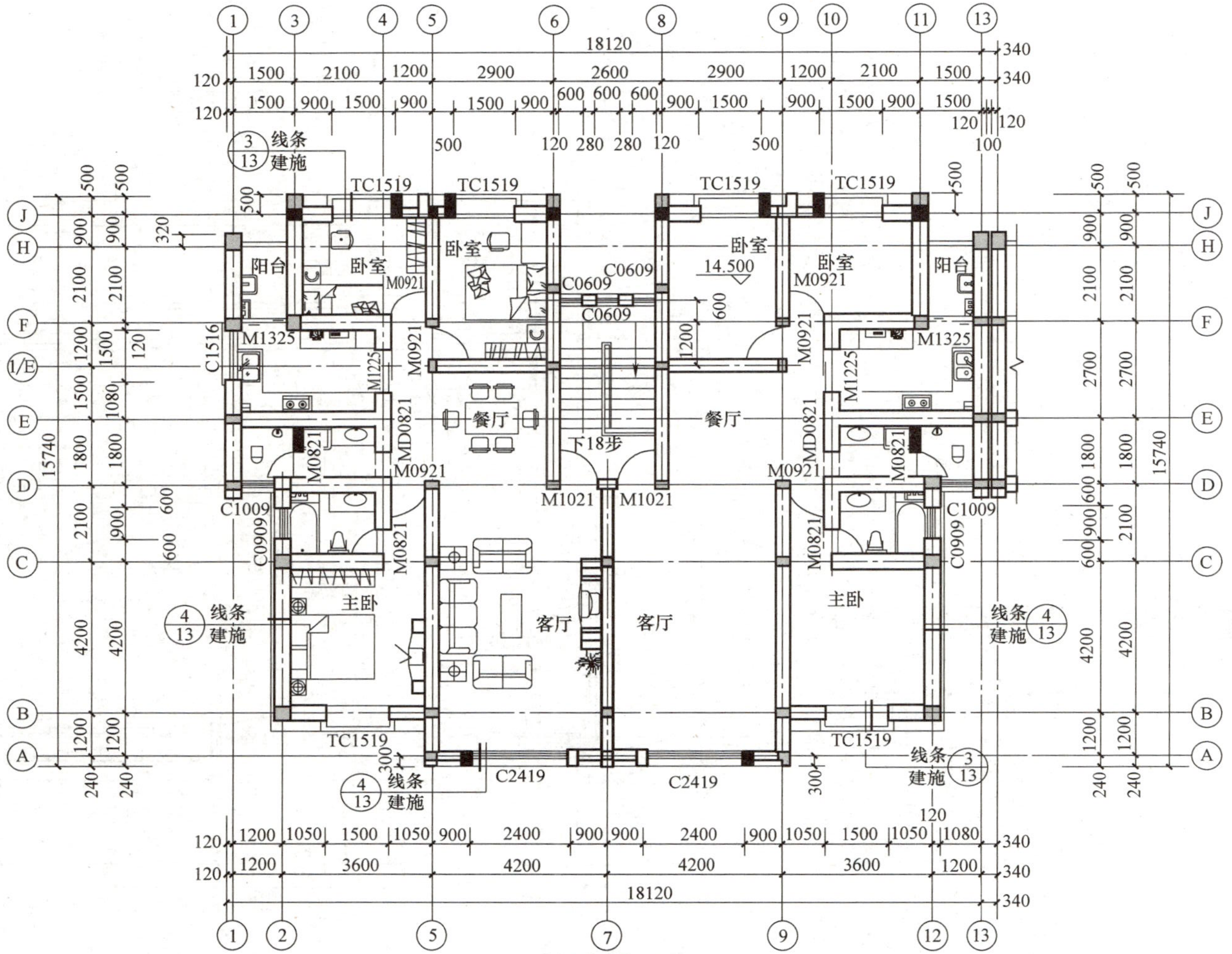

图 8-5 六层平面图 1:100

7. 绘制屋顶平面图（图 8-6）

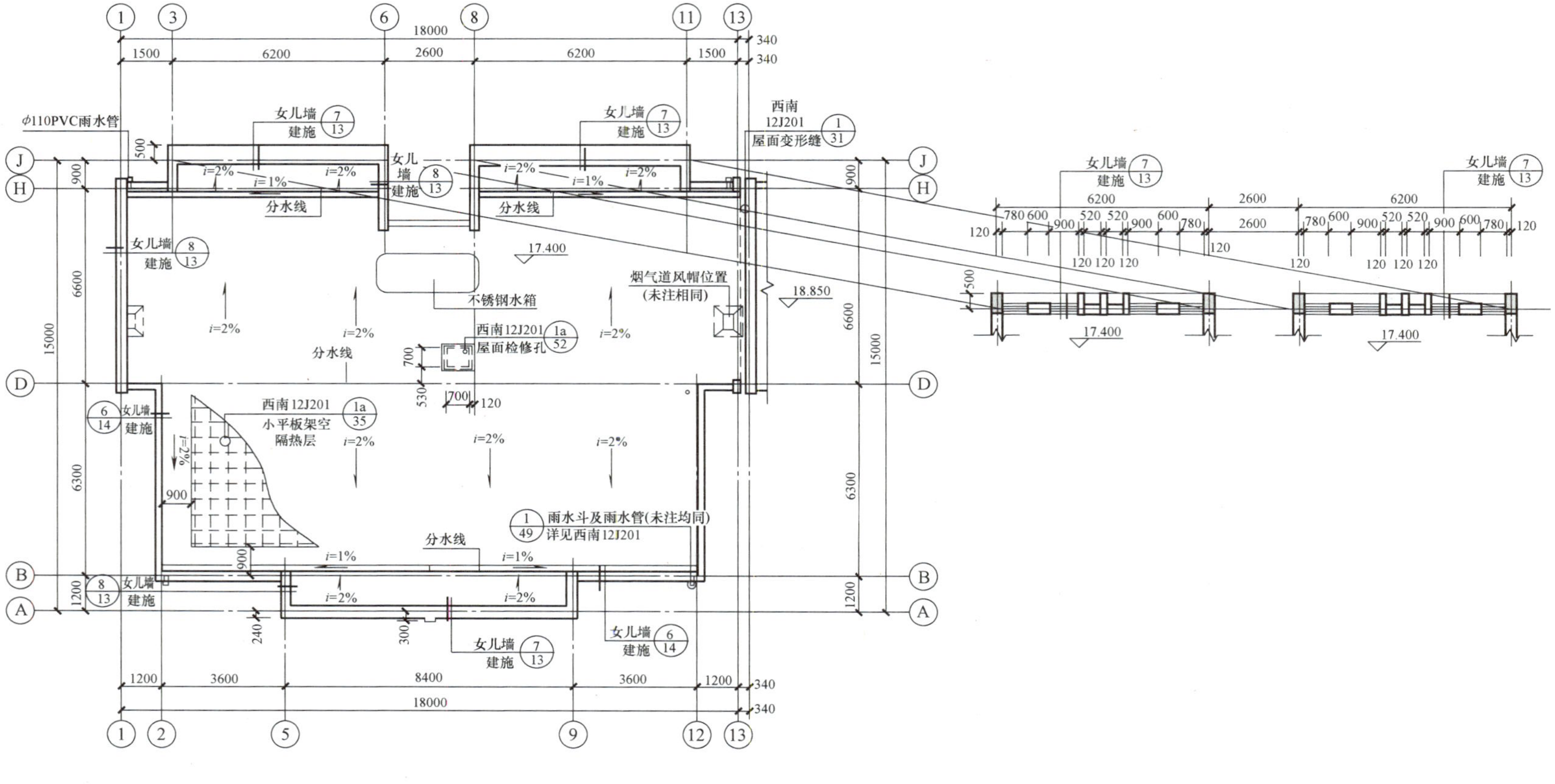

图 8-6 屋顶平面图 1:100

8. 绘制①~⑬轴立面图（图 8-7）

图 8-7 ①~⑬轴立面图 1:100

9. 绘制⑬~①轴立面图（图8-8）

图 8-8 ⑬~①轴立面图 1:100

10. 绘制 ⓙ~Ⓐ 轴立面图（图 8-9）

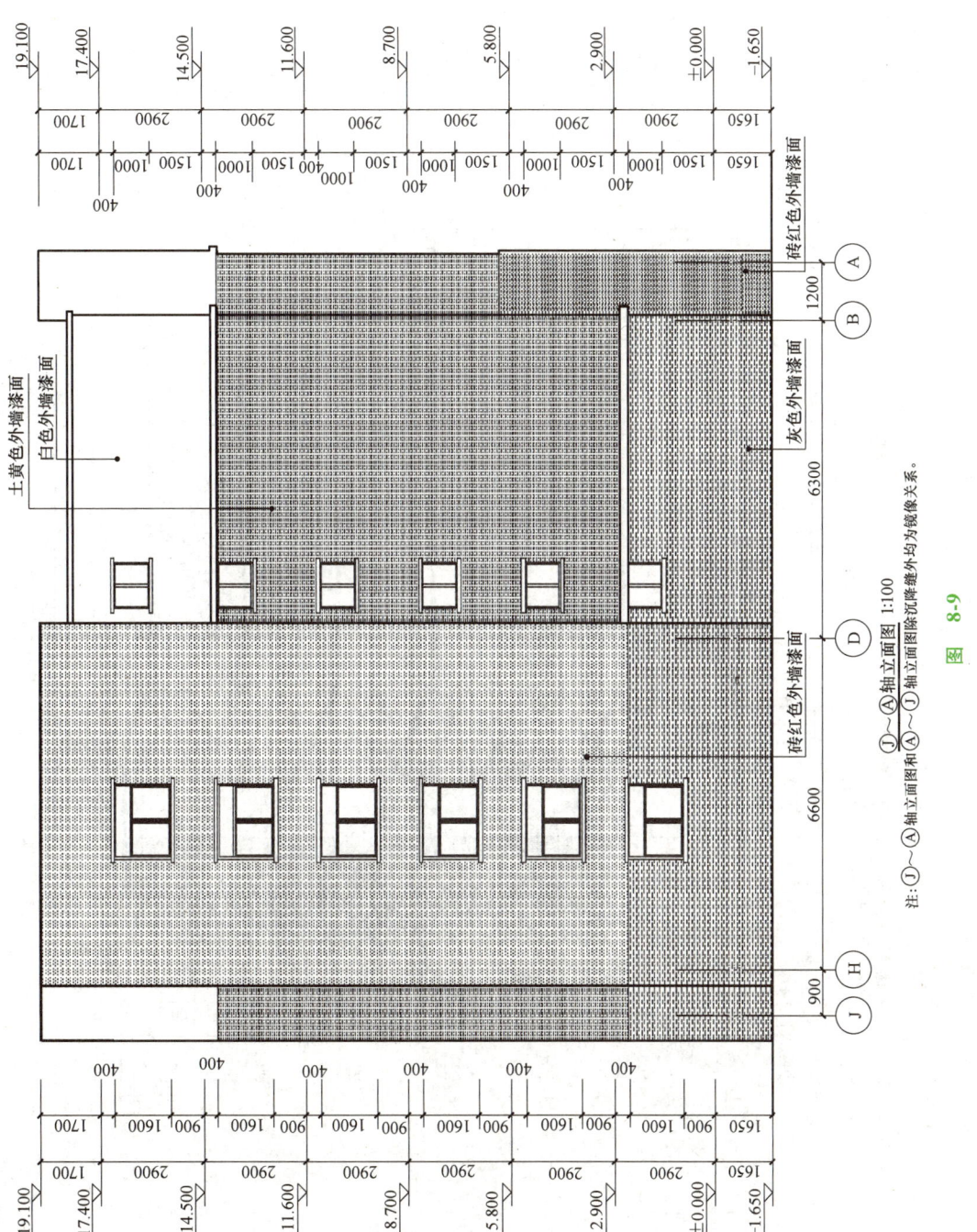

图 8-9

11. 绘制 1—1 剖面图（图 8-10）

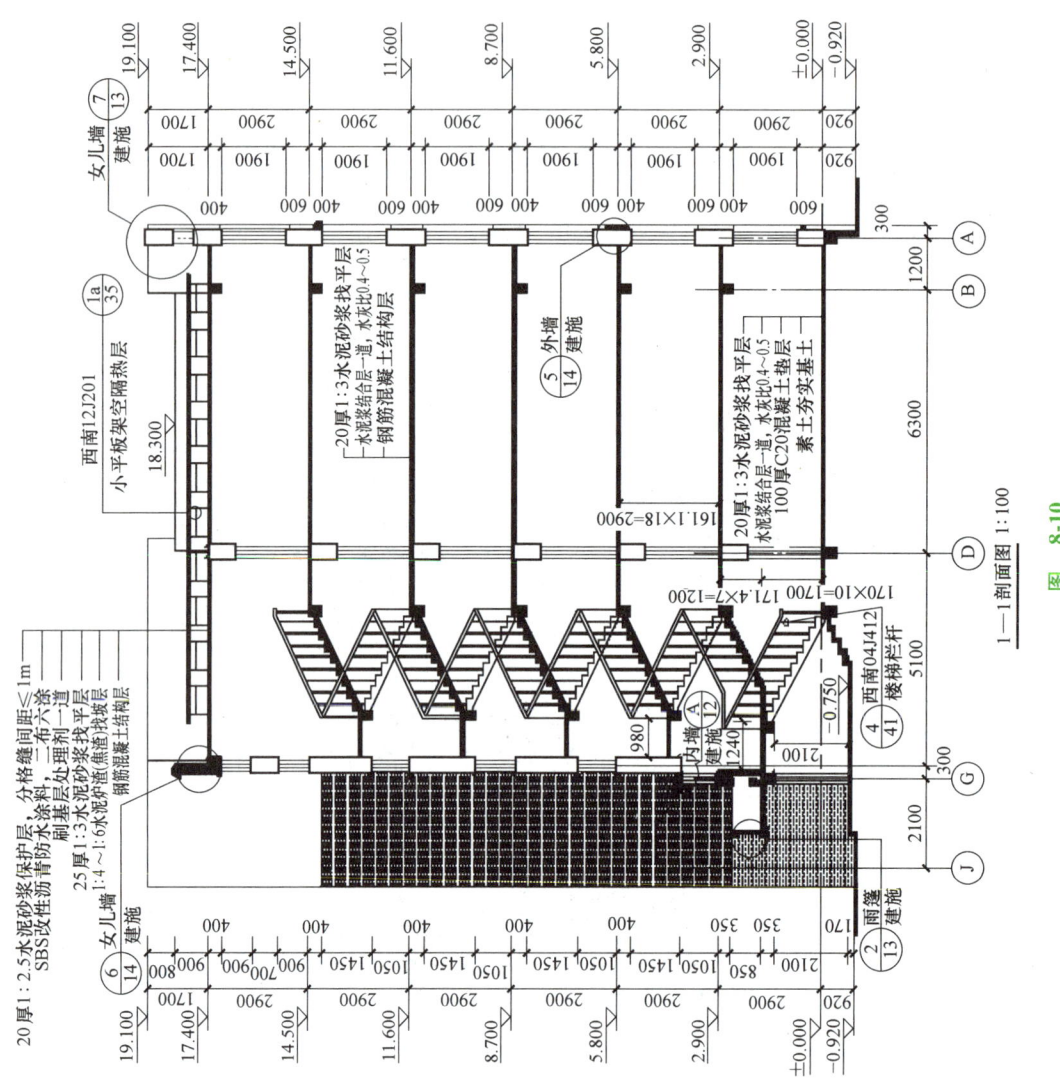

图 8-10　1—1剖面图 1:100

12. 绘制楼梯详图（图 8-11）

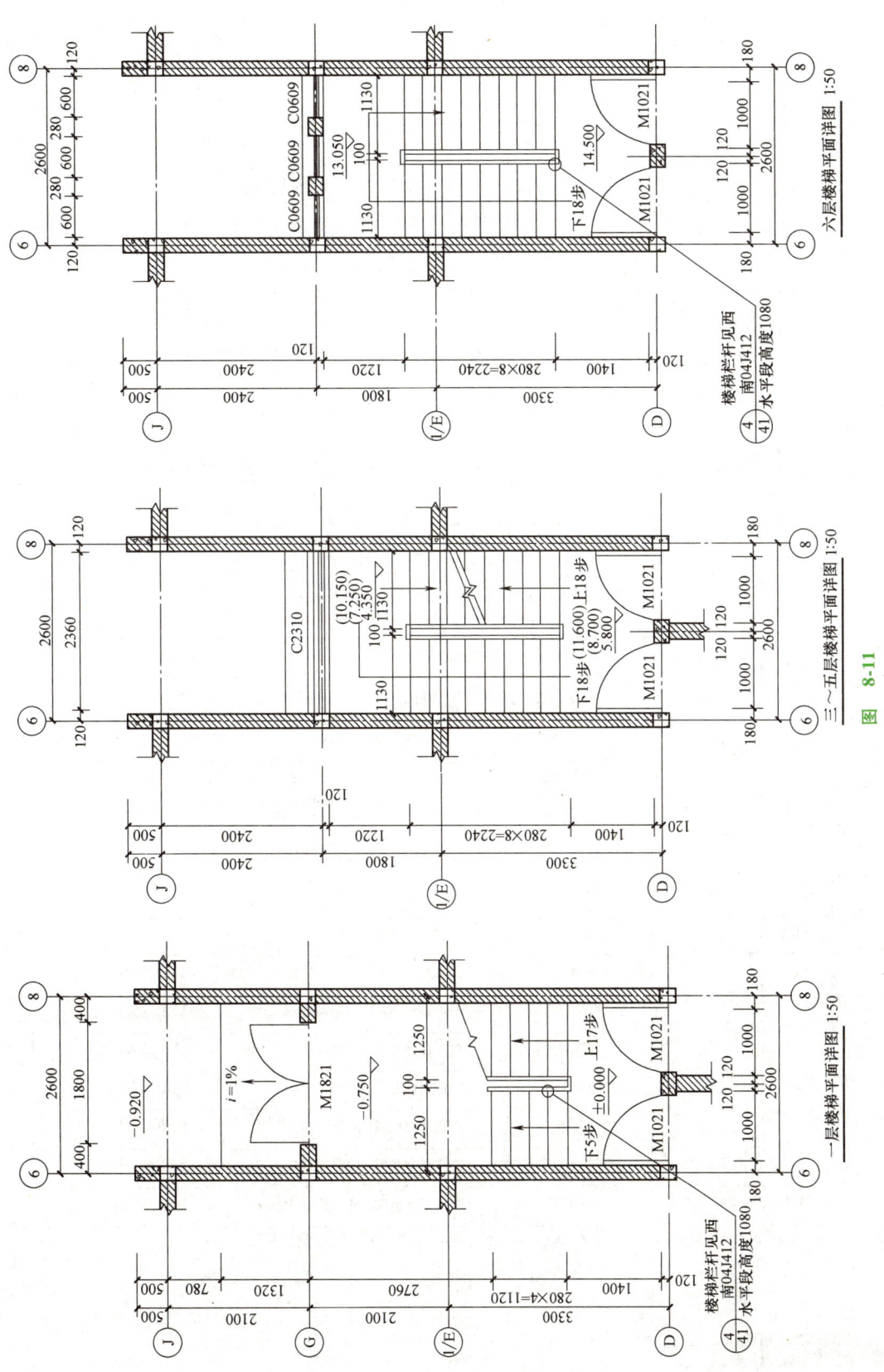

图 8-11

13. 绘制大样图（图8-12，部分）

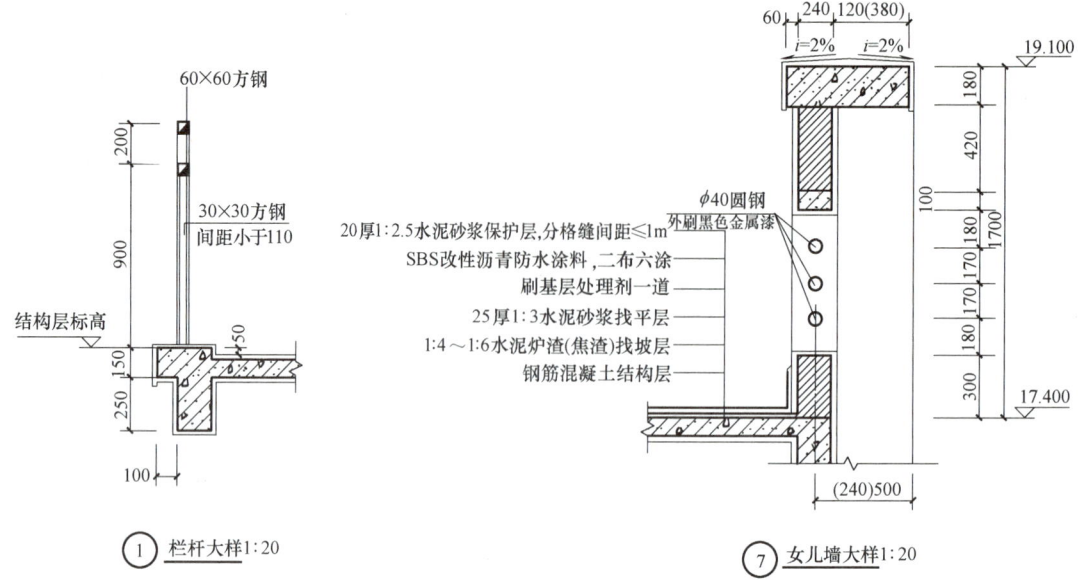

图 8-12

14. 绘制门窗表（图8-13）

门窗表

类型	设计编号	洞口尺寸/mm	备注
门	M0821	800×2100	用户自定义
	M0921	900×2100	用户自定义
	M1021	1000×2100	入户防盗门
	M1225	1200×2500	用户自定义
	M1325	1260×2500	玻璃推拉门 做法见大样
	M1821	1800×2100	单元入口电子呼叫防盗门
门洞	MD0821	800×2100	门洞
窗	C0609	600×900	白色铝合金窗 窗台高度见1—1剖面图 做法见大样图
	C0909	900×900	白色铝合金窗 窗台高度1400mm 做法见大样图
	C1009	960×900	白色铝合金窗 窗台高度1400mm 做法见大样图
	C1516	1500×1600	白色铝合金窗 窗台高度900mm 做法见大样图
	C2310	2360×1050	白色铝合金窗 窗台高度见1—1剖面 做法见大样图
	C2419	3000×1900	白色铝合金窗 窗台高度600mm 做法见大样图
凸窗	TC1519	1500×1900	白色铝合金窗 窗台高度600mm 做法见大样图

注：凡窗台高度低于900mm的外窗，室内均加设1050mm高的方管防护栏，刷白色油漆。

图 8-13

【评价反馈】

对"绘制某住宅建筑施工图"操作的评价见表8-2。

表8-2 对"绘制某住宅建筑施工图"操作的评价

评价项目	评价标准	评价依据	评价方式			权重	得分小计	总分
			自评 20分	互评 20分	教师评价 60分			
职业素质	1. 按时完成项目 2. 完成项目时遵守纪律 3. 积极主动、勤学好问 4. 组织协调能力（用于分组教学）	学习表现				0.2		
专业能力	1. 完成项目成果的可用性 2. 完成项目成果的美观性	1. 作业完成情况 2. 实训项目完成情况记录				0.7		
安全及环保意识	1. 按要求使用计算机 2. 按要求正确开、关计算机 3. 实训结束后按要求将凳子摆放整齐 4. 爱护机房环境卫生	操作表现				0.1		
教师综合评价	指导老师签名：						日期：	

注：将各评价项目的考核得分按照各项目课时所占本门课程的比重折算到学生的综合考核评价表中，可得出该学生整门课程的考核成绩。

附　录

附录A　CAD常用命令

1. 热键

序号	快捷命令	命令说明	序号	快捷命令	命令说明
1	Ctrl+N	建立新图（NEW命令）	4	Ctrl+P	打印图形（PLOT命令）
2	Ctrl+O	打开旧图（OPEN命令）	5	Ctrl+C	复制至剪贴板
3	Ctrl+S	快速存图（QSAVE命令）	6	Ctrl+V	从剪贴板粘贴

2. 控制键

序号	快捷命令	命令说明	序号	快捷命令	命令说明
1	Enter键	结束命令，提示和数据的输入，将光标移到下一行开头	3	Esc键	用来退出对话框，中断命令和程序的执行
2	空格键	输入空格字符或结束命令、数据的输入	4	Tab键	用来按顺序选择对话框内的内容，循环选择对象捕捉模式

3. 常用功能键

序号	快捷命令	命令说明	序号	快捷命令	命令说明
1	F1键	用来弹出Help窗口	6	F6键	控制状态行上光标当前位置坐标显示的跟踪状态
2	F2键	用来切换图形窗口和文本窗口	7	F7键	打开或关闭栅格显示
3	F3键	用来打开或关闭对象捕捉功能	8	F8键	打开或关闭正交方式
4	F4键	用于数字化仪控制	9	F9键	打开或关闭网格捕捉方式
5	F5键	在绘制等轴测图时轮流选择作图的左、右和顶面	10	F10键	打开或关闭极轴追踪方式
			11	F11键	打开或关闭对象捕捉追踪方式

4. 快捷键

序号	快捷命令	命令说明	序号	快捷命令	命令说明
1	Alt+TK	快速选择	6	Ctrl+C	将选择的对象复制到剪贴板上
2	Alt+NL	线性标注	7	Ctrl+F	控制是否实现对象自动捕捉（F3）
3	Alt+VV4	快速创建四个视口	8	Ctrl+G	栅格显示模式控制（F7）
4	Alt+MUP	提取轮廓	9	Ctrl+J	重复执行上一步命令
5	Ctrl+B	栅格捕捉模式控制（F9）	10	Ctrl+K	超级链接

（续）

序号	快捷命令	命 令 说 明	序号	快捷命令	命 令 说 明
11	Ctrl+N	新建图形文件	20	Ctrl+Y	重做
12	Ctrl+M	打开"选项"对话框	21	Ctrl+Z	取消前一步的操作
13	Ctrl+O	打开图形文件	22	Ctrl+1	打开"特性"对话框
14	Ctrl+P	打印当前图形	23	Ctrl+2	打开"设计中心"
15	Ctrl+S	保存文件	24	Ctrl+3	打开工具选项板
16	Ctrl+U	极轴模式控制（F10）	25	Ctrl+6	打开数据连接管理器
17	Ctrl+V	粘贴剪贴板上的内容	26	Ctrl+8 或 QC	快速计算器
18	Ctrl+W	对象追踪式控制（F11）	27	双击中键	显示里面所有的图像
19	Ctrl+X	剪切所选择的内容			

5. 尺寸标注

序号	快捷命令	命 令 说 明	序号	快捷命令	命 令 说 明
1	DLI	直线标注	8	TOL	标注形位公差
2	DAL	对齐标注	9	LE	快速引出标注
3	DRA	半径标注	10	DBA	基线标注
4	DDI	直径标注	11	DCO	连续标注
5	DAN	角度标注	12	D	标注样式
6	DCE	中心标注	13	DED	编辑标注
7	DOR	点标注	14	DOV	替换标注系统变量

6. 临时捕捉快捷命令

序号	快捷命令	命 令 说 明	序号	快捷命令	命 令 说 明
1	END	捕捉到端点	6	TAN	捕捉到切点
2	MID	捕捉到中点	7	PER	捕捉到垂足
3	INT	捕捉到交点	8	NOD	捕捉到节点
4	CEN	捕捉到圆心	9	NEA	捕捉到最近点
5	QUA	捕捉到象限点			

7. 基本快捷命令

序号	快捷命令	命 令 说 明	序号	快捷命令	命 令 说 明
1	AA	测量区域和周长（AREA）	11	SC	缩放比例（SCALE）
2	ID	指定坐标	12	SN	栅格捕捉模式设置（SNAP）
3	LI	指定集体（个体）的坐标	13	DT	文本的设置（DTEXT）
4	AL	对齐（ALIGN）	14	DI	测量两点间的距离
5	AR	阵列（ARRAY）	15	OI	插入外部对象
6	AP	加载 *.lsp 程序	16	RE	更新显示
7	SE	打开"草图设置"对话框	17	RO	旋转
8	ST	打开"文字样式"对话框（STYLE）	18	LE	引线标注
9	SO	绘制二维面（2D SOLID）	19	ST	单行文本输入
10	SP	拼音的校核（SPELL）	20	LA	图层管理器

8. 对象特性

序号	快捷命令	命令说明	序号	快捷命令	命令说明
1	ADC	设计中心<Ctrl+2>	17	IMP	输入文件
2	CH	修改特性<Ctrl+1>	18	OP	自定义CAD设置
3	MA	属性匹配	19	PRINT	打印
4	ST	文字样式	20	PU	清除垃圾
5	COL	设置颜色	21	R	重新生成
6	LA	图层操作	22	REN	重命名
7	LT	线型	23	SN	捕捉栅格
8	LTS	线型比例	24	DS	设置极轴追踪
9	LW	线宽	25	OS	设置捕捉模式
10	UN	图形单位	26	PRE	打印预览
11	ATT	属性定义	27	TO	工具栏
12	ATE	编辑属性	28	V	命名视图
13	BO	边界创建,包括创建闭合多段线和面域	29	AA	面积
14	AL	对齐	30	DI	距离
15	EXIT	退出	31	LI	显示图形数据信息
16	EXP	输出其他格式文件			

9. 绘图命令

序号	快捷命令	命令说明	序号	快捷命令	命令说明
1	PO	点	11	DO	圆环
2	L	直线	12	EL	椭圆
3	XL	射线	13	REG	面域
4	PL	多段线	14	MT	多行文本
5	ML	多线	15	T	文字
6	SPL	样条曲线	16	B	块定义
7	POL	多边形	17	I	插入块
8	REC	矩形	18	W	定义块文件
9	C	圆	19	DIV	等分
10	A	圆弧	20	H	填充

10. 修改命令

序号	快捷命令	命令说明	序号	快捷命令	命令说明
1	CO	复制	10	EX	延伸
2	MI	镜像	11	S	拉伸
3	AR	阵列	12	LEN	直线拉长
4	O	偏移	13	SC	比例缩放
5	RO	旋转	14	BR	打断
6	M	移动	15	CHA	倒角
7	Delete	删除	16	F	倒圆角
8	X	分解	17	PE	多段线编辑
9	TR	修剪	18	ED	修改文本

11. 视窗缩放命令

序号	快捷命令	命令说明	序号	快捷命令	命令说明
1	P	平移	3	Z	局部放大
2	Z+空格键+空格键	实时缩放	4	Z+P	返回上一视图
			5	Z+E	显示全图

附录 B 上机绘图专用周任务书

1. 实训目的

实训主要目的是深化学生对 AutoCAD 各种命令和参数的理解与运用，通过上机实际操作，使学生掌握 AutoCAD 各种命令的综合运用，为学生以后走上工作岗位能够结合专业知识使用 AutoCAD 软件绘制复杂的专业图形打下坚实的基础。

实训任务主要是以 AutoCAD 2020 为基础，学生动手绘制项目八中的建筑施工图，掌握用 AutoCAD 绘制建筑工程图纸的基础知识、基本技能和基本流程，以培养学生使用 AutoCAD 软件绘制专业工程图形的能力，提高学生的动手操作能力，培养学生的职业素质。

2. 实训要求

（1）纪律要求

1）每天必须按时上下课，遵守课堂纪律。

2）进入机房要遵守机房上机守则的规定。

3）每天下课之前 10 分钟，由值日同学打扫机房卫生。

4）实训成绩由平时成绩和最后成果组成，各占 50%。

（2）绘图要求

1）图层设置：本次实训要求必须由学生自己定义中文名称的图层（其他时候自定），将图形中相同属性的元素设置在同一图层，如门、窗、墙体、地板等图层；不得采用英文名称的图层（图块调用除外）或者无用的图层（必须删除），否则算作改图，成绩无效。

2）图面布置：在选择恰当比例的情况下，不能出现图纸大面积空白或图线超出图框的情况。简单图形不能采用"对称"命令或"复制"命令来充数，否则折减工作量、降低成果等级。

3）线型、线宽设置：应设置恰当的线型和线宽，凸显整体效果。

4）文字标注：满足规范要求。

5）尺寸标注：满足规范要求。

6）电子文档请保存为 AutoCAD 2020 以下版本。

7）完成后上交对应的电子文档、图纸各一份。若电子文档与打印稿不完全对应，视为无效。

8）图纸不得与其他人雷同（雷同 50% 算抄袭，记 0 分）。

3. 实训时间安排（见表 B-1）

表 B-1 实训时间安排

时间	周一	周二	周三	周四	周五
上午	8：10~11：50 布置任务	8：10~11：50 绘图实训	8：10~11：50 绘图实训	8：10~11：50 绘图实训	8：10~11：50 打印
下午	14：00~15：40 绘图实训	14：00~15：40 绘图实训	14：00~15：40 绘图实训	14：00~15：40 绘图实训	装订实训报告

4. 实训内容及要求

（1）本次实训成绩构成　本次实训成绩中教师评价占 30%；学生自评、互评共占 70%。

（2）提交成果

1）电子文档：文件名统一格式为"班级+姓名+图纸名称"；文件名不符合要求者，扣 5 分。

2）打印稿：统一提交给学习委员，收齐后交给指导教师。

3）应有项目工作页。

5. 项目工作页（见表 B-2）

表 B-2

专 业			指导教师	
工作项目			工作任务	
知识准备	1. 建筑施工图中常用的绘图、编辑命令 2. 建筑施工图中常用的标注命令 3. 建筑施工图的绘制步骤与技巧 4. 打印输出的格式选择			
工作过程	1. 打开 CAD 软件 2. 打开常用绘图、编辑、标注、捕捉等命令的工具栏 3. 设置绘图环境 4. 对建筑平面图、立面图、剖面图、详图（大样图）进行宏观分析 5. 按制图标准设置相应数量的图层 6. 按图层绘制建筑平面图、立面图、剖面图、详图（大样图） 7. 将完成的最终施工图打印输出			
注意事项				
教学评价	序号	评价项目及权重	学生自评	小组评价
	1	工作纪律和态度（20 分）		
	2	提交成果（30 分）		
	3	实践操作能力（30 分）		
	4	熟练程度（20 分）		
		小计		
	1	自评（30 分）		
	2	互评（40 分）		
	3	教师评价（30 分）		
		总　分		
实训心得				

参 考 文 献

[1] 陈超. 建筑CAD项目工作手册[M]. 北京：中国建筑工业出版社，2014.
[2] 李郁，马国亮，田卫军. AutoCAD 2020教程[M]. 北京：北京航空航天大学出版社，2023.
[3] 陕晋军. 建筑CAD[M]. 6版. 北京：机械工业出版社，2023.
[4] 李丽，王威. 建筑CAD[M]. 2版. 北京：机械工业出版社，2023.
[5] 武强，肖青战. 建筑工程CAD[M]. 北京：北京理工大学出版社，2021.